可持续发展之路

——工程师手册

[美] 比尔·华莱士 著
刘加平 孙婧 梁蕾 译
杨延龙 校

中国建筑工业出版社

著作权合同登记图字：01-2005-6628 号

图书在版编目（CIP）数据

可持续发展之路——工程师手册/（美）华莱士著；刘加平，孙婧，梁蕾译．—北京：中国建筑工业出版社，2008

ISBN 978-7-112-10188-7

Ⅰ．可… Ⅱ．①华…②刘…③孙…④梁… Ⅲ．建筑设计-可持续发展-手册 Ⅳ．TU2-62

中国版本图书馆 CIP 数据核字（2008）第 095313 号

Becoming Part of the Solution/Bill Wallace

Published by arrangement with American Council of Engineering Companies
本书由美国 American Council of Engineering Companies 授权翻译出版

责任编辑：姚丹宁
责任设计：郑秋菊
责任校对：孟 楠 刘 钰

可持续发展之路
——工程师手册
［美］比尔·华莱士 著
刘加平 孙婧 梁蕾 译
杨延龙 校

*

中国建筑工业出版社出版、发行（北京西郊百万庄）
各地新华书店、建筑书店经销
北京嘉泰利德公司制版
北京建筑工业印刷厂印刷

*

开本：787×1092 毫米 1/16 印张：12¼ 字数：325 千字
2008 年 10 月第一版 2008 年 10 月第一次印刷
定价：**39.00** 元
ISBN 978-7-112-10188-7
（16991）

“这是一本出色的书。是该领域很好的入门读物。我将要求我的MBA学生阅读本书。”

亨特·洛文斯

National Capitalism, Inc. 总裁

《时代》杂志2000全球风云人物

“想要领导或服务客户可持续性兴趣的工程师们将会发现该手册不仅提供原则，同时也提供有用的程序与实践。该手册重点突出、详略得当，将会帮助我们增加我们客户项目的价值。”

大卫·D. 肯尼迪

加利福尼亚州 旧金山

Kennedy Jenks Consultants 总裁

“最终，这不仅仅是诠释关于可持续发展的议题、基础和机遇的一本书，而且也为咨询工程界在这极具挑战性的市场中的成功融合提供了可行的指导。”

理查德·A. 米利特，P. E.

科罗拉多州 丹佛

URS Corporation 副总裁

“比尔·华莱士就可持续概念如何影响大公司和机构作了全面的总结。这本书对打算服务于未来这些方面的咨询工程公司来说是必读之物。”

唐·罗伯特

科罗拉多州，Englewood

工程学组织的世界联盟 前任 副主席

“华莱士关于可持续发展的工作是对我们未来的问题与解决之道的有益探索。无论是对各阶层的领导者，还是对该领域的专业人士，本书都是开卷有益的必读之物。”

杰里迈耶·D. 杰克生 博士

加利福尼亚州 圣迭戈

Project Resources Inc. 总工程师

“在过去的十年中，我的工程师同行们和我一直在努力试图理解可持续发展对于个体的开业者真正意味着什么。我们准备好了领会（并接受）其概念，但在我们日常生活中却很难将其应用。通过这本出色的书，比尔·华莱士为我们提供了这种情境。将此书作指导，我们能够也应该准备好将可持续性融入到我们的设计理念中。”

劳伦斯·H·罗思 PE，GE，EASCE

美国土木工程师协会

代理执行主任

“比尔·华莱士……已开发了一种特别资源——从工程公司的角度看待可持续发展的一本书。在书中他表明采纳可持续性的箴言不仅是正确的事情，而且也为咨询工程师们提供了一套全新的机遇。这是一本指导手册，关注于帮助工程公司老板、经理及思想领导者们评价可持续发展对于他们意味着什么。给他们一份路线图使他们的公司成为可持续发展的公司，为他们的工程项目在应用了可持续发展原则后寻求新机遇。

“本人，谨代表工程公司美国委员会（ACEC）的志愿领导，向比尔表示感谢。因他鞭策了我们所有人，而且为我们提供了可观的资源让我们重新审视我们的商业模型，使我们踏上明智的有益之路。”

埃里克·L. 弗利克，PE，F. ACEC

ACEC 2003~2004 主席

“所有工程师都应阅读这对行业令人深思的挑战。在本书中所摆出的问题将要求我们对我们自己和我们行业对可持续性的承诺作出诚恳的评估。”

凯瑟琳 A. 莱斯利 P. E.

Tetra Tech RMC 公司. 副项目经理

美国无国界工程师协会　执行主任

“比尔·华莱士已为可持续发展提供了这参考手册。该书超出了 LEED 绿色建筑评估系统，通过创新思维帮助工程学行业成为可持续发展的领头人。比尔提供的真实生动的例子是我们作为工程师力所能及的范例。对于所有新工程师来说，此书乃是必读之作，因为可持续发展是他们的未来；对于所有实践着的工程师来说，此书仍是必读之作，可持续发展将会改变未来我们的做事之道。”

大卫 R. 斯图尔特 博士 PE

斯图尔特环境顾问公司 总裁，CEO

“工程实践中综合的可持续性及可持续发展对于工程师们来说已不再是一种选择而是对于我们的星球和人类的一种责任。比尔·华莱士的书是一本很好的书，它从一名工程师的角度提供了对可持续发展的全面的看法。我计划下学期在我的可持续发展工程学课上使用此书。对可持续发展有兴趣的工程师、非工程师，从理论到实践，此书均为必读之佳作。”

伯纳德·阿马代博士

科罗拉多大学　土木工程学教授

“无论喜欢与否，可持续议题与趋势都将成为咨询工程师和科学家们未来的实践。本书清晰地就此下了定义，并明确了它与所有大小企业的相关性。该书也为我们企业未来的生存与成功提供了一张无价的路线图来引导我们。我们十分感谢比尔·华莱士用清晰的方式将工程学实践相关的浩如烟海的可持续材料进行搜集、整理并与我们分享。此书提供了基本的指导，使我们能够在变化了的实践环境中成为领导者，而不是仅作为服务提供者而沦为它的受害者。”

乔治·F. 贾米森，PE，

Goodpaster-Jamison，Incorporated 副总裁

“比尔·华莱士为有兴趣将可持续发展作为其新业务的工程公司撰写了一部易接近、连贯的手册。有的公司的视野已超出短期范畴，它们乐意拥抱基于更明确的顾客和社会需求的新的长远的商业机会。该手册为这样的公司提供了蓝图。比尔具备所需的经验和技术知识将可持续的复杂性描叙成合乎逻辑、有利可图的商业机会。”

安德鲁·曼根

美国可持续发展企业委员会总裁

“我相信比尔·华莱士的作品将为咨询工程公司的发展提供框架、动力，为可持续发展的工程服务提供市场。我既是工程师又是一名商人。可持续发展不仅对不断增长的人口来说必不可少，而且对从事该领域的公司来说具有潜在的可观利润。我发现比尔的这些论点很令人感叹。最后但同样重要的是，本书书写清晰、论证严密、文笔流畅。”

查尔斯·G. 麦康奈尔

MAPGO Gas Products Co.，总裁（已退休）

作者简介

比尔·华莱士是华莱士未来集团的创始人和总裁，他通过自己的公司为战略规划、未来研究和环境管理等领域提供顾问服务。最近他已从工作20多年的西图集团退休。他曾任过有害废弃物管理、战略规划、市场营销和新风险项目开发中的一些高级职位。同时，他还是西图集团在世界可持续发展企业委员会的代表。目前，比尔是国际咨询工程师联盟可持续发展小组的主席。他也是美国无国界工程师协会的副主席，该组织是一个致力于通过适当可持续技术的应用来提高发展中国家人民生活水平的非盈利组织。比尔曾获各克拉克森大学化学工程工学学士学位、伦斯勒技术学院管理学工学硕士学位，也完成了哈佛大学商学院的高级管理项目（AMP 104）。

目录

序

随着其今天、昨天、一星期前所做工作的延伸，咨询工程公司的大多数机会在不断增加。我们围绕着不断增长的变化来设计我们的商业模式，对于新趋势新潮流有意反应较慢或持怀疑态度。因此，可持续发展——实为绿化建筑环境之整体概念——已被我的很多同事当成了过时的风尚。更有甚者，有些人认为可持续发展对工程业有害处。

比尔·华莱士正期待着改变这一切。他提供了一个特殊的资源——站在工程公司的角度来看待可持续发展的书。书中他谈到采用可持续性原则不仅是正确的，而且也为咨询工程师们提供了一整套全新的机遇。本书是一本指导手册，它帮助工程公司老板、经理及思想领袖评估可持续发展对他们意味着什么。本书给了他们一张成为可持续发展公司的路线图，在他们将可持续发展原则应用到他们的工程项目时找到新的机遇。

比尔的书对于调研、评估、决定如何成为一个可持续发展的公司提供了翔实的信息、步骤及清单。本书还包含了重要机构、文件、相关软件的资料和网页，向读者提供了开始可持续实践的一套工具。对于一个在调研可持续发展议题和机遇的公司来说，本书能够节约大量的研究分析的时间。

比尔·华莱士有一个独特的工作背景。20多年来，他一直就工程问题的主要趋势进行分析，评估它们的影响，并将这些趋势转化为工程界领军企业CH2M HILL的新的商业机会。与此同时，比尔在工程公司美国委员会（ACEC）中担任多种角色，包括有害废料行动联合会（HWAC）主席和国际咨询工程师协会（FIDIC）可持续发展小组主席。

比尔并没有罗列事实供我们考虑，他极具挑战性地使我们意识到我们的行业在可持续发展中也许不是跟随而是处于领导的位置。很多人已讨论过我们应走在客户的前面的问题，也就是说我们要在客户之前理解他们的需求。可持续发展也许是此种机会的最好阐释。

我个人了解比尔是在15年前我们一同共职于有害废料行动联合会（HWAC）。我们一同目睹了在当时引领风尚之物，现在已变得稀松平常。制造商那时只看到了消除废弃产品而却没有在处理方面采取措施。事实上，他们说那么做比较便宜，绿色先驱也从此诞生。我们经常提到绿色是钱的颜色，至少在美国是这样。这一思维模式使得其选择远远超越了早期倡导者的预测。

本书有令人信服的实例，将可持续发展融入到我们的实践中，包括从纯粹的社会话题到直接的影响，一直到最后的界限。为了客户和我们自己公司的利益，我们得思考一下历史性思维的益处。比尔试图通过创新来跨越障碍，提出了项目交付的新途径，使和我们的客户建立更有效的合作关系。全书充满了具体鲜活的实例，包括从公司政策到市政运输项目等，提供了有趣可读的关于为什么采取可持续性原则会使其更有意义的一系列文章。

毫无疑问，我们各种不同的客户群会对可持续发展有各自不同的观点。有些可能会认为可持续发展对他们的运作是一个障碍；有些则认为可持续政策对他们长远的成功是一个重要因素。比尔的书告诉了我们如何接近我们的客户。我们必须小心不能只是游说可持续性的优势，而是要切实提供一种我们公司与很多不同客户共事的经验中涌现出的理念。比尔指出实践中运用可持续发展使得事业有意义。可持续发展原则得以全面应用的项目具有更低的生命周期成本，更易被公众所接受。此外，公司将可持续发展视为创新和开发有利环境保护原则的新产品、新服务的催化剂。

巨大的挑战与机遇并存。多年来，工程公司美国委员会（ACEC）已经清晰地认识了很多相关的具体问题，并代表我们做出了极好的工作。认识可持续发展也许并非易事，但可以肯定的是它将会为我们未来多年的实践工作产生深远的影响。使公司在未来发展具有可持续性方面处于领先地位对于我们来说至关重要。这一角色对我们并不新鲜。过去，我们曾在安全饮用水、有益健康废物处理的发展及无数提高我们生活质量的事物方面起到了领导作用，这些都是工程使之成为可能，而今发达国家都对此习以为常。

本人，谨代表工程公司美国委员会（ACEC）的志愿领导，向比尔表示感谢。因为他鞭策了我们所有人，而且为我们提供了可观的资源让我们重新审视我们的商业模型，使我们踏上明智的有益之路。

埃里克·L·弗利克

ACEC 2003~2004 年主席

前言

人类有可持续发展的能力——以确保能够满足目前自身的需要而不影响后代人需要的能力。这一概念确实存在缺陷——并非绝对的缺陷而是由于环境资源目前的技术与社会组织结构及生物界吸收人类活动影响能力的限制。[1]

从我们的角度来讲，非常明确，我们必须采取可持续发展策略才能创造成功。[2]

对于在杜邦的我们来说，可持续性能否提升底线已不再是问题。我们已致力于可持续发展。那是我们将如何获得我们的底线，也是我们将如何为我们的股东、我们的社会创造价值的方法。[3]

目的与目标

我写本书的目的就是想为工程师们打开一扇通往全新领域的大门——那就是可持续发展工程服务。我想越过目前的思想体系和议题的迷雾而呈现出一个清晰的令人信服的故事来告诉人们，在未来的数十年中，对于工程师、他们的客户，甚至每一个人，可持续发展都很重要，是一种全新的思维方式。我要告诉读者们，可持续发展代表了一种新的、令人激动的事物，它会给不同规模、不同领域的工程公司带来宽广的机遇。

可持续发展意味着什么？它与传统的经济发展有何不同？对于工程师们它又意味着什么？可持续发展一词是在 1987 年联合国报告《我们共同的未来》[4]（Our Common Future）后被广泛使用的。这一具有划时代意义的报告表明了我们创造增长与繁荣的集体能力无意中也对我们的资源及生态系统产生了深远的影响。这些影响不断加剧扩大，其负面效应不断出现，以至它们也许会危及到我们的子孙后代满足他们需求的能力。为了扭转这些趋势，该报告提倡一种新型的经济发展模式——可持续发展——以使社会在满足今日需求的同时，也能为后代保护资源和自然系统。

可持续发展是一个目标，而不是一个思想体系。它使我们的发展具有可持续性意味着转变对不可再生材料和能源的大量使用；它意味着创造新材料、发明新技术，使可再生和不可再生资源得到更好、更有效的使用；意味着存储和保护我们的可再生资源和生态承载能力，使得它们更具生产力以满足不断扩大、日益增长的人口需求。最后，它还意味着在一代代不同人、不同种族中对这些资源公平、平衡地使用。可持续发展寻求三种关系的平衡：经济发展、环境保护及社会公平。

对于工程师们而言，可持续发展之路也迎来了一整套全新的机遇与挑战。为了达到可持续发展目标，工程师们必须寻找新的途径利用可再生资源来满足社会的资源和能源需求。他们必须通过减少（或最好消除）对大气、水及土壤副产品的排放，以大量减少对我们生态系统的损坏与负担。他们必须恢复我们自然资源的丰盈与生产力。

迈向可持续性将或多或少对世界的基础设施有个全面的调整，用新的、清洁的及更高效的程序、系统、技术来取代或革新已有的系统。例如，随着行业、政府等开始为更具可持续性的实践而全面改革，可持续工程服务的新世界市场正在建立。提供全面改革后的工程服务将需要新的各种形式、各个层次的工程阅历和专门技术，但其中的大多数目前尚不能信手拈来。能快速进入这些市场的敏捷的公司将会发现他们可以可持续地在各个层次超出常规定价。

警报信号

非可持续发展的迹象正在很多地方很多层面开始显现。在美国和其他一些发达国家，随着人们为了寻求更好的生活质量而回到郊区，城市正在感受城市蔓延的影响。城市的基础设施在逐渐消蚀，税收基础在逐渐减少，而通往城市的道路和高速公路变得更加拥堵。城市排水、农业化学制品的应用和其他机制污染了湖、河和出海口，栖息地和渔业资源在遭破坏。污染物在接受的水域中数量不断积累。现在一个巨大的“死亡区域”每年在墨西哥湾出现，覆盖面积超过5000平方英里。美国西部最近的干旱和它带来的缺水表明了我们水资源基础的动摇。

更大范围上，还存在全球气候的变化。虽然有争议，公众舆论看法是，主要通过矿物燃料的燃烧产生的许多气体正使得将在本世纪极大改变气候类型的温室效应加剧。这些例子单独地看上去很孤立，也有可能有址可寻。与上百其他例子聚合一起，显示出环境在各个层级的集体退化。

对于居住在发达国家的人们而言，可持续发展可能像是引起环境问题的一个因素，其中很多让人很担心却又无能为力。但是，越来越多的公司、公共部门组织（很多是你的客户）持有不同的观点。公众对于全气候变化、非点源污染、水资源缺乏、森林滥伐、生物多样性及环境正义的缺失和其他一些问题促使一些公司和公共机构改变了他们为客户生产递送产品及服务的方式。很多公司向公众承诺要减少他们的所谓的生态脚印——他们业务对环境影响的程度。一些公司和其他组织还承担起了教育和福利的责任，而这些主要属于政府管辖范围。然而，这并不意味着就一定得毫不利己，专门利人。他们的动机来自这样的认识，他们重要的关系人，包括雇员、股东、客户和受影响的社区等，掌管着相关的组织机构达到股东更高要求的同时，正在目睹着非可持续行为。这些公司意识到，在如今的备受舆论关注的世界中，实际上是公众发运营执照给组织机构，而且公众能随时宣布那执照无效。

“攫取—制造—浪费”生产—消费模型

我们的生活质量来自于工业时代的线形生产—消费模式，即“攫取—制造—浪费”，它在生产运输产品和服务满足顾客需求时，对能源和原材料任意索取。结果，无论是其总量还是人均消费量，美国是世界上耗费资源最多的国家。这种模型是基于一种潜在的臆断，认为地球资源的供给和生态承载力（同化吸收废弃物和生态服务的能力）足以支撑不断增长、需求不断扩大的人口的所有活动。

加强我们目前的非可持续的系统就是对传统的运营、程序、技术的大量继承，这些都是建立在旧有的观念对资源的使用、生态承载力影响的认识之上。资源总是充裕的，生态的破坏总是可以修复的，只是暂时的，我们一直这么认为，历史也支持这一观点。如果资源短缺出现，我们就会想出怎样寻找更多的资源，或发明替代品。如果我们污染了河流或是湖泊，我们会想办法清洁。这一策略在过去总是很有效。然而，情况即将改变。世界人口的增长、经济的发展对资源和生态系统提出了前所未有的需求。弥补过往的错误、等待新技术再也不能满足这些需求。可持续发展意味着在较少的资源、生态及社会成本下，用尽可能现有的技术与系统，做更多的工作来提供相同或更好的服务。

要花好几十年的时间，可持续的技术发明和广泛应用才能真正成为可持续的。行业和政府刚刚开始进行改变，随着时间的推移，工程师们一个一个项目地将这些改变完成。为此，本书为可持续项目的承建以及这些项目对可持续性贡献的评价提供一整套的工作方法。同时，本书也探讨行业与政府间分享信息与最佳实践的方式与机制。

这一世界的变化对科技提出了一套全新的要求，大部分需要新的发明创造。这里工程师们起关键作用。他们不仅要帮着决定什么样的科技才符合可持续性，而且也要决定它们能否及怎样产生预期的结果。想要参与其中的公司将不得不积聚一些必要的资源与技能，其中很多是很新的，仍然在发展中的。这些新工具与规则包括生命周期分析、集体的社会责任、绿色化学、碳释放报告、碳交换、工业生态学、环保效率等等。

将可持续发展引入工程公司

说服你的公司认识到并参与到这一全新的领域可能并非易事，尤其是对那些主要客户在美国的公司。跨国公司除外，大部分的美国公共和私人机构的领导者和经理们都未曾经历与不可持续发展相连的资源短缺或是生态问题。美国仍享有丰裕的资源，且科技发达，这使得问题不那么明显。此外，美国多年来已积累了一套全面广泛的法律、法规和程序来应对可持续发展倡导者所关心的问题。这样，对于很多人来说，就很难将可持续发展视为一个重要问题，一个值得关注的问题。

这里再次强调，改变正发生。全球化的力量正在改变我们在美国看世界及世界怎样看待我们的方式。股东们正要求能更好地服务于环境，同时也要求承担更广泛意义上的社会责任。而他们也正在获得这一切。经济学家米尔顿·弗里德曼的古老公理，“商道之道乃商道也”不再正确了。市场的力量和公众的意见不断将集体的责任向供应链延伸。使用木材或是出售木制品的公司现在正从可持续运营的森林中寻找木头来源。制造商正在为他们自己的工作条件和他们世界各地的供应商们的工作场所制定更高的标准。建造或翻修建筑物和工厂时正在强有力地减少环境印记，即更少的能源消耗，反复使用或者可更新的材料的使用，日光及从可更新的来源得到的能源的广阔使用等等。最重要的是，这些变化在降低运营成本，创造更高的利润。

此外，很多公司将迈向可持续性视为开启一整套全新市场的机会。他们在谋划新产品、新服务以满足新的客户需求。例如，开发者和建筑物所有者正建立所谓绿色建筑物和设施。他们不仅花费更少的建造运营成本，也为住户提供更好、更具生产性的环境。能源公司在将高附加值的绿色能源卖给那些想为减少非可更新的能源的使用做出贡献的顾客。化工厂在生产用可更新的资源加工制成的新工业级塑料。汽车制造商正推行燃料效率已经达最佳历史纪录的复合型车辆。如今，这些车辆的购买者得排队购买，甚至要等上 12 到 18 个月。[5]

同样，可持续发展服务也为那些帮助客户表现更好又省钱、在股东眼中更具可持续性的工程公司敞开了大门。无论工程公司的大小怎样，客户基础如何，都享有这些机会。事实上，在这样的市场中，中小企业比大的工程公司优势更显著。为什么？首先，中小企业通常拥有更好的创新环境，对于变化更具协作性，反应更敏捷，更易于接受变化。此外，这些公司的负责人倾向于和他们的客户有更密切的关系，更能辨认出和聚集对客户有影响的可持续性趋势和市场力量。最后，因为公司不大，比起大公司其领导的换任能更快些。那时因为他们与公司经理们和思想领袖有更密切的关系，对公司运营更具控制力。

然而，尽管存在这样重要的机遇与优势，这些商业机会仍然会从工程界溜掉。大部分人要么未对这趋势作出足够的分析，要么认为他们是在赶时髦或者完全对企业持敌视态度而拒绝考虑。

缺乏创新环境

工程界怎么会失去这些机遇？和我探讨的大部分人作出了相同的回答。他们公司，尤其是大公司，没有培育创新环境。我将这样的环境定义为一个具有创造力的工作场所，这里鼓励个人系统地寻找新市场和技术，在各组织机构间分享信息，并很快聚集或获得从事新领域所必需的资源。

有个令人伤感的讽刺。工程公司或许是占据着最好的位置收获这种革新的商务环境的益处，但是这么做的成绩记录却最差。这些公司通常都与各个经济部门中的各地的很多客户有着密切的联系。因此，他们独具优势，在各行各业的工作中有一扇关于趋势、问题和力量的特殊窗户。如果他们行事正确，他们能很好地参与并了解他们客户的业务。拥有这样的信息和聪明的员工，他们在辨识和解析新趋势及联系广阔的业务和经济新机遇方面最具优势。

公司有通过建立奖励和认证机制来扼杀创新的倾向。事实上，那样的机制首要的是奖赏收入与利润的增长。尽管存在华丽的辞藻，其他一切只能退居二线。显然，重要的目标是收入与利润的增长。然而，这些都是短期的，并不能反映公司长期的健康运营状况，也不能反映公司为了长期的成功在怎样很好地平衡它的信息与资源。

通常在节约成本的名义下，结果成了组织的“火炉烟囱”（stove piping）。这样的环境下，各业务部门变得很孤立，将精力与资源投入到自身的领域之内。跨部门分享信息是有损他们的最佳权益的。不通过某些方式让人们认识到跨部门合作的益处，回报与认可将是不可能的，各部门会以牺牲其他部门为代价来改善自身的财政表现。

提供可持续发展工程服务

成功地向客户提供可持续性服务必须基于健康的商业环境之上，即遵循可持续性规程增加股东价值。本书将此呈现给那些应用成功项目实例并从中获益的客户。成功的关键是要能够“起而行”，向客户们表明，工程公司在可持续性中也看到了商业和道德价值，它们的领导人、经理、员工已经对可持续发展作出了承诺。

本书将使工程师和经理们能在自己的业务中融入可持续发展。它将告诉他们为什么要，以及要投入多少必要的资源与工具来实践可持续发展。本书也表明，领导者与经理们应怎样应对这样的新的业务机遇。

最后，本书也面向未来，提出和论及到了未来几十年可持续发展的关键议题。关键资源和生态承载力是什么？影响必要的变化都需要哪些技术？政府和行业需要做些什么？工程界应该有怎样的反应？

本书组织结构

如同在这部分开头指出那样，本书不仅意在为读者提供一个对可持续发展的有效理解，而且也为读者提供开展可持续发展和履行包含可持续发展因素的实用指南。为此，本书分为七个章节和三个附录。

- 第一章：*绪论*。提供可持续发展定义和发展历史。
- 第二章：*可持续发展：起源*、*概念*、*原则*。论述可持续发展基本原则，给读者一个相关议题和原则的坚实的基础认识。
- 第三章：*可持续发展：客户需求和市场驱动*。论述创造可持续发展服务的趋势和市场驱动力。
- 第四章：*起而行*。描述对可持续发展有组织的承诺及工程公司应该怎样考虑作出这样的承诺的益处。
- 第五章：*绿化工程公司*。提出设定政策、程序及实践来减少环境印记的规划。
- 第六章：*发表可持续项目*。描述怎样建立和成功实施可持续发展项目。
- 第七章：*可持续发展的前景*。考虑可持续发展在未来 5 ~ 10 年将怎样发展及那对工程公司意味着什么。
- 附录：
  — 附录 A：有用的可持续发展出版物
  — 附录 B：可持续发展的资源和工具（在光盘中）
  — 附录 C：可持续发展原则

为部分解决之道

工程界确实处在十字路口。我们能继续我们已经做的，这样容易支撑目前的生产—消费（攫取—制造—浪费）模型。我们能继续找到比以前更快、更便宜地提取更多资源的方法。面对不断增长的消费需求，我们可以到处生产、运输和贩卖更多的货物给更多的人们。我们可以帮助我们的客户做这一切，同时，将污染了的进行清洁，并不违反现有的污染物排放规则限制。在这作用中，工程师们存在些问题，寻找使不合逻辑的系统不断持续下去的方法，并认为这是进展。这种商品工程工作在国外越来越呈现利润微薄、竞争激烈的特点。

本书的目的是要呈现出一种更好的方式，一种使工程界成为部分解决之道的方式。代替寻找更快地提取资源的方式，我们可以发明应用使用更少原材料和能源的新技术。代替寻找卖出更多产品的方式，我们可以在单位产品内为客户帮助客户得到更多的服务。我们可以找到使用自然系统的方式来满足我们对于采光、取暖、降温的需求。我们可以设计使用、再使用和再循环适应性的大楼和其他建筑物来降低生命周期成本。

追求这样的道路将会带来新的工程挑战，这挑战将促使我们更明智地工作，这种挑战需要一套广泛的技能和资源。这种挑战能将年轻人吸引到工程领域，呈现给他们怎样能将其所学应用到改变世界而不是遵循旧有的令人气馁的道路。

致谢

我想感谢美国工程公司委员会及其环境事务委员会给我机会并鼓励我写作本书。尤其是埃里克·弗勒克，玛丽·帕斯特，杰里·杰克逊，乔治·贾米森，戴维·肯尼迪和戴维·斯图亚特在我写作过程中帮我提供了他们的高见和评论。

荣誉应授予唐·罗伯特，因他将可持续发展与工程师的工作联系在了一起，是他首先向工程界就这一重要议题发出了警告，并帮助他们理解它。荣誉还应授予在博耳德科罗拉多大学的教授伯纳德·阿曼德，通过与美国无国界工程师协会的工程师们的前沿工作，阿曼德教授正在向工程界展示他的才识怎样能真正为使世界更好地作出贡献。

对可持续发展世界企业委员会和其美国地区的成员与员工，我想为他们持续不断地在日常业务实践中努力交流融入可持续性的重要性与益处表示感谢。我在CH2M HILL的联络代表的角色和参与工作使我能对可持续性议题有重要的认识。也使我能够和很多不寻常的人物共事，用全球化的视角来看待可持续发展。感谢也要送给CH2M HILL的一些不寻常人物——乔·丹，简·黛尔，斯科特·约翰逊，琳达·莫尔斯和安德烈娅·拉梅奇——是他们在可持续发展项目和合作绿化方面贡献了他们的思想与资料。

特别要感谢杰里·普伦基特，他多年来都是我的良师益友，给我鼓励，告诉我怎样才能真正跳出固有的思维模式。另外，我还要忠诚地感谢向我展示有需打破常规思维的东西的鲍勃·登普西。

最后，但也同样重要的，我要感谢我的妻子——黛安，不仅因她出色的编辑和建议，而最重要的是因她在这个项目和其他所有事情中的支持与坚定不移。我要感谢鼓舞我的女儿们——凯特和简，还要向你们道歉，似乎我这代人将你们的世界搞得有些乱。

比尔·华莱士

科罗拉多州，斯蒂姆博特　斯普林斯

2004年11月23日

---

1 United Nations, World Commission on Environment and Development, Our Common Future (New York: Oxford University Press, 1987), 8.

2 Carlos Guimaraes, vice president of Dow Chemical Corporation and chairman of the U.S. Business Council for Sustainable Development, quoted in Business Week Online, May 1, 2003.

3 Chad Holliday, CEO of DuPont, quoted in Charles O. Holliday Jr., Stephan Schmidheiny, and Philip Watts, Walking the Talk: The Business Case for Sustainable Development (San Francisco: Greenleaf Publishing, 2002), 24.

4 World Commission on Environment and Development, Our Common Future.

5 Amanda Leigh Haag, "Boulder Demands Hybrid Vehicles: Civic Hybrid, Prius Sell Faster than They're Made," Boulder Daily Camera, May 29, 2004.

第一章

绪论

可持续性代表着将改变全球商业规则的头号大趋势…… 创新的公司将一定会探索到合乎逻辑的方法来减少成本，得到相关益处，区分产品和服务，平衡经验与资格能力，发现新的市场和地理策略。[1]

背景

我以前住在科罗拉多的利特尔顿，从那里步行 10 分钟有一个 2000 年 7 月通车的轻轨车站，它是通向丹佛商业区、体育和娱乐中心的长 15 英里的西南走廊的第一个起点。该车站开通之前，批评者们说它的使用率有限，是对纳税人金钱的浪费。但是，在开通那天，厌倦了在交通高峰期挣扎的人们，纷纷涌向了车站停车场，登上了开往丹佛市中心的车——今天继续通行的交通线路。运输设计者认为好多年后都足够用的泊车位在第一天就爆满，迫使乘客得把车子四散在周围临近的街道和楼间。停车空间的数目很快翻了番，但仍不能满足需求。如今，大丹佛区正在计划更多的轻轨线路，丹佛轻轨的批评者们也一反常态地沉默了。

图 1－1：科罗拉多的利特尔顿轻轨火车站。乘客们从刚到达矿物林荫道车站的轻轨上下车。克林顿 SC，长老会大学，乔恩·贝尔摄

除了提供往市中心运输，丹佛轻轨正改变着它沿途的风景。这条西南通道上建造的车站，正在以高速公路无法比拟的方式激发着城市的修复和发展。人们在丹佛各轻轨车站间步行能及的地方，建造新的购物中心、住宅、商用大楼来满足市场需求，这从某种程度上倒转了城市扩张。

丹佛轻轨的成功并非是孤立的。1999 年开通的盐湖城 15 英里轻轨线路现在周一至周五的平均载客量为两万人——超出设计载客数 43%。与此同时，达拉斯的实际乘客数超出估测数的 30%，圣路易斯超出规划 14%。

这到底怎么了？为什么估测如此一致地低？轻轨的支持者们归咎于由联邦运输管理局（FTA）分发的过时的规划模式和指定的估测规则。这些规则并未顾及公众新的态度和观念。他们的模式认为人们对于选择公共汽车还是轻轨，是很无所谓的。而事实上，人们确实更喜欢轻轨一些。一份丹佛地区交通运输区调查发现，从未坐过公共汽车的人中的 60% 现在每周至少三次乘坐轻轨。[2]

轻轨充分地减少了交通拥堵现象，改善了生活质量。拥有这样的交通选择意味着更接近城市商业中心，降低了搬到城外的需要，离人们住处更近。另外，投票结果也显示人们也厌倦了城市的扩张。2002 年，23 个州的 94 个社区通过了立法将 29 亿美元的经费

用于户外空间的保护和修复。总体说来在2002年，选民批准共计100亿美元用于保护和与之相关的基金。[3]

轻轨项目和精明增长的规划制度都是值得关注的趋势，不仅只是因为它们对工程建设工作的影响，而也是因为它们表示着未来的变化模式。人们在追求更好的生活品质，其中就包括更加有序的舒适的交通环境，更多的开放空间。建设更多的高速公路并不能解决他们的需求。

图1－2：美国一大都会高峰期的交通。来源：丘比特印象（JupiterImages），www. clipart. com

为可持续性和收益性革新

在密歇根的迪尔博恩（Dearborn），福特汽车公司正在以一个不同寻常的方式翻新鲁日河（River Rouge）工厂。改造后的工厂不仅拥有高效的生产能力，而且也将更环保、更节能的最前沿技术包括进去。项目建筑师和可持续发展领袖威廉·比尔·麦克多诺给这个大工业综合体上装了一个10英亩的有机屋顶，上面种着养护要求低的多年生植物。设计和建造工作由ARCADIS Giffels，LLC和Walbridge Aldinger公司完成。设计同时也融入了自然光（日光）、自然雨水处理。鲁日河工厂的翻新创意源于福特CEO的小威廉姆·克莱福特的灵感，那是他眼中21世纪福特的一部分。

图1－3：密歇根州底特律福特鲁日河工厂综合体的充满生机的新屋顶是斥资20亿的现代化项目，是具有84年历史的福特项目中公司创新精神的显著体现之一。

福特鲁日河设计团队

威廉姆·麦克多诺（William McDonough）和他的合作者摄

ARCADIS公司将“绿色”概念融入到鲁日河的设计当中。他们正在设计全美最大的多孔停车场，这种设计打算收集雨水并将其引入一个自然（基于工厂的）处理系统。ARCADIS公司还将绿色设计融入了其他的项目。最近，它给一个美国邮局设计的邮政设施就采用了自然采光、低能耗空调系统和太阳能遮光装置。Walbridge Aldinger公司被《工程新闻—纪录》列为2003年度汽车建筑物构建第一名。除了福特公司，它还向其他汽车业客户提供环保的设计和建造服务。正在设计的威士顿村（Visteon Village）是威士顿有限公司未来的总部，施工现场是密歇根底特律外树木茂密区域中的砾石场。它正寻求LEED证明其在合理环境原则下建设的资质。[4]

从可更新的和工业副产品中生产新材料

福特公司并不是惟一一家将环境标准引入到设计的公司。道化工公司（Dow Chemical Company）最近就和卡吉尔有限公司（Cargill，Inc。）建立了从可更新资源中生产工业级塑料的一个合资企业。他们采取叫做“自然作用”的工艺，从玉米和其他农作物中提取各式各样的纤维和包装材料，此工艺已获得专利。[5]

道化工公司也正在开展一项关于*副产品协同作用*的项目，它基于这样的理念，一些设备产生的没用的副产品应当评估其作为其他设备给料的潜能。像其他的化工公司一样，道化工公司一步步使他们的工程师们完全掌握他们的程序，并致力于使所有程序产生的废弃物（不需要的副产品）最小化或有新的用途。至少他们现在没能做的就是跨越传统的边界来看待其他化工公司的给料是什么，自己产生的不需要的副产品又是什么。匹配（以公司的废弃物作为另一个公司的给料）能给公司节省大量的原材料和废弃物处理费用。

LEED 绿色建筑评级系统

LEED（Leadership in Energy and Environmental Design）即能源与环境设计的领先标准是基于可持续性标准的建筑评级系统。它由美国绿色建筑委员会（USGBC）推行。建筑物按分数段进行等级评价，根据得分有四个等级的证书。更多关于 LEED 的信息请参见第六章。

- LEED 认证：26－32 分
- 银奖：33－38 分
- 金奖：39－51 分
- 白金奖：51 分以上（总分 69 分）

什么是副产品协同作用？

副产品协同作用是得克萨斯工业公司（TXI）退休的副主席戈登·福沃德博士（Dr. Gordon Forward）的智慧结晶。福沃德曾是查普瑞尔钢铁公司（Chaparral Steel）的总裁和首席执行官，该公司曾被列入罗伯特·莱弗瑞（Robert Levering）和密尔顿·莫斯科维奇（Milton Moskowitz）的“美国最佳雇主 100 强”。据福沃德讲，TXI（查普瑞尔钢铁公司的拥有者）那时要他去管理距查普瑞尔钢铁公司特别近的 TXI 的水泥厂。福沃德发现查普瑞尔要花钱处理掉的钢炉渣经过一些化学调整后就可以当作生产高品质的波特兰水泥（普通水泥）的原材料。不仅两家公司节省了资金，而且这样的水泥品质也更高。另外，将钢炉渣融入到水泥的生产过程，使生产力提高 10%，同时降低了能源要求并减少了温室气体排放。[6]

“是令人惊讶啊，”福沃德回忆，“我 30 多年来上班路上都要开车经过那水泥厂，可我从来都没想到会存在这样的商业机会。”[7]

TXI 日后取得了该流程的专利，并将其产品命名为水泥之星（CemStar）。现在全世界都认可了这一流程。1999 年 9 月，美国环境保护委员会（EPA）因此授予 TXI1999 年度国际气候保护奖。同年晚些时候，该公司又因其在运营中降低能源消耗的努力被 EPA 授予气候贤明奖。

TXI 是墨西哥湾可持续发展商务理事会的一员。此发现后不久，戈登·福沃德就开始和那时的理事会执行主管安迪·曼根就如何推广发展这想法一起努力。

图1-4：安装在得克萨斯工业公司（TXI）一个水泥厂的水泥之星系统。经TXI许可，比尔·华莱士摄

安迪回忆道，“我们想，如果两个公司一起就可以创造出像水泥之星这样的产品，那么我们把不同领域的20个公司聚集在一起又会怎样呢？”[8]

在与理事会合作中，福沃德和安迪创造了一套他们叫做“副产品协同作用”的流程。在此种使事情变得更容易的流程中，来自不同工业领域的15到25家公司的代表聚在一起，交换彼此给料需求和副产品生产的信息。在了解了谁需要什么，谁生产什么之后，他们用电脑和详细数据表格将需求和供给相匹配。第一个项目里，通过21家公司参与，有望产生60多种协同作用。其中有13项协同作用被参与的公司采纳。关于副产品协同作用的更多信息请参见第二章。

可持续增长在杜邦

2000年，杜邦将可持续增长定为公司的核心政策，在为股东们创造可观价值的同时，也满足社会的需求和价值。杜邦公司的CEO小查尔斯·霍利戴先生在他的《2002可持续增长进程报告》中说，“我们21世纪的目标是要成为一个可持续增长公司——能为股东和社会创造价值的同时在我们的运营价值链中又能减少我们对环境的影响。作为转化的一部分，我们已经非常努力地减少我们对环境的影响，也在能源使用、减少温室气体和应用可更新能源和给料方面制定了积极的目标，预计2010年就会实现。”[9]

在2003年给执行经理们做的演讲中，尤玛·乔得瑞（Uma Chowdhry）博士注意到像其他制造业公司一样，杜邦已经通过制造和销售更多的产品获得了增长。从而使它的经济增长与耗能耗材量以及产生的废气物量直接连在了一起。从长远来看，那种方式并不是可持续的，需要改变。为此，杜邦已经为2010年制定了四个目标。

- 从非可耗尽的资源中获得的收入由2002年的14%增长到25%。
- 将1990年作为基准年，使全球性含碳温室气体排放减少65%。公司已经以68%提前完成了这一目标。
- 将1990年作为基准年，达到能源使用零增长。
- 到2010年使公司10%的全球能源使用来自于可更新资源。[10]

以可持续成长为平台，杜邦生产出新的产品，不仅使公司获益也有益于环境和社会。例如，它的新走开（Awaunt）棉花杀虫剂以其小剂量的使用量能帮助非洲农民安全经济地种植棉花。棉花产量增长15%~20%，低剂量杀毒剂的使用（几乎比过去少10倍）有助于保护农民健康。

图1-5：杜邦走开（Awaunt）杀虫剂帮助西非的棉农杀灭害虫，提高产量，却对环境的影响很低。杜邦公司摄

另外，杜邦新的超级固体（Super Solids）技术帮助汽车制造商在汽车油漆过程中减少挥发有机化合物（VOC）散发达25%。这帮助客户和汽车制造商既生产更持久的汽车油漆效果，又降低了毒气排放量。科学证明系统（Scientific Certification System）证实安特罗恩（Antron）尼龙是更可取的环保产品：一种与其他同类产品或服务相比对人体健康和环境的影响较少或较轻微的产品。[11]在生命周期分析时，安特罗恩更耐用，在生产过程中耗能耗材量更低，与其他同类产品相比产生更少的废弃物。

ST微电子（STMicroelectronice）的生态观

像杜邦一样，资产80亿美元的半导体制造商ST微电子也将环境责任作为公司战略的重要组成部分。首席执行官办帕斯奎尔·皮斯特赖尔（Pasquale Pistorio）公开承诺其可持续性战略并认为这样的政策和行动对增强竞争力意义非凡。通过承担对环境的"道德责任"，皮斯特赖尔相信他不仅能够吸引到最优秀的人才，而且能大大减少整体运营费用。目前环境投资的回报已超10亿美元。它的生态观是"成为一个最趋近环境中立的公司。那样我们不仅要努力达到我们所属行业的环保要求，还要努力遵守下列十条诫律。"[12]这十条诫律列在《ST微电子环境十诫》中，详见第五章。

为了保持在半导体业的竞争力，ST微电子不断更新它的芯片制造设施，每年耗资数百万美金用于新的建设。这些新设施的设计和建造不仅是要满足生产力的高标准，也实现了公司的环保责任。

可持续城市：西雅图和奥斯汀

华盛顿州的西雅图要求所有该市资金支持的5000平方英尺以上项目的建设和修缮获得LEED评估体系的银奖。西雅图期望每年从11栋楼中净节约500000美元。同时也能改善工作环境，从而减少人员流动，提高生产力，减少病假工人数。鉴于建造运营费用的92%用于人员工资，这点是非常重要的。肯特·波特尼（Kent Portney）的新书《认真对待可持续城市》（*Taking Sustainable Cities Seriously*）[13]认为，这个LEED银奖要求和其他活动使西雅图成为全美最具可持续性城市。据肯特讲，美国24个城市有实质性的可持续纲要规划。

同样地，得克萨斯州的奥斯汀也意识到了绿色建筑的益处。20世纪80年代就已经颁发了绿色建筑奖。如今，该奖项向住宅和商用建造者在能源和水资源保护方面提供广泛的指导与支持。此外，它还给有意改善他们的能源和水资源保护性能的住户和商用业主提供折扣。最重要的是该市已将绿色建筑评估引入主流当中。它所建立的绿色建筑评估体系使得开发者、房地产经纪人和住宅购买者能认可绿色家园的品质好处。

绿色建筑的经济益处

对于很多公司的决策者来说，绿色建筑设计仍然听起来就像是附加开支。然而，这未必是正确的。CH2M HILL的斯科特·约翰逊（Scott Johnson）给我们列出了一系列低成本高回报的绿色建筑经济实例。[14]约翰逊注意到绿色建筑和有效建筑物花费间存在巨大的潜在协同作用。然而，注意到这并不会自发产生也是重要的。并不是所有的绿色建筑投资都产生积极的投资回报（ROI）。关键是在设计时做到既省钱又环保。如果认为所有的绿色标准（例如，LEED标准）都将转化为提高了的利润或所有的好处都有确定的相等水平，将是荒唐的。

图1-6：具有很多可持续革新的华盛顿州的西雅图市市政厅。该大楼采用一个“被抬升了的地板”系统，任何地方需要都可移动，增加了灵活性又减少了修缮改造垃圾和费用。它也改进了能源效率并考虑到个人对温度和气流的控制。西雅图市，埃米莉·伯恩摄

当和大楼所有者谈话的时候，约翰逊对于绿色建筑有非常具有说服力的论证。他从最容易、最底层开始往上，用所有者自己的经济分析方法，发现每一层都有可观的节省。基于时间和确定的利益，他建立了可能为大楼所有者接受的绿色成本效率商业实例。做法正确，这种方法能给所有者的利润低线增加数百万美元。

“该行业的自身基准是所有权的总成本。”约翰逊这样开始。

> 这不仅包括前期的设计和建设费用，也要包括每年的运营和养护费用。如今，这通常是它建造费用的3倍。然而，很多时候，初始费用确实具有决定权。
>
> 现在让我们谈谈生产力。使用大楼的人们又怎么样？大楼的设计、建设、运营和保养费用只占大楼和其人员总花费的8%。其余庞大的92%都是员工工资。有研究表明如果设计户外空间和自然采光就可使大楼的生产力提高20%。不买吗？你选什么？5%？2%？1%怎么样？如果你是个资讯公司，劳动力的生产力提高一个百分点可能就值得大楼费用翻番。但是，那可能没必要。大楼初始费用的很少的增长（或者一点都不增长）可能会使投资回报

翻好几倍。

图 1-7：科罗拉多北京庞德校区的扎克小学。该校因保护节约能源获得全国大奖。该区的可持续设计比传统的学校的设计和建设费用更少。摄于庞德校区

约翰逊继续讨论了对公司形象和外部因素的潜在贡献。这些益处更难转化为硬货币，但是也可能有真正的价值。总的说来，他已经站在整个生命周期的角度，用可能不太明显的方法，强烈地表达了一个投资绿色建筑的商务情形。[15]

融入更多的可持续技术的大楼建造费用就要更多吗？不一定，据科罗拉多州堡垒科林斯庞德校区的运营执行主任，比尔·富兰泽恩（Bill Franzen）如是说。富兰泽恩的机构建造的学校不仅运营费用低，而且比传统学校的建造费用也要少很多。[16]另外，这些楼采光更好，能耗更低，能更好地保护材料和自然资源。

是偶然奇闻还是新问题的征兆

前述的那些只是有趣的奇闻轶事还是重要的新兴问题的征兆？我的论点是这些事件和行动是一个朝着可持续的普遍市场动作的记号——一种平衡社会需求与环境品质和经济与发展的一种新型的经济发展模式。这种模式要求在不超越资源环境承受力的前提下发展经济改善人们的生活质量。[17]现在已经有充分的证据表明我们就要接近资源极限，开始要求我们的生态系统超负荷吸收我们活动的产物。

过去几年，我一直在 CH2M HILL 扮演非常独特的角色，为公司未来三、五年寻求有价值的新市场、新技术。这样，我代表公司参与数个全球商业组织和专业社团的活动，也在全世界范围内努力做项目，发展业务。从那些经历中，我获得了一些影响大公司和政府机构行为活动趋向和市场影响力方面有价值的领悟。

我所观察到的是各种趋势和市场驱动力的影响，其主旨是可持续发展。这对世界各地公共和私有的组织机构的结构和运营有着意义深远的影响。如今，市场上有力量驱动着公共和私有的组织机构重新思考他们应怎样管理扩展其业务。股东们——雇员，顾客，客户，公共利益集团——目睹自身生活品质在恶化，于是将他们的关注带入市场。这些力量不仅改造着团体的行为，而且他们也正在创造着新市场，为分化和创新提供新的机遇。

很多公司意识到了这种趋势及它对目前和未来业务的影响，并公开承诺要遵循可持续原则。他们的对外公报中不仅包括其财政表现，还包含环境和社会表现。强化环境管理系统，将一致性和信誉融入公司的全球化运营中。股东期望值未能达到，但是，新的环境和基础设施建设将弥补这些不足。

三个世界

为了理解促进可持续发展运动的趋势和驱动力，我们有必要将世界按其富庶程度分为三个部分。

第一世界 这个世界包括有10亿人口的富裕的发达国家。这些国家经济增长缓慢，人口在老化，主要包含富裕的消费者，人均资源使用量过高。第一世界国家包括美国、加拿大、欧盟的大多数国家和日本，都有稳固的管理框架。

第二世界 第二世界国家为发展中国家，其特征是人口增长过快，目前已达40亿。第二世界国家代表了为追求更好生活质量的年轻一代提供产品和服务的巨大市场。然而框架状况变化不断，贫富差距很大。第二世界国家包括中国、印度、巴基斯坦、巴西、委内瑞拉及中南美洲的很多国家。

第三世界 第三世界是极度贫困的国家，有10亿基本上处于生存模式的年轻人口。第三世界国家缺乏很多基本的必需品，如足够的食物、住所、淡水和卫生条件。结果导致更多的贫困和疾病。社会框架状况很差，人们靠消耗资源（可更新的与不可更新的）生存，破坏了环境承载力。第三世界国家包括下撒哈拉沙漠的非洲和东南亚国家。

来源：约瑟夫·F·科茨，约翰·B·马哈菲，安迪·海因斯，《2025：通过科技改造美国和世界社会情况》，橡树山出版社，（北卡罗来纳州，格林斯博罗，1997）

商业业务展现给联邦、州、市政机构应做什么，怎样做。全美的城市都在宣布自己是“可持续城市”，并将宣言写成发展规划和建设方针。他们这么做，不仅因为能提高城市品质，而且因为有经济利益。这些城市对可持续发展是认真的吗？很多都是。一些城市把注意力集中在了具体事物上，而比如像华盛顿州的西雅图、科罗拉多州的博耳德、亚利桑那州的斯考特斯戴尔、加利福尼亚州的圣何塞及俄勒冈州的波特兰已经有计划、程序和政策测量它们的进展中的可持续性。[18]

联邦政府的公共事务管理部（General Service Administration）将可持续性融入到了联邦设施的建设规划标准中。国防部（DOD）正在用可持续标准设计它的设施，在它的建议请求策划服务中把那些标准包括进去。为什么国防部有兴趣？当有2500万英亩的陆地和设施的服务人员时，国防部关心的是保护资源，节约资金。另外，像城市扩侵这样的问题可能会影响它的任务。其他联邦机构，比如国家公园服务、能源部、国务院和美国环境保护局都公开表示计划和策划在可持续发展中服务。[19]

什么是可持续发展？

可持续发展是一项目标。它基于这样的前提：社会目前的发展方式在现在的消费率下不能长久维持。也就是我们攫取和收获我们自然资源的速率和我们生产、运输、消费货物和服务的方式和程度使世界资源和环境承载力已经接近或超出了极限。

这前提是基于可靠的、新兴的证据。它表明资源和生态服务——我们经济的积木——在被耗尽或以一种以往无法想像的程度遭到破坏，并可能无法恢复。且其波及面极广，从溪流、湖泊局部污染，空气质量恶化，欠发达地区淡水缺乏，内分泌破坏的传播到全球气候变化。这种破坏影响深远。如果我们继续现在的道路，环境将不断恶化，未来子孙提高甚至维持他们的生活质量都将成为问题。

在这样的道路上我们还能继续多久？对于经济和科技实力强大的美国和其他第一世界国家而言，资源短缺和生态破坏通常会被看作是暂时的不便，或者是经济发展的必然后果而不予理会，是人类征服自然的一部分。在发展中国家，尤其是第三世界国家，情况则大不相同。保持他们资源和生态服务的健康关系到生存问题。

20 世纪初，人口还不是很多，科技也不够发达，全球范围内对资源和生态系统也没有深远和长久的影响。即使有影响都是局部的，且大部分都是暂时的。预测的重要资源的短缺也未被事实证实，或者被新的科技发明所替代。如今，在 21 世纪的头十年，情况却并非那样了。世界人口刚突破 60 亿。在未来的 25 年后人口预计将突破 80 亿，其中主要在第二、第三世界国家中增长。

同时，随着经济增长范围的扩大，很多国家，尤其是发展中国家，将在未来 30～40 年以 5 倍或更高的比率提高他们对资源的消耗。他们将使用常规的（大多都是非可持续发展的）技术和程序。在这个趋向一体化的世界，公司现在可以在任何时间、任何地点，生产和销售任何东西。

鉴于规模经济和低劳动力低运营成本的好处，公司将他们的设施扩展到了发展中国家。发展中国家欢迎如此投资，因为这能促进经济增长，提高就业率及整体生活水平。人们关心的是这种模式对经济的推动，从而忽视了它的不可持续性。第三世界国家情况更糟。在这些极度贫困的国家，贫困的压力迫使人们牺牲当地的环境和资源谋求生存。

然后是国内安全问题。社会提供货物和服务的能力完全依赖于它的生产——消耗系统的效率和效力。

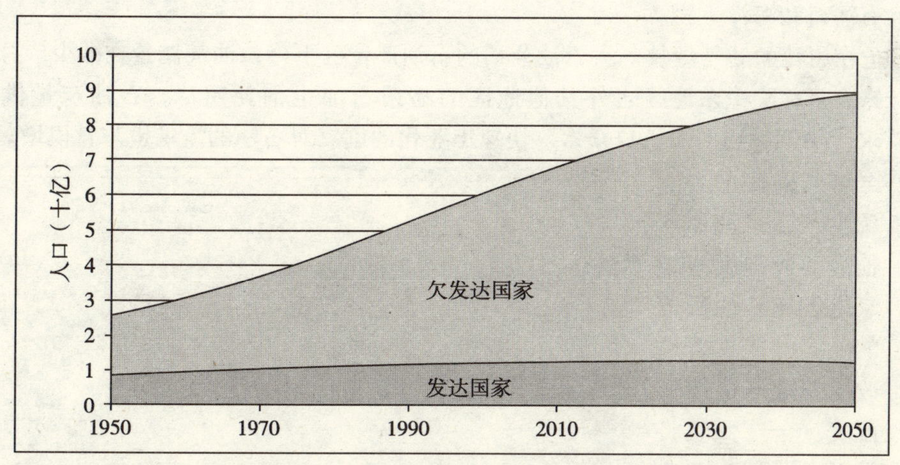

图 1－8：第一、二、三世界国家的人口增长。摘自联合国《世界人口前景：2002 年版》中等情况。（联合国，纽约，2003）

2001 年的“9·11 事件”清楚地表明了第一世界的经济和基础设施的不可持续性以及脆弱性。如今，许多新的状况令世界毫无防御力——为了达到高效和开放而建立的体系有许多易被攻击的环节。无论我们设计什么样的解决办法都必须足够健康，具备高度的保护性、完备性。

什么证明我们是不可持续的？

在美国和其他第一世界国家，非可持续性的证据在凸现：

- 水缺乏。美国西部人口的增长使气候干旱地区的供水问题雪上加霜，以至近 5 年西部的干旱迫使政府大大减少了对居民的供水量。

- *地下蓄水层耗尽*。奥加拉拉地下蓄水层（The Ogallala Aquifer）是美国中西部农民和居民的水源，其水量曾与休伦湖相当。灌溉和其他消耗已经使抽水速率远远超过了补给速率。现在这个蓄水层有些地方已干涸，有些地方继续在被耗尽。[20]
- *墨西哥湾的死亡地带*。农业生产和相关的化肥、农药的使用产生了高污染的径流。污染程度之深、范围之广造成在墨西哥湾已形成了一个季节性的死亡地带。该区域氧气过少不足以维持水生生物的生命。从20世纪70年代早期发现至今，该区域的大小、出现频率已经有了实质性的增长。以前是隔几年出现一次而现在每年都出现，且面积超过5000平方英里。[21]在过去30年中，全世界缺氧致死的近海水生物数量已增长了3倍。专家认为这和废水排放和农业径流使海岸区域中氮、磷的集中增加有关系。自1991年来，美国花费了大约2亿8千万美元弥补这些事故带来的经济损失。[22]
- *渔业资源的丢失*。据联合国粮食及农业组织称，全世界15个最重要的渔业地区中的11个（包括纽芬兰边的大浅滩）已被全部开发，主要鱼类生物的70%被过度捕捞。
- *鱼和贝类甲基水银污染*。由于水体污染严重，美国食品和药物管理局及美国环境保护局已经联合发出警示提醒怀孕、哺乳期妇女和小孩不要食用某种鱼类和贝类。[24]并对墨西哥湾项目沿岸水体流域提出总计68种水银污染消费建议；11种列有河口和海洋生物。[25]
- *迫在眉睫的油气短缺*。大石油公司的石油产量已下降，油气储量在减少。总体说来，目前除中东地区之外其他地区的易采石油也消耗殆尽，石油产量供不应求。[26]中国做为一个人口众多、快速工业化的国家对石油的需求也与日俱增。
- *全球气候变化*。能源生产，运输和其他活动所排放的二氧化碳和其他所谓的温室气体显著地改变着地球周围的温度。全球变暖将导致气候彻底改变、疾病增加、海平面毁灭性上升和农业生产改变。过去数十年中，与天气相关的重大事故所导致的保险损失从20世纪50年代的0美元已经基本上增长到了每年92亿美元。气候变化已成为保险业十分关注的一项问题。[27]人们对气候变化所带来的风险和机遇投入了越来越多的关注。[28]在本书撰稿时，加利福尼亚州正在起草法规使汽车厂在未来10年将二氧化碳排放量减少30%。[29]

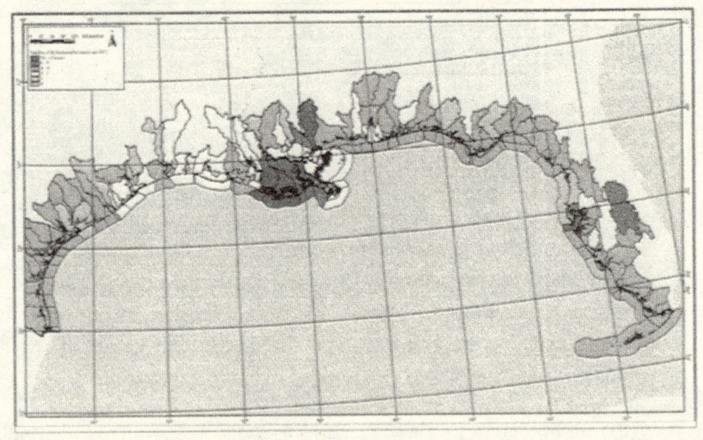

图1-9：墨西哥湾受水银污染的水域。来源：阿克，B. W.，J. D博伊尔和C. E. 莫尔斯，2000。《墨西哥湾渔业资源中水银污染调查》。巴特尔利为美国墨西哥湾计划，斯蒂尼斯太空中心，MS. EPA885-R-00-001 2000年1月

- *珊瑚礁降级退化*。世界上超过半数的珊瑚礁在严重地降级退化。珊瑚礁的生态意义重大。它们为沿海的很多鱼类提供栖息地，也保护海岸线免遭暴风雨和其他海

洋灾害的侵蚀。它们也是旅游业的重要收入来源。[30]

- *持续不断的有机污染物*。现在有证据表明许多有机污染物（POPs）已进行长远的扩散。这种化学物质在环境中继续存在，有毒化学物质在食物链中积累，给人类和环境带来不利的影响和风险。这些高度稳定的化合物要历经数年或数十年不能被分解。它们在全球范围内循环这一过程被叫做*蚱蜢效应*。通过不断的（通常是季节性的）蒸发、沉积、蒸发和沉积过程，有机污染物会穿过大气传播到离原释放地很远的地方。[31]

这些例子更多地是描述与第一世界国家相关的各种全球问题，下面将是第二、第三世界国家面对的更严重、更迫切的威胁：

- *安全用水和卫生设施的获得*。如今在发展中国家，超过10亿的人们不能获得用水安全。25亿人缺乏基本的卫生设施。到2025年，世界一半的人口因缺乏安全用水，将经历水资源短缺。[32]
- *艾滋病/HIV 的传播*。由于艾滋病/HIV 的传播，撒哈拉沙漠地区的非洲的人口寿命已减少了15年，为47岁。许多家庭贫困、破裂，成千上万的孩子成为孤儿。[33]
- *城市化进程加快和大城市数目激增*。在未来25年，世界人口将增长近20亿。其中99%来自第二、第三世界国家。人口增长和向城市涌入的趋势使发展中国家涌现了许多有巨大基础设施需求、少有交通运输的大城市。而且导致用水短缺，卫生设施缺乏，抵御自然灾害的能力降低。
- *森林滥伐*。1998年，滥伐森林引发的中国长江流域的洪水使3700人丧生，2.23亿人无家可归，受灾农田达6千万英亩。估计损失达300亿美元。[34]

图1－10：马里的扎穆鲍戈（Zambougou）的村妇用脚泵取水。来源：美国无国界工程师协会

这些只是发生在很多地方、很多层面例子中的一些。以这种或那种方式，这些事例表明资源和基础设施都面临着巨大压力，而我们有必要改变利用它们的方式。可持续发展倡导者把这些事件称为“撞墙”的例子，即不断增长的人口需求超出了现有资源和生态承载力，导致这些事件严重的后果。需求越高，事件发生的频率和强度越高。

行业和政府反应

像道、杜邦、福特、耐克、通用汽车公司（GM）、ST微电子，以及许多其他公司都将它们未来发展与利润的期望与它们对环境的适当管理和对社会价值的特有遵守直接联系在一起。这些公司公开承诺它们的可持续政策，并将其要求融入到它们的战略和价值观中。另外，这些公司还在开发新的产品和服务以满足新的“空白”机遇——将其核心竞争力扩展到可持续市场带来的新市场。[35]直接的结果是涌现出新的工程、管理咨询处、建筑设计和会计公司帮助它们的客户在股东眼中变得更具可持续性。然而，也有少数特例，工程界要么对这趋势未做足够的分析，要么把它看成是一时的赶时髦或甚至把它看成是反商业的，因而会错失商机。

可持续发展中的商业机遇

像德勤这样的会计公司正在财务表现报告中彰显他们的核心能力。它们发现帮助公司筹备可持续报告的新商机，将它们自身的业务从传统的财务报告扩展到了环境和社会表现报告。为此，它们开创了做可持续发展报告这一项新业务。它们将公司各方面运营情况的内部、外部报告收集、分析、逐步阐明。这样它们对公司运营上的不足有着很多的认识，从而可以进行管理工作或可能从事接下来的工程工作。

全球运动和健身公司耐克已经坚决承诺进行可持续发展，覆盖所有机构和其供应商。为此，它委托包括社会责任事务（Business for Social Responsibility）和 CH2M HILL 等好几家机构帮它为供应商们建立全球自愿水质量标准体系。另外，该公司已将原料转变为天然纤维，并成为世界上使用有机肥料耕作的棉花的最大消费者之一。它也建立了叫做“重穿一双鞋”（Reuse-A-Shoe）的运动鞋的循环使用项目。公司收集制造的瑕疵品和消费过的丢弃物，将这些材料加工成运动品的表面。其目的是提高再循环水准，变旧鞋为新鞋。

耐克正在逐步取消有毒材料的使用，分阶段从它的产品中撤消聚氯乙烯并在它的制造过程中去掉挥发性的有机化合物。1995 年以来，耐克亚洲的工厂中，溶解物的使用量减少了 89%，用水取而代之。

耐克转向可持续战略是因为 20 世纪 90 年代中期的一个事件。1996 年，《生活》（*Life*）杂志的一篇文章称耐克的一个承包人在亚洲用童工生产足球。在随之而来的批评风潮中，耐克很快认识到如此的做法不仅在道德层面上说不过，而且也损害着对销售至关重要的公司形象和声誉。从那以后，耐克作出可持续发展的承诺，密切关注其产品和运营对环境的影响，并竭力提高其员工的生活和工作环境。公司做了一份社区投资报告，详细讲述它对所在部门的投资。它还做了一份共同责任报告，评估由它自身运营所引发的影响。其中的一份附加报告还阐述了公司对取得可持续性、理解和管理全球工人意愿和公司如何融入当地社会所作出的努力。[36]

可持续产品设计

除了在福特鲁日河工厂的项目，建筑师威廉姆·麦克多诺和他的合伙人化学家迈克尔·布朗加特正在改变产品和设施设计的方式。使用他们定义为“从摇篮到摇篮”的设计原则，他们的麦克多诺布朗加特设计化学公司 LLC（MBDC）为客户生产不仅对环境安全而且能完全回收的产品。“这种设计”将副产品协同作用扩展到逻辑终点。在这概念下没有浪费。所有的废弃物要么成了其他生产的给料，要么作为营养物返还自然。甚至他们的新书《从摇篮到摇篮》都用的是可完全回收的聚合材料，分解后可无限地做成其他书或产品。[37]他们的“从摇篮到摇篮设计”的另一个成功范例是克莱迈特克斯生命周期（Climatex Lifecycle）室内装潢织物。该织物是羊毛和苎麻（一种植物材料）的混合物，对大众和环境都很安全。甚至过程中产生的废弃物也被园艺俱乐部用作地面覆盖料。[38]

在《从摇篮到摇篮》中，麦克多诺和布朗加特提出环境保护—效力的概念，设计模拟自然。它们包含两个被称为新陈代谢的系统，每个都有显著的特性与功能。生态系统中，材料的竞择要看它们对生态新陈代谢的贡献，即它们的生态安全性和生物降解能力。有些物质在技术层面上因它们表现的品质有价值不断被使用，但那可能有毒，通常也不可再利用。而另一个技术系统则研究这些物质的循环再利用，第二章更详细地讨论了环境保护—效力的概念的细节。

在土木和环境工程方面，麦克多诺提出一个有趣的挑战。

> 我们正在计划一个新的设计任务，使大众和行业创造以下物质：
>
> • 树楼——像树一样的大楼是个纯粹的能源输出专家，产生比它消耗、积累、存储的太阳能更多的能源；净化它们自身的废水，并以更纯净的形式慢慢释放。
>
> • 工业净水——工厂排出的水比使用前更洁净。
>
> • 产品的使用周期结束后，并不会成为无用的垃圾。丢弃以后能分解成植物的养料或动物的食物，重建土壤或是重回到工业循环，成为其他新产品的高品质原材料。
>
> • 每年为人类和自然积累价值数十亿甚至数万亿美元的材料。
>
> • 一个丰裕的世界，而非充满限制、污染和垃圾的世界。[39]

明显已取得设计成就的工程师们可能会问，如果那是新的设计任务，那么旧的设计任务又是什么？它有问题吗？麦克多诺作了如下的回答。

> 让我们回顾一下19世纪的工业革命，关注一些它带来的始料不及的问题和影响。那种设计似乎有些倒行逆施。它是这样的生产体系：
>
> • 每年在空气，水和土壤中释放几十亿磅有毒物质。
>
> • 产生一些特别危险的物质使未来几代人不得不保持警觉性。
>
> • 产生极大量的废物。
>
> • 地球上有价值的物质处于危险境地，且损失无法弥补。
>
> • 要制定很多的规范才能使人们和自然系统不至很快中毒。
>
> • 以工作人员数量衡量生产力水平。
>
> • 通过开采消耗自然资源创造财富，填埋或燃烧废气物。
>
> • 破坏生物和文化习俗的多样性。[40]

大管子，小马达，大节约

艾默里·B·洛维斯（Amory B. Lovins）将工程设计范例问题与居家设施更密切地联系起来。他是美国落基山研究所（Rocky Mountain Institute）的CEO，也是《自然资本论》（*Natural Capitalism*）的作者之一。他主要关注汽车、房地产、电、水、半导体各行各业的能源、资源效率等问题。《华尔街日报》（*The Wall Street Journal*）将洛维斯评为全球39位“20世纪90年代最有可能改变商业进程的人”之一；《新闻周刊》（*Newsweek*）将他誉为“西方世界最有影响力的能源思想家”；《汽车》杂志中全球汽车行业最具有影响力的人物排行榜中，他位居第22位。[41]

洛维斯有效地介绍了工程方面基本的概念和认识，他的讲解浅显易懂，使人们觉得它们怎能一直被忽视。例如，在《自然资本论》中，洛维斯和他的合作者使用了工业管道设计的例子，发现传统的工业管道尺寸是由对使用较少能源的更大的（更粗的）管子的花费和被节省的能源的价值的比较决定的。传统的方法忽视了泵和相关装备的成本。如果使用更粗的管子设计，工程师便可以指定更小的泵和马达摩擦力以管子直径的五次幂递减，节省相当多资本和运营成本。在安置工业设备之前，设计管道布局能节省更多的资金和能源。更短、更直的管道走向更节能更容易维护。[42]

几年前，当洛维斯去他的公司总部科罗拉多的斯诺玛斯路过丹佛时，我有幸见到了他。谈话间，他讲了他和他的团队与海军设备工程司令部的戴维·纳什上将（Admiral David Nash）会晤的情况。似乎纳什上将对海军设施建造和运营的成本很关心。他让洛维斯察看了设备，看看怎样能降低成本。洛维斯和他的团队制定出一长串改造清单，其中的大部分可以归结到工程设计上。很多情况下，设计师们没有考虑到能源成本。他们的设计范例是要让大型设备的位置来驱动设计，管线的位置和线路次之。结果，设备管道上全都是用弯管连接的小直径管子，增加了摩擦，耗费了能源。

据洛维斯讲，他和他的团队在一页一页地报告海军设施中能源浪费的实例时，上尉中途打断了他们。

上尉转向了他的执行官，问道："我们有设计这些设施工程公司的名单吗?"执行官说有，他确实有，并从他的文件中取了出来。

"好的，"上尉说，"下次再也不找他们了!"

然后，上尉转向了洛维斯并问他，他的团队是否有能力用节约能源、节省金钱的技术设计海军设施。洛维斯的回答当然是肯定的。[43]

在纳什上将的领导下，海军设备工程司令部改变了他们设施设计取得的规程。选择设计公司时，不再基于最低成本的部分考虑，新规则将生命周期成本既作为标准又作为鼓励。在这一创新的方式中，海军选择公司时要部分基于最低生命周期成本的考虑。作为鼓励，海军会与设计方分享比传统设计方式节省的那部分费用。

艾默里·洛维斯和他的团队也为界面公司（Interface Corporation）做过类似的评估，该公司的CEO，雷·安德森，是集体可持续发展背后的领导人和主力。该团队再次发现了与海军设备工程司令部设施类似的设计问题。过后，我与界面公司的一个高级经理吉姆·哈特兹弗尔德谈了谈，他参与了洛维斯的评估工作。哈特兹弗尔德说他刚参与评估时想着洛维斯和他的团队一定会认可我们公司的好的方面，因为我们公司是可持续发展方面知名的领导者。然而，洛维斯的团队揭露出了很多设计和能源方面的低效率之处。哈特兹弗尔德的反应是在意料之中的："当我看到美国落基山研究所得出的东西时，我感觉挨了当头一棒!"[44]

什么是商道之道

可持续性使得商业部门和政府机构迈向其传统责任的边际。经济学家米尔顿·弗里德曼的古老公理，"商道之道乃商也。"（The business of business is business.）不再完全正确。共同的责任扩展到了传统的经济领域之外，包括环境和社会责任，而这通常超出了法律法规的要求。此外，这些责任还延伸到了价值链的上上下下。迫于股东的压力，公司和政府机构强制推行可持续标准要求供货商提供的原材料必须是在可持续战略下养殖或生产的。他们还倡导可循环产品和包装或者开始收回超出使用周期的产品。在欧洲

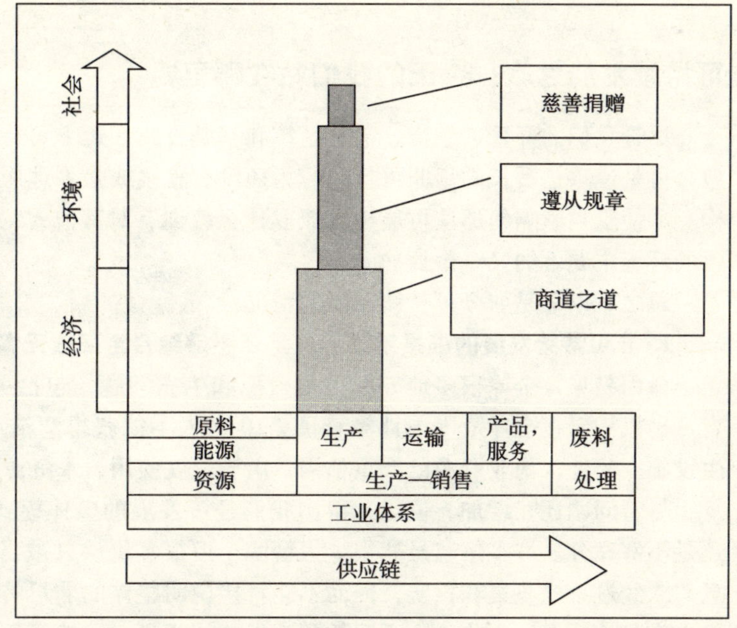

图 1-11：旧商业模式。来源：华莱士未来集团

产品回收法正开始实施。在美国，由于大量所谓的 e—垃圾的形成，电脑和其他电子设备已成为回收运动计划关注的焦点。20 个州现在在考虑某种形式的回收法规。[45] 2004 年 5 月，戴尔公司和 Hewlett-Packard 公司宣布它们支持电脑循环回收并承诺为旧电脑回收承担更多的费用。[46]

从严格商业意义上来讲对我们目前经济发展形式的不可持续性的认识已经在开始影响我们工业和政府运作。人们开始理解并追溯查出由于非可持续性使他们的生活质量有了明显的降低。更重要的是，他们已经在消费和投票时表达了自己的意愿。为此，行业和政府领导们正改变他们的计划和运营。他们并未将这新的关注当作威胁，而是当作差异化的机遇和创新的催化剂。然而，并非所有的公司都采取可持续发展战略。在这点上，可持续原则的考虑与股东压力成为影响他们运营决策的两股力量。

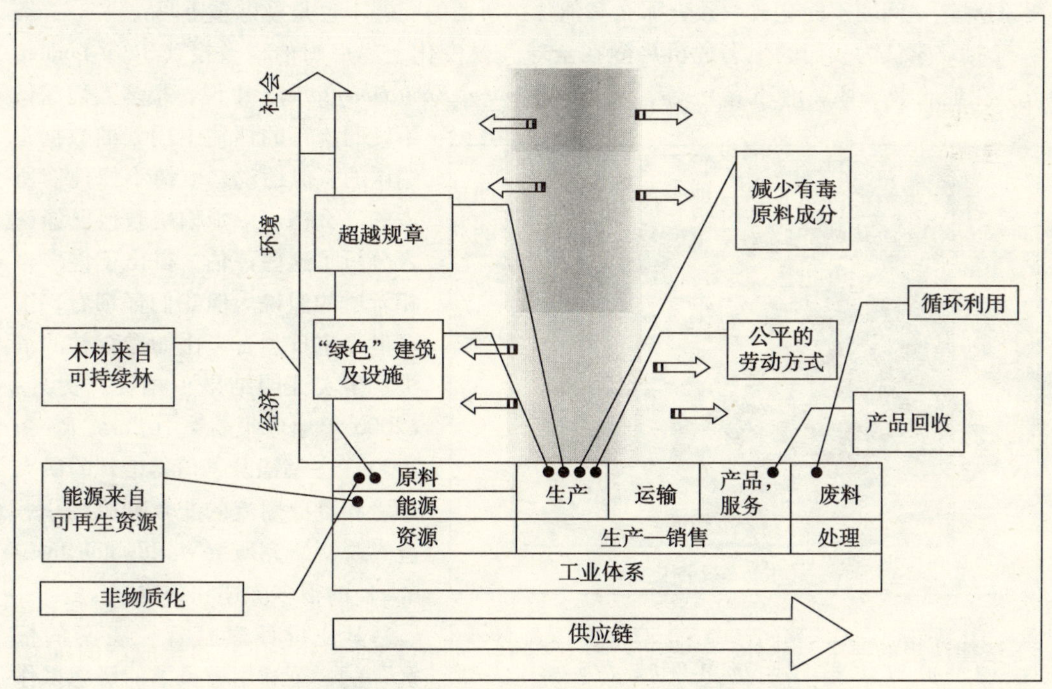

图 1-12：新商业模式。来源：华莱士未来集团

可持续发展之旅：今天的我们站在哪里？

尽管我们的开采、生产、消费系统和基础设施都迈上可持续发展之路已成为当务之急，可是道路是漫长的。非可持续行为还没有直接或强烈地影响到所有的公众或私人机构。即使受到影响的那些可能也没汲取什么教训。对其他人，可持续发展只不过成了永恒的环境主题下的又一个插曲。

总之，以下是如今可持续发展的情况：

1. 非可持续发展的证据明显，但是还不够综合全面或无懈可击，也不是十分紧迫。

显而易见，全球很多地方都存在资源和生态问题，包括美国。正如本章前面所述，有可靠机构已在全球范围内计算查证，10 亿人不能获得清洁用水，25 亿人不能获得卫生设施。此外，渔业资源已严重枯竭，由于过度使用，水资源在干涸。

尽管问题还在增加，但以此得出我们经济发展的整体模式是非可持续的这一论断，还是不够充分。许多信息虽然很令人警醒，但很多仍然只被当作奇闻轶事。而且这些信息并未经过系统收集和核实，因而不能直接说明整体的非可持续性。批评家们仍然可以提出充足的证据，这些耸人听闻的预言以前就听说过，然而历史上结果证明这都是危言耸听。资源短缺的预测常常很快被新资源的发现或替代物的发明所消除。生态灾难可以预防或灾后补救，因而长期影响就微乎其微了。

另外增加此疑虑的还有全球气候变化问题。由温室气体排放引起的世界气候预期的变化被成千上万的世界级著名科学家定性为严重问题，必须立刻采取全球行动。然而，也有一小部分但很受人尊敬的专家们说，没有证据证明这种情况。结果，相对而言，所采取的行动微乎其微，但是对于这一问题科学家们的争论增加了股东们的疑虑：如果专家们对这一问题不能达成一致，那么其他什么所谓的问题不也是疑虑重重吗？

批评家认为我们的生态危机局限在全球气候变化上。卢姆伯格教授（Björn Lomborg）在他的书《怀疑论环境主义者》（*The Skeptical Environmentalist*）中说，很多人们深信不疑的流行的评估中用到的数据是错误的，他还说，事情不像他们所说的那么糟。卢姆伯格教授已经深入分析了这些评估，得出了许多自相矛盾的假说。但我们仔细看，很多世界末日预言，比如像森林的消失，事实证明结果正相反。[47] 另外，《2000 年地球报告》（*Earth Report 2000*）[48] 一书谈及了值得信赖的研究环境和资源潮流的非营利机构——世界观察研究所（Worldwatch Institute）的很多陈述和预测。

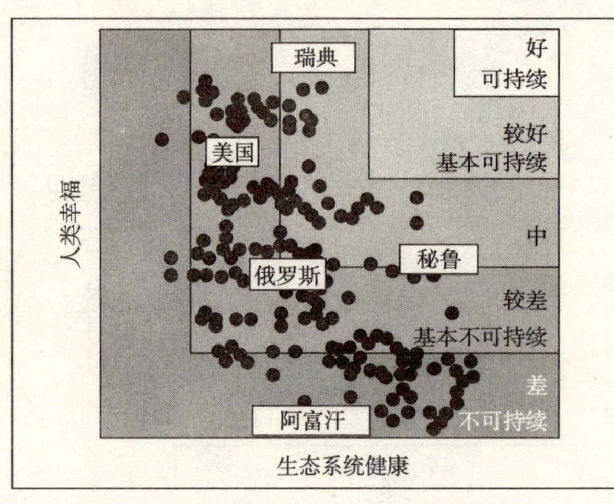

图 1-13：国家福利。来源：摘自罗伯特·普里斯科特·亚伦（Robert Prescott Allen）的《国家福利》（*The Wellbeing of Nations*）。（华盛顿，岛屿出版社，2001）

其他批评家打着“正义的怀疑”的幌子利用增长了的疑虑来作为维护现状的充足借口。他们声称，可持续发展是一项阴谋，旨在牺牲我们的利益，加强其他国家经济实力。还有其他人从一个站不住脚的前提开始，即认为我们生活在某种“丰饶的世界”，从各方面来讲资源和环境的承载力是无限的。在这个世界中，短缺并非真实存在，而只是由不够民主化，没有以市场为基础的管理结构造成。这种说法有一定道理，然而，让那些深信物质资源匮乏之害的人们相信这一说法就难了。将这个前提改变一下也许更有指导意义：如果我们没有居住在一个丰饶的世界而是一个“零和游戏世界”（在那里任何少数国家的成功都必须牺牲其他国家的利益），情况又是怎样呢？事实上，第一世界国家使用超出发展中国家好多倍的资源来达到他们的发展和生活水平。

实际结果是我们有了更多的小例子，虽然每一个都很有说服力，但总体不足质询现状。由于一部分事例反映的是个人利益，这就使人们对其他事例的真实性产生了怀疑。这就产生了一系列有趣的问题，但是还没有严重到非处理不可的程度。

2. 已经开始在全球范围内系统地评估该问题。

面对疑虑和争议，很多机构已经系统地收集信息来对世界目前的状况作出综合全面的评估。根据覆盖面和公众舆论导向看来最有为的是“千年生态系评估”。预计结果将会在2005年初出来。

作这个范围的评估的主要目的是为政府和行业领导判断问题、处理问题提供可靠的信息。如今，没有综合全面、无懈可击的评估，怎样更好地实施可持续进程，是靠掌握舆论导向的机构突发奇想或制定议程来一手操办。

其他的评估包括世界观察研究所每年出版的《世界状态》(*State of the World*)。世界观察的出版物看问题是比较消极的。然而，多年来他们已经收集到大量的生态数据，方便读者自己作出评估和判断。

另一项对世界环境和社会评估有重要贡献的是罗伯特·普里斯科特·亚伦（Robert Prescott Allen）的报告《国家福利》(*The Wellbeing of Nations*)[49]。作者通过广泛的数据资源，制订了各个国家的生活和环境质量索引——即福利评估，并根据人类和生态系统状

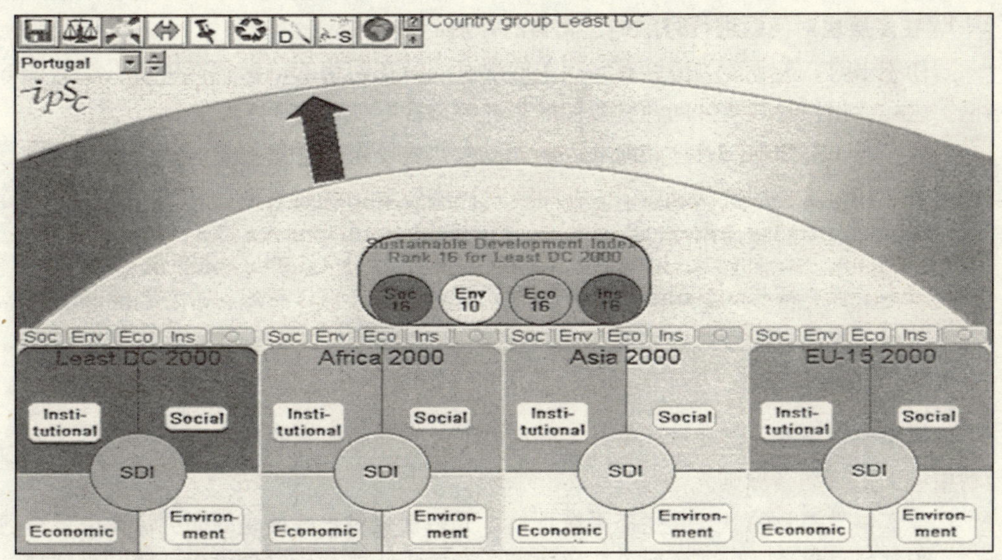

图1-14：这个“可持续发展仪表盘”是免费的、非商业软件，它能够以一种信息性很强的方式，向决策者和可持续发展感兴趣的公民呈现经济、社会和环境问题的复杂关系。图片来源：IIDS 的可持续发展指示咨询委员会（CGSDI）

态做出了定性的结论。在作者看来，从人类和生态系统的状态角度说，还没有国家达到可持续发展，甚至能称之为“好”的也不存在。此外，作者还指出国家将有可能以牺牲生态系统健康为代价，改善人类生存状态。

由可持续发展指标咨询委员会开发了一个有意思的软件——仪表盘（Dashboard）工具。该工具从很多国际资源中获取了大约100个社会、经济和环境指标并将它们综合起来对不同国家的可持续发展做出定性评估。所有信息都展示在一个很有趣的以仪表盘（dashboard）为隐喻的软件界面上。加拿大温尼培的可持续发展国际研究所目前在支持此项活动。通过与本书相配的光盘便可在互联网上获得该工具。

3. 虽然疑虑重重，但是由于股东方面的压力和竞争及创新问题，行业和政府正在开始采取行动。

尽管缺乏整个社会非可持续发展行为趋势和后果的确定的具有决策性的信息，行业和政府正开始就具体情况采取措施。在美国地方一级，像城市扩张、水缺乏、室外空间、循环利用、空气和水污染、危险废弃物、就业和不公正劳工待遇等问题得到了不同程度的关注和处理。越来越多的情况下，这一问题开始集中在可持续发展城市计划的议题下得到关注和处理。在地区和全球范围，各种组织机构和国家政府就这些问题在联合国的《21条议程》行动计划中制订了计划，设置了优先权。

迫于股东的压力和维护声誉的考虑，各行业也有回应。然而，有些公司将对可持续发展的关注看成是市场区分的机遇：是满足先前为识别顾客的态度和需求的方式。其他公司将可持续发展议题看成是创新的催化剂，使之成为开拓新市场，创造新产品和服务的新方法。

需要做什么

取得可持续发展进步的最佳方式是什么？基于对现状的如上描述，我认为有四步必经之路：

1. 在多层次对问题进行可靠的、正当的评估。

写作本书时，关于不可持续发展相关的现有或潜在问题的范围和程度还没有共性的结论。这样就提供了展示该问题重要性的多种的常常不一致的观点的空间。

另外，对于应如何应对这些问题，各方也未达成协定。这里首要的问题是在采取行动之前需要什么水平层次的证据。《里约声明》中发表的号召采取行动的《21条议程》号召在作此种决定时要应用《防备原则》。《里约声明》中提到：

> 为了保护环境，各国应根据其能力广泛采取应用预防措施。有严重或不可逆的损伤威胁，不能以缺乏充分的科学把握为由推迟采取有效措施防止环境退化。[50]

世界重要资源有可能耗尽，生态系统造成不可弥补的损害的现状要求我们在未来的行动中应采用《防备原则》。

迄今，早先提及的《千年生态系统评估》是目前提供这些信息的同类活动中最有前景的。据其信息显示，该评估似乎足够广泛全面来填补现存的信息空白，同时也能填补后续工作的重要信息缺口。

希望这一评估能消除广泛的争议和分歧，对现状以及可持续发展的最佳途径达成共识。

2. 制订一致的迈向可持续发展的措施。

如果该评估成功地达到了其目标，它将在多层面上提供关于地球生态系统目前和未来潜在情形的可靠的、全面的信息。这信息将成为评估可持续发展进展、决定事务优先权的基础。

有了这信息，股东们将能够将浩繁的可持续发展措施简化成一套按照优先性排序的可管理的系统。很显然，在稀缺资源利用上，分清轻重缓急是十分重要的。

3. 培育创新环境。

迈向可持续发展之路是前无古人的尝试。这将是一项复杂的、曲折的、不断探索调整甚至反复的过程。正如前所述，它将要求对目前的生产—消费系统或多或少地进行全面地审视，在基础设施和大部分还有待研发的新技术方面给与空前的投入。

为此，我们必须培育创新环境，在此环境中参与者既能理解非可持续问题的急迫性，也能理解如何运用那些天才的设想和手段来解决这一问题。该环境的特点包括以下一些方面：（1）组织机构间、国家之间便捷的信息分享机制，（2）信任氛围，（3）多元的文化与学科都参与其中。

可持续发展中工程师的角色

无庸质疑，工程公司将在可持续发展中占有一席之地，但具体扮演什么角色还未明确。在室内工程方面，设计绿色建筑的“偶像”顾问（比如保罗·霍肯，艾默里·洛维斯，L. 亨特·洛维斯，比尔·麦克多诺，布赖恩·纳塔特拉斯和玛丽·奥尔托马尔）、管理顾问、会计公司、建筑公司目前都提供最具可持续性的工程服务。会计和管理公司咨询公司通过环境管理服务和提供绿化公司的战略性意见而进入到这一市场。尽管建筑师们在将可持续性融入到他们的设计中，但是他们通常只是使用“自然的”材料、有绿色特征的现成的技术，而未曾涉及到可持续发展的系统层面。会计公司准备关于环境的可持续发展报告，报告中收集公司在经济、环境和社会方面表现的资料和信息。

如今，工程公司通常不会参与到这些项目中，除非项目已被搞得支离破碎，转交到工程公司要求应用更常规的技术元素。其中原因很复杂。大家一般认为建筑设计还是一个比较传统的领域，缺乏必要的工具将跨学科的系统加以整合使它们更好地发挥作用。主要由于怕引起纠纷，还有担心客户不接受有创新意识的设计，工程公司不太乐意尝试新材料和系统。工程公司也倾向涉足具体的市场部门，比如，运输、采矿、森林生产或化学品。每个部门都倾向于从单一的市场部门来看待世界，没时间也不愿学习其他部门的经验。

一些工程公司已在实践中采取可持续发展战略，但大多数还未能准确定义“可持续发展”，建立操作标准，或者以必要的技能来满足客户的需求，真正迈向可持续发展之路。通常有些项目虽有环保特征，但未曾以一个系统的角度分析那些特征是否真正有贡献于可持续发展就被冠以“可持续的”帽子。此外，一些公司将可持续发展运动看成了对他们的威胁并积极抵制这种首创精神。

我认为解决这个问题需包含以下四点：

1. 力寻解决之道而非雪上加霜。

对于工程师们而言，麦克多诺所谓的“溯及既往的设计任务”应该是令人不寒而栗的。[51]他所提到的我们生产系统中的某些低劣设计正是工程师们数十年来在设计和建造时引以为傲的。达到或甚至超出法规要求的污染控制系统仍然向空气、水体和土壤中释放污染物质，并给生态承载力造成了沉重的负担。提高收获和汲取系统的成本效益使得稀有资源的开发成本更低。设计一个降低劳动力成本的系统仍然使得工人的技能与目前的劳动力在就业市场上的需求不能调和。此外，这类工程已被做过很多次，已成为很成熟的商品，定价也相应很明确。

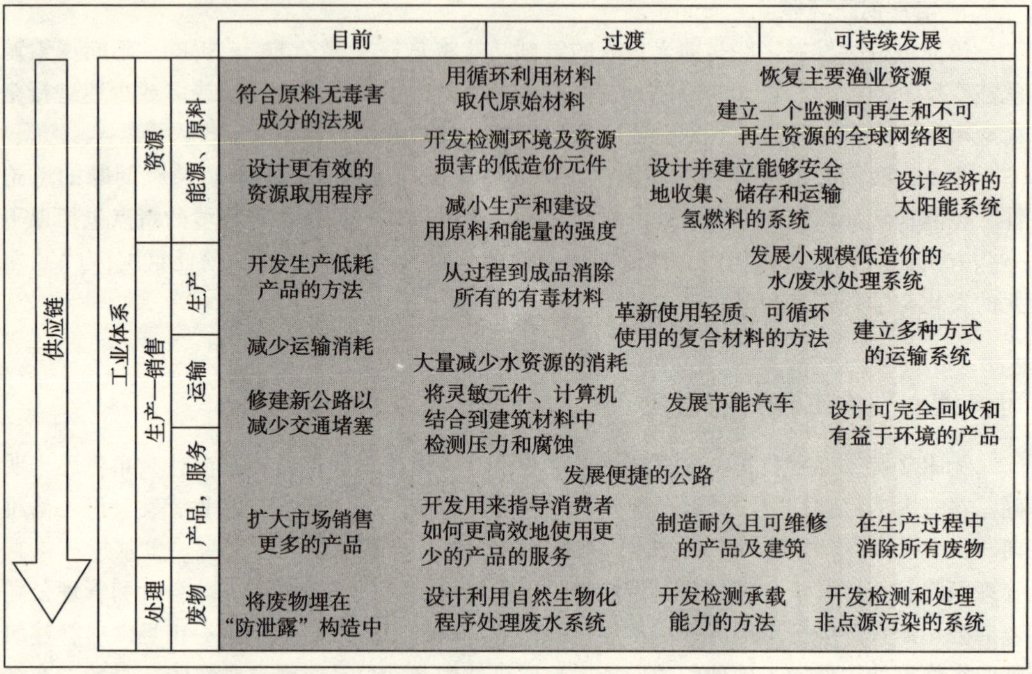

供应链 / 工业体系		目前	过渡	可持续发展
资源	原料	符合原料无毒害成分的法规	用循环利用材料取代原始材料 开发检测环境及资源损害的低造价元件	恢复主要渔业资源 建立一个监测可再生和不可再生资源的全球网络图
资源	能源	设计更有效的资源取用程序	减小生产和建设用原料和能量的强度 设计并建立能够安全地收集、储存和运输氢燃料的系统	设计经济的太阳能系统
生产—销售	生产	开发生产低耗产品的方法	从过程到成品消除所有的有毒材料 革新使用轻质、可循环使用的复合材料的方法	发展小规模低造价的水/废水处理系统
生产—销售	运输	减少运输消耗 修建新公路以减少交通堵塞	大量减少水资源的消耗 将灵敏元件、计算机结合到建筑材料中检测压力和腐蚀 发展节能汽车	建立多种方式的运输系统 设计可完全回收和有益于环境的产品
生产—销售	产品、服务	扩大市场销售更多的产品	发展便捷的公路 开发用来指导消费者如何更高效地使用更少的产品的服务 制造耐久且可维修的产品及建筑	在生产过程中消除所有废物
处理	废物	将废物埋在“防泄露”构造中	设计利用自然生物化程序处理废水系统 开发检测承载能力的方法	开发检测和处理非点源污染的系统

图 1－15：工程师们的新设计任务。来源：华莱士未来集团

如果麦克多诺的“溯及既往的设计任务”还没吓到你，那么，艾默里·洛维斯的整体系统设计方法就应该会。想像一下，像罗维斯和他的团队那样能够随心所欲地去任何大楼和工业设施，并揭露出耗费所有人、运营者大量金钱的数十处设计瑕疵，而工程师们如果动动脑筋，就完全可以避免这些纰漏。

在解决问题的过程中，工程师和科学家们将面临全新的挑战与机遇，他们必须用知识与创造力来面对一系列的新问题，或者是以一种新的方式解决老问题。例如，我们要力求提高自然生产力，而不是以低廉的成本来获得，攫取更多的自然资源，即，以少产多。我们还可以从垃圾掩埋场或其他废弃的地方选取有价值的材料。不再总想着如何出售更多的产品，我们可以提供边际服务，帮助客户用较少的产品达到更满意的效果，而不是一味地想着出售更多商品。利维奥·德西蒙（Livio DeSimone）和弗兰克·普尔普弗（Frank Popoff）将这种想法定义为生态效率，即用更少的原料得到更多的产出的同时排放更少的废弃物。[52]我们在第二章将详细讨论生态效率。

如果工程项目设计时支持或者贯彻生态效率原则，那就标志着向可持续性的转化。图 1-15 展现了这些项目的例子。这些项目提出的新的挑战确实激动人心，而且只有新的知识技能才能应对这些挑战。因此，他们主张更高的边际服务。此外，这些项目还能激励年轻的，颇具创造力工程师们加入到你的公司。

2. 为客户提供并向客户推荐可持续发展商业实例。

对于业界和政府而言，可持续发展的承诺是从最高层开始的。这里，业界和政府的领导们面对着激烈的竞争、成本的压力和迅速变化的环境，需要有信服力的论据来证明可持续发展将有助于实现他们各自的任务和期待。此外，为了达到这一目标，他们还要将这一承诺转化成有效的战略战术在机构中获准并贯彻。

迄今，客户依靠管理咨询公司或顾问来获得该组织可持续发展的前景判断。除非有工程公司能提供这一领域的专业技能，否则将无法胜任这项工作。但是，工程公司确实能为这些客户提供可持续发展方面独特的视角。

尤其，工程公司已经为很多不同的行业和政府部门的很多客户服务。这种趋势时常以其独特的方式影响着这些部门，使其向可持续方向发展。因此，有与多部门打交道经验的工程公司能够控制如何让这些趋势影响其他部门，包括使客户做到可持续发展。同时，工程公司也能够根据客户能力，在实践技术上就如何成功地执行可持续发展提供可靠的、实用的建议。

对工程公司而言，如果在项目规划时，能成功地申请可持续原则，该项目可以做成可持续发展实例。拥有一系列具有代表性的可持续发展成功项目将增强公司在未来工作中的竞争地位。

3. 向客户展现促进可持续发展的项目实例。

向可持续发展的转变将需要有一个整体的系统工程，用更能满足可持续性标准的程序、系统和技术取代常规的非可持续性的。在最佳环境中，每个项目都应该为可持续性目标做出贡献。如减少能源及稀缺材料使用，减少或消除毒物排放，提高耐用性，服务强度以及较低的生命周期成本都可以推进可持续发展进程。为了落实这一进展，设计表现应当按照一套可持续目标与指示来进行评估。这些目标和它们相对应的指示需要足够综合全面以便确保保持或改进可持续性表现。换句话说，项目应该为可持续性做出全面的贡献。不能以其他方面为代价获取单一方面的可持续发展。

迈向可持续性不仅要求新的个体的技术的开发与应用而且要求各项技术间能和谐地发挥整体性。一项技术也许自身能够达到一个很高的水平，但当它与其他技术和系统结合时，情况可能就有所变化。在这里，以他人已有成就为基准是一个重要的手段。从业者也许会学习他人的成功经验，更重要的是他们将受到鼓舞，为达到更高的水平制定新的目标。我们在第六章中将详细讨论制定项目可持续性目标和评估其表现的指标程序。

4. 测试，核实技术表现。

作为可持续技术的应用者，工程师们应该在组织运营项目时系统地测试，验证技术性能。另外，这种性能需要在可持续发展的标准下被定义。因为可持续发展是一个促进发展的新兴领域，其标准也变化得很快。

可持续发展技术有三项重要的特征使得系统的测试验证极为重要。

- *技术有效性*　很多技术可能在一些一般性应用中很有效，但在工业化的运营情形下也许就站不住脚了。
- *复杂性*　很多取得可持续表现的技术应用了多种非传统技术。例如，使用工程化了的湿地的废水处理，在维护和运营方面就要比传统的废水处理系统复杂得多。
- *运营差异性*　只有了解了非传统系统，才能把它们的运营和维护被转换到传统系统中的标准运营中。通常运营中人们意识不到新系统的运营细节。因此，仔细地调查所有重要的运营参数，并将它转换到详细的运营规范中是很重要的。

正如理查德·韦加德特（Richard Weingardt）说的，“世界的运转靠的是那些显而易见的东西。”[53]现今，美国的工程界处在一个要为美国和世界的利益而采取行动的独特的位置。我们不仅拥有预测工具来观察到这一迫在眉睫的问题，而且我们拥有技术工具和创造力去解决它。我们似乎有两个选择。第一个选择是继续我们一直在做的事：调整目前的生产—消费模型，从一个危机过渡到另一个危机。第二个也是更好的一个选择是用你的远见和技术率先带领这个国家走出迫在眉睫的危机，到达可持续发展的新工业时代。

---

1 Tom Gladin of the University of Michigan School of Business Administration is quoted on the Dow Corporation Web page "Dow Polyurethane Carpet Backings: Sustainable Development," http://www.dow.com/carpet/susdev/.

2 "Light Rail's Besieged with Riders! This Is a Problem?" special report by Light Rail Progress, Austin, TX, March 2001, http://www.lightrailnow.org/news/n_den002.htm.

3 LandVote, www.landvote.org. This site contains a complete list of local and state conservation-related balloting.

4 LEED refers to the Leadership in Energy and Environmental Design (LEED) Green Building Rating System developed by U.S. Green Building Council (USGBC). The LEED system is described in more depth in chapter 6.

5 charles O. Holliday Jr., Stephan Schmidheiny, and Philip Watts, Walking the Talk, 212.

6 David Perkins and Michael Wortley, "CemStar Increases Production and Profits," Global Cement and Lime Magazine, June 2003.

7 Private conversations with Dr. Gordon Forward, Andrew Mangan.

8 Ibid.

9 Charles O. Holliday Jr., "Sustainable growth Progress Report" DuPont, http://www1.dupont.com/NASApp/dupontglobal/corp/index.jsp?page=/content/US/en_US/SHE/us1.html.

10 DuPont Science Leader Discusses "Sustainability and Integrated Science for the 21st Century" Speech delivered by DuPont central Research and Development Vice President Dr. Uma Chowdhry at the 2003 AAAS Meeting DENVER, Colo., February 17, 2003. DuPont Press Release.

11 Scientific Certification Systems, "Specification SCS-EPP11-03a," in Standard Specification for the Evaluation and Certification of Environmentally Preferable Carpet, polot (Emeryville, CA: Scientific Certification Systems, May 20, 2003), p. 4.

12 Roger Cowe, "No Chip Off the Old Block," Tomorrow, March-April 2001, 30–31.

13 Kent E. Portney, Taking Sustainable Cities Seriously: Economic Development, the Environemtn, and Quality of Life in American Cities (Cambridge, MA: The MIT Press, 2003). 70–71.

14 Scott Johnson, "The Economic Case for High Performance Buildings," Corporate Environmental Strategy 7, no. 4 (2000): 350–361.

15 Scott Johnson, in discussion with the author, February 2004.

16 Bill Franzen, in discussion with the author, July 2004. The current construction cost for the newest Poudre School District school is $99 per wquare foot. Comparable construction costs for a conventionally designed and constructed school building in this area are $120 per square foot.

17 The carrying capacity of a particular area is defined as the maximum number of a species that can be sup-

ported indefinitely by a particular habitat, allowing for seasonal and random changes, without degradation of the environment and without diminishing carrying capacity in the future. Source: Garrett Hardin, 1974. "The rational foundation of conservation." North American Review, 259 (4): 14-17.

18 Kent E. Portney, Taking Sustainable Cities Seriously, 69.

19 Roger D. Blevins, "Air Force Sustainable Planning and Development" (presentation at the American Planning Association National Planning Conference, New Orleans, LA, March 14, 2001).

20 Lester W. Milbrath, Envisioning a Sustainable Society (Albany: State University of New York Press, 1989): 29-30.

21 Elizabeth Carlisle, "The Gulf of Mexico Dead Zone and Red Tides," http://www.tulane.edu/~bfleury/envirobio/enviroweb/DeadZone.htm.

22 Lester R. Brown, Michael Renner, and Brian Halweil, Vital Signs 1999 (New York: The World watch Institute/W. W. Norton& Company, 1999), 126.

23 Lester R. Brown, Christopher Flavin, and Hilary French, The State of the World, 1999 (New York: The World watch Institute/W. W. Norton& Company, 1999), 13.

24 U. S. Food and Drug Administration and U. S. Environmental Protection Agency, What You Need to Know About Mercury in Fish and ShellFish, EPA-823-R-04-005 (Washington DC: March 2004).

25 B. W. Ache, J. D. Boyle, and C. E. Morse, A Survey of the Occurrence of Mercury in the fishery Resources of the Gulf of Mexico, prepared by Battelle for the U. S. EPA Gulf of Mexico Program (Stennis Space Center, MS: January2000), xii, http://mo.cr.usgs.gov/gmp/downloads/newHgFinalReport.zip.

26 Alex Berenson, "An Oil Enigma: Production Falls Even as Reserves Rise," New York Times, June 12, 2004.

27 Evan Mills, Eugene Lecomte, and Andrew Peara, U. S. Insurance Industry Perspectives on Global Climate Change, MS 90-4000 (Berkley, CA: Lawrence Berkeley National Laboratory, 2001), 13-14.

28 Barnaby J. Feder, "Survey Finds More Corporate Attention to Climate Change," New York Times, May 9, 2004.

29 Danny Hakim, "California Weighs Tighter Fuel Economy," New York Times, June 9, 2004.

30 World Resource Institute, Sustainable Development Information Service, "Global Trends, Diminishing Returns: Coral Reefs: Assessing the Threat," http://www.wri.org/wri/trends/coral.html.

31 United Nations Environment Programme, "Governments Finalize Persistent Organic Pollutants Treaty" (press relaease, Johannesburg, South Africa, December 10, 2000).

32 Ibid., 11.

33 World Resource Institute, "Global Trends, Global Opportunity: Trends in Sustainable Development" (published for the United Nations Department of Economic and Social Affairs for the World Summit on Sustainable Development, 2002), 5.

34 Amory B. Lovins, Hunter L. Lovins, and Paul Hawken, "A Road Map for Natural capitalism," Harvard Business review (May-June 1999): 146.

35 The term white space opportunities was coined by Gary Hamel and C. K. Prahalad in their book Competing for the future (boston: Harvard Business School Press, 1994), 229-230.

36 Nike's reports are available on the nikebiz. com Web site at http://www.nike.com/nikebiz/nikebiz.jhtml?page=29.

37 William McDonough and Michael Braungart, Cradle to Cradle (New York: North Point Press,

2002), 5.

38 William McDonough and Michael Braungart, "Cradle to Cradle Design guidelines," a report for MBDC, 2003, p. 3, http: //www. mbdc. com/challenge/Cradle-To-Cradle_Design_Guidelines. pdf.

39 MBDC, "The Next Industrial Revolution," http: //www. mbdc. com/c2c_nir. htm.

40 Ibid.

41 Source: Rocky Mountain Institute, Staff bios, http: //www. rmi. org/images/other/StaffBios/BioALovins. pdf

42 Paul Hawkin, Amory Lovins, and L. Hunter Lovins, Natural Capitalism (Boston: Little, Brown and Company, 1999), 115 - 119.

43 Amory Lovins, in discussion with the quthor, 1998.

44 James "Jim" Hartzfeld, in discussion with the author, 1998.

45 Silicon Valley Toxics Coalitioin, clean computer campaign, http: //www. svtc. org/cleance/usinit/initsmap. htm.

46 Laurie J. Flynn, "2 PC Makers Favor Bigger Recycling Roles," New York Times, May 19, 2004.

47 Bjorn Lomborg, The Skeptical Environmentalist: Measuring the Real State of the World (New York: Cambridge University Press, 2001).

48 Ronald Bailey, ed., Earth Report 2000: Revisiting the True State of the Planet (New York: McGraw Hill, 2000).

49 Robert Prescott-Allen, The Wellbeing of Nations (Washington, DC: Island Press, 2001).

50 United Nations Department of Economic and Social Affairs, "Riio Declaration on Environment and Development, Principle 15" (presented at the United Nations Conference on Environment and Development, Rio de Janeiro, June 3 - 14, 1992.)

51 William McDonough, Michael Braungart, "The Next Industrial Revolution," Atlantic Monthly, Oct 1998, pp. 82 - 92.

52 Livio DeSimone and Frank Popoff, Eco-efficiency: The Business Link to Sustainable Development (Cambridge, MA: The MIT Press, 1997).

53 Richard Weingardt, Forks in the Road (Denver, CO: Palamar Publishing, 1998), 75.

第二章

可持续发展：起源、概念、原则

全球可持续发展的概念是建立在两个重要问题上的。第一，有没有可能既提高世界人们的基本生活水平又不必非得要耗尽我们有限的自然资源以及加剧我们赖以生存的环境的质量下降？第二，人类能否集体从环境崩溃的边缘退回来，同时，将最落后的成员拉一把，赋予他们基本的健康与尊严？[1]

可持续发展：定义

本章描述了可持续发展的起源：那些标志着这一概念发展的明显趋势和事件。它也展示了撰稿者和科学家在过去10年研究的可持续理论的重要模型和原理。本章节的目的是为了使读者理解可持续理论概念如何形成并力求使可持续发展具有可操作性。

在布伦特兰委员会（Brundtland Commission）的报告《我们共同的未来》中有一个被广为接受并经常被引用的可持续发展的定义：“*满足现实需求而又不牺牲子孙后代满足自身需求的能力*。”[2] 这个引人注目的定义暗示了我们目前经济发展模式的可能结果。那将是：如果我们继续按现在的方式去消耗资源并挑战生态环境承受能力的极限，那么我们将不能为我们的子孙后代留下足够的资源使他们能享受到和我们一样的生活质量。但是，这个定义自身并没有做出关于去调整什么、如何调整的充分指导。

布伦特兰委员会的报告也是使人不安的。对我们中的大部分人（尤其是对美国人）而言，接受这样一个暗淡的未来是很难的。这个国家的人享受着比其他任何时代更多的繁荣和更高的生活质量。这是世界上经济实力最强的国家，也是全球发展的主要发动机，在1998年，世界需求一半的增长来源于美国。[3] 即使是在今天世界经济走出萎靡的时刻，美国依然领导着经济复苏。[4] 所以，现在大部分美国人享受着极为丰富的商品和服务，令其他民族羡慕不已。

工程师们可能也认为布伦特兰委员会的预测很难接受。美国的发展和成就很大程度上归功于工程师和科学家在改善现有环境工作中取得的成就。理查德·温伽特（Richard Weingardt）在他的书《途中岔路》（*Forks in the Road*）[5] 中提到，“工程师可能是维持世界经济康乐和扩展提升生活水平惟一不可或缺的人”。他还描述了我们今天所拥有的生活在多大程度上归功于工程师的工作。

> 如果没有工程技术智慧的存在，我们大概依然骑马旅行，用桶提水……生活和工作环境没有照明设施，没有空调或者集中供暖……世界上也将没有高层建筑、大跨径桥梁、州际高速公路或铁路、水利枢纽坝……人们年纪轻轻就死于被污染的水和食物以及不卫生的环境而不是死于年老、癌症或者心脏病。[6]

我们非凡的经济实力和高品质生活就是建立在这一系列世界上最具生产力的复杂的科技、工业和市政基础设施上。由于工程师的工作，我们找到了比以前更经济的方法来提取原材料。我们也用许多高效的相互联系的交通运输模式（如：空运、水运及陆路交通）将这些原材料运输到国内外那些既高效又有生产力的制造工厂。在那里，它们被加工为半成品或成品，出售后被国内外消费者使用。先进的技术以及相配套的工程应用已经进一步使得材料表现性能更优，提取方式更高效，生产工艺更新、更有效。

与此同时，我们也已经认识到生产这些材料的同时产生了许多危害环境的副产品，我们也为清除、处理这些材料作了巨大的投入。在这些进步和普遍繁荣面前，人们开始质问我们能不能保证我们的生活质量是可持续的——即：既满足我们也满足我们的子孙后代。

在代表其公司领取一项环保奖时，保罗·霍肯（Paul Hawken）在他的《商业生态学》重述了他的公司主义无用论。

> 除了这些杰出的工作，我们还必须清醒地面对事实。如果这世上每个公司都采用像本菲里（Ben&Ferry）公司、巴塔哥尼亚公司（Patagonia）、3M 公司这样领头公司的环保措施，这个世界仍然一定会走向衰变和崩溃瓦解。
>
> 所以如果世界上最聪明的经理中的一小部分人物不能规划出一个可持续发展的世界，那么人们所津津乐道的绿色商业运作模式也仅仅是全面解决问题的一个部分。整个设计运作有问题，而不只是管理问题。[7]

我们的生活质量是可持续的吗?

保罗·霍肯将目前我们工业时代的生活命名的“提取—生产—消费”的线型工业时的制造—消费模型，这种模型恣意获取能源和原材料来生产运输商品和服务以满足顾客需求。结果，这个国家的人们无论在总数还是人均消耗量上都比世界上别的国家的人们消耗了更多的资源。我们的制造—消费模型是建立在未说明的假设上，认为地球的承载力（自然资源供给和消化废物和生态服务的能力）足够支撑不断增长的大量人口的所有活动。如果不是，我们便只是简单地修复破坏损失，寻找其他的资源或者发明替代品。

> 人群，即使是大量人口要消耗资源生产废物以满足自身的需求，这在本质上也没什么错……但是，当人们的数量和消耗与废物的规模、构成及类型共同作用对环境、经济、社会产生不良影响时，问题确实出现了。[8]

正如第一章提到的，非可持续发展迹象已经开始在很多地方很多层面显现。之所以最近才显现出来是因为直到 20 世纪末人类的活动才达到了足以影响环境改变的程度。在此之前，这种影响微乎其微的或者只局限在小范围内。今天这种影响却是巨大的，可以在国家之间任意蔓延。《共同的悲剧》[9] 中的隐喻区域性地扩展了，例如渔业资源的耗竭又或者全球性的臭氧层空洞和气候变暖。

生产—消费模型

为了理解可持续性的概念，我们必须理解我们的制造和消费系统是怎样运行的。特别是我们必须理解我们获取或开采资源、生产运输商品和服务、处理不需要的副产品的整个过程，这些都构成了我们的生活品质。图 2－1 是一个简化模型[10]。

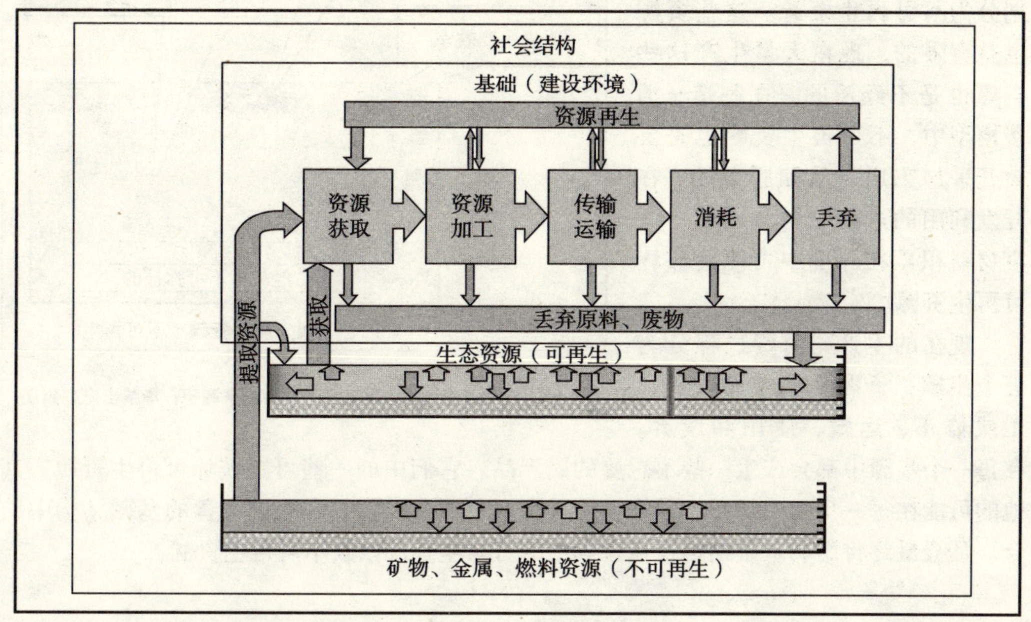

图 2－1：制造—消费模型。来源于：华莱士未来集团

在这个模型中，我们把资源分为两种：可再生的和不可再生的。可再生资源是那些活生生的，是我们可以不断种植、收获并加工成产品和服务的资源。如矩形框图尺寸所示，可再生资源的数量在任何时候都是有限的。但是，作为一个健康的生态系统的一项功能，它们可以不断地自我再生。虽然一些可再生资源的再生成本很高，但获取技术的进步会改进这些。只要我们不过度开采或者破坏生态系统，这数量将保持稳定。我们来自萃取、收获、生产和消费系统的垃圾废物，经常未能适当处理，这就导致了可再生资源的破坏。如果继续这样，那么威胁将限制到可获得的可再生资源的数量。更糟糕的是如果资源的数量继续下降便有可能超出其承载能力，即面对持续不断的获取和对它所在的生态系统的破坏时的自我更新能力。

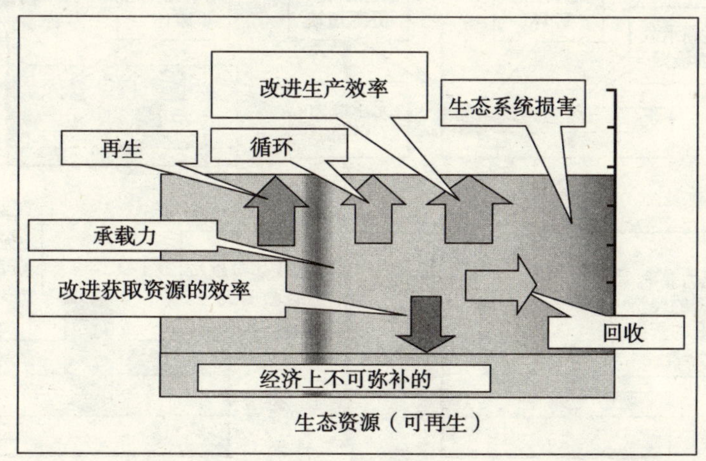

图 2－2：生态（可再生的）资源，更仔细的观察。来源于：华莱士未来集团

矿物质、金属以及燃料都被划分为不可再生资源。这些资源也是有限的，现在大量生产这些资源也是不经济的。在制造—消费模型中，不可再生资源也是要被开采加工成商品和服务的。在开发利用的过程中制造出的一些废材料积累在环境中可能会破坏可再生资源。

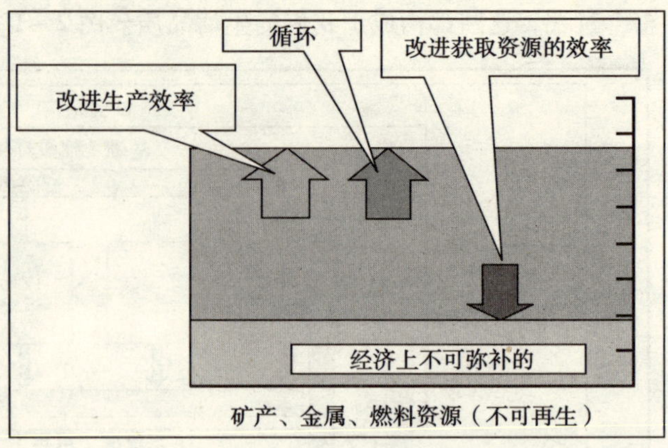

图 2-3：不可再生资源，更仔细的观察。来源于：华莱士未来集团

现在的生产—消费过程分为五个步骤：资源萃取或开发、加工或修正、运输、使用和废弃。在每一个步骤中都会产生一些不想要的副产品。它们中的一些可能破坏可再生资源。其他的可能在每一步骤中循环。最终，所有生产—消费步骤都在我们完善的基础结构中结合。社会最终将影响基础结构及包含其中的可再生资源以及不可再生资源。

可持续的条件

赫尔曼·达利（Herman Daly）给出了可持续社会的三个条件：

1. 可再生资源的使用率不超过它们的更新率。
2. 不可再生资源的使用率不超过可再生替代品的研制速率。
3. 污染排放率不超过环境的消化吸收能力。[11]

考虑到可持续发展社会公平方面，我们有必要加上这个很重要的条件：

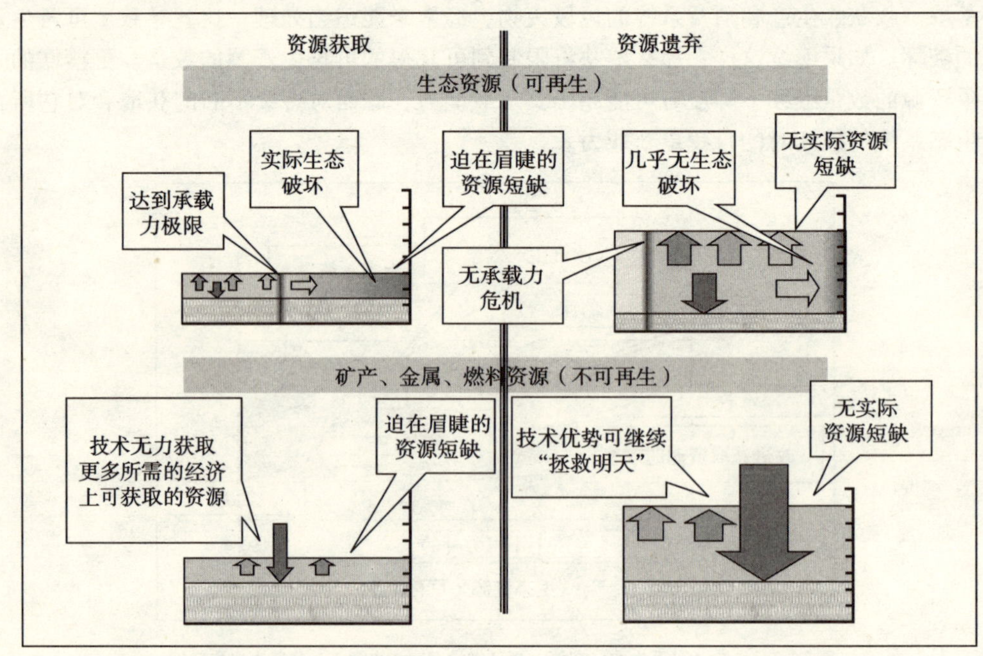

图 2-4：极地论战：关于可持续的讨论。来源于：华莱士未来集团

4. 公平及高效地使用，满足人类需求。

最开始的这四个条件在《自然步骤》标准的四个系统条件中是相互平行的，这将在本章继续讨论。最终，用实用主义观点来看我们还要满足以下条件：

5. 公司必须坚持可持续路线并在经济上给予支持。

6. 在保证现有人类生活质量的前提下完成向可持续发展的转变。

不幸的是在今天，关于可持续的讨论已经分化为两个阵营。其中之一是“预言”派。他们认为：如果我们不大量减少资源消耗，甚至以牺牲我们的生活质量为代价，那么子孙后代将不能生存。另一个极端则是“技术乐观”派。他们不考虑资源问题和环境承载能力问题，并认为这些问题是不真实的或是言过其实。他们相信任何的短缺或者可能出现的经济破坏都会得到解决，因为必要的技术将会被研制出来来“拯救世界”。

这两种说法都没什么益处。一个不加质疑地认为依靠技术会“及时”提供解决方案的观点忽略了世界人口即将空前增长的迹象（从 1950 年到 2050 增加了 5 倍）以及随之而来的对资源的更高需求。

而且，通过增加生产和消费来提高生活质量进而推动世界发展的想法也将加剧这种需求，除非有新的方法或技术的支持，否则我们只能通过不可持续的科技来满足这一需求。相反，“预言”派提出的方法是令人沮丧的。这意味着用生产和消费的急剧下降来减少资源的使用。这个方法在近期内就很残酷——我们生活质量的大幅度下降。

可持续发展的起源

我们是怎样陷入这种情形的？什么时候我们开始理解我们系统的发展的全部细枝末节？可持续发展的概念直到 20 世纪 80 年代末才出现。但是，雷切尔·卡森（Rachel Carson）在她 1962 年出版的《沉寂的春天》中开始提出了环保运动。写到 DDT 和杀虫剂的危害时，卡森从门外汉的角度描述了化学物质是如何进入食物链从而在人和动物体内聚集的。她解释：这种介入会引起癌症以及基因突变。

毫无疑问，这触犯了化工产业界。他们指责卡森是一个疯子，并声明她的著作谬误百出，警告说如果没有杀虫剂是世界充满昆虫和疾病。化学工业界的高层人员对她进行口诛笔伐。一家化学公司通过向媒体寄出一本受权发行的名为《欠收的一年》的书。这本书讽刺了卡森作品：因为减少杀虫剂的使用导致一大群害虫破坏庄稼。

虽然距可持续发展概念的提出还有 25 年时间，但卡森的书不仅仅提出了化学物质对生物体的危害，也提出了公司的透明度和责任感的概念。

它引发了对公司道德的质疑，尤其在这个公司在科学研究领域有着举足轻重的地位的时代。

卡森也挑战了科学与科技造成的盲目的信仰。她在 1962 年美国妇女新闻俱乐部的演讲中提到：来寻求杀虫剂对人类健康的影响，美国医学会把它的注意力放到农药行业协会上。

> 现在我确定医生们在这个课题需要更多的信息。但是我希望他们是能寻求真实可靠的科学知识或者是医学知识，而不是求助于一个只对推销杀虫剂感兴趣的贸易组织。[12]

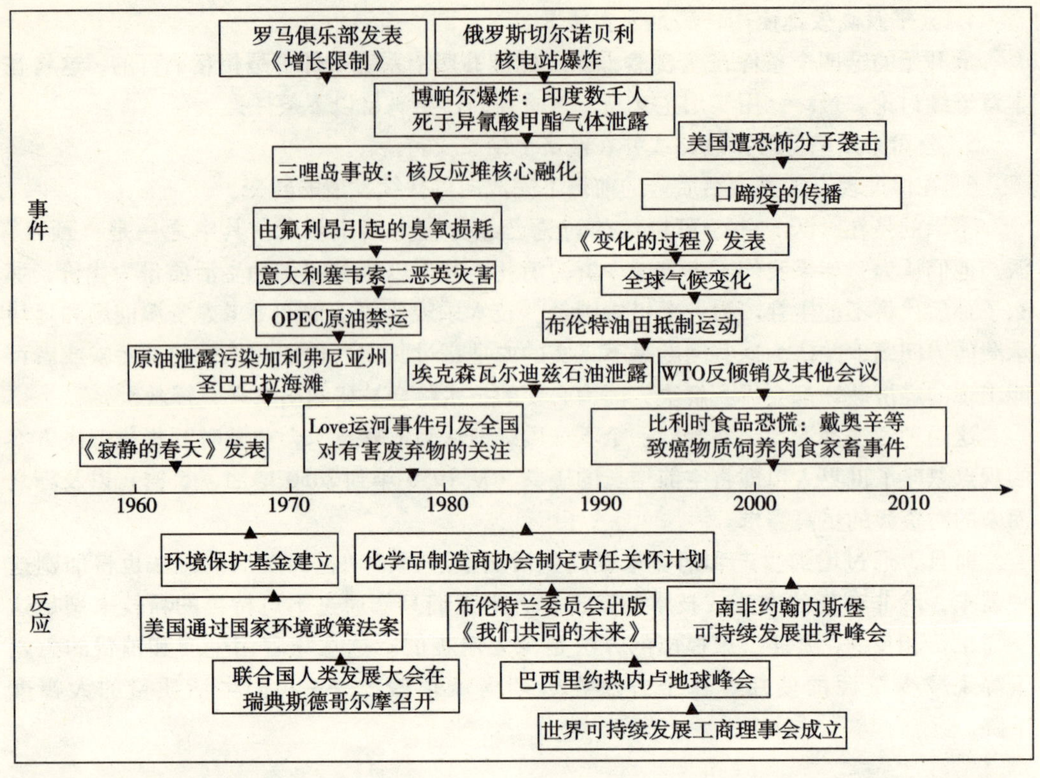

图 2-5：走向可持续发展之突出的事件。来源于：华莱士未来集团

雷切尔·卡森死于 1964 年，《沉寂的春天》出版后不到两年。但是她的作品在 1962 年出版后不久，约翰·肯尼迪（Jone F. Kennedy）要求他的科学顾问委员会调查。这一问题委员会的报告实际证实了卡森的预言。DDT 和其他的杀虫剂最终也被禁用了[13]。《时代》杂志将她评选为 20 世纪最有影响力的前 100 人，将她的著作评为“新环境主义的奠基石”[14]。《生活》杂志将《沉寂的春天》的出版评为千年来最重要的 100 个事件的第 70 件。

增长的限制：将至天灾

社会经济发展推动着地球资源和生态系统限制的思想已经由来已久。在过去的几十年里，大量文章预测了重要资源的严重枯竭及生态环境的破坏。也许最近最著名的“世界末日”预言学说是 1972 年从一个叫做“罗马俱乐部”的组织发表名为《增长限制》的报告。通过运用精密的电脑模型，这种学说预言了什么时候我们的社会将用尽重要资源。这个预言著作卖了九百万份，被印为 30 多种语言，所到之处群情激奋争议四起。幸运的是这个预言的大部分都是错误的。

不幸的是有人以这些错误为由，指责作出类似预言是很愚蠢的。更有甚者，它强调先进的科学技术可以拯救世界，科技可以为我们提供新的源泉或者代替品来满足我们对于资源和能量的需要。

尽管这本著作被批判为新马尔萨斯主义，但是作者的警告就像预言一样很快出现。在 1973 年（出版后一年），全世界都处在由石油输出国组织（OPEC）成员组织的石油禁运期。虽然这些石油短缺是由于人为强加的，但是它们给我们上了关于重要资源短缺影响的惨重的一课，也使我们重新评价了美国在能源问题上的战略位置。

关于人类环境问题的联合国会议

在1972年，来自113个国家（包括发达国家或发展中国家）的代表在瑞典的斯德哥尔摩参加了第一届世界环境会议。这个由联合国组织的第一次世界环保会议其焦点是环境质量下降以及跨国境污染。所谓跨国境污染是指那些在国家政治或地理上边境上无法识别和控制的污染。在这次会议上产生了斯德哥尔摩宣言和行动计划。这些条约第一次提出了鉴定环境的世界标准，寻找国际合作。这个会议提出了人与自然的关系，确定了经济、社会发展和环境保护之间的联系。[15]

受大会影响许多国家第一次通过法律来保护和维护环境。在大会上部分来自于1969年的《国家环境法案》的环境报告的思想就被国际上广泛采用。[16]

布伦特兰委员会报告

在1983年，联合国成立了世界环境发展委员会，并由格如·哈勒姆·布伦特兰（Gro Harlem Brundtland，前任环境大臣，以后的挪威首相）来领导它。这个委员会的职责是鉴定关键性全球环境和发展的议题并且为此设立一个课程。这个委员会的成员包括来自于21个国家的专家，大部分来自于第二、三世界国家。历经三年，这个委员会赞助了75个关于环境和发展议题的研究，举行了15场听证会。在1987年，“布伦特兰”委员会出版了它的报告——《我们共同的未来》。

这份报告的重大意义在于它以全新的方式理解和认识了过去100年里环境和人类奋斗之间的关系。在20世纪初，既没有庞大的人口数量，也没有强调的科技实力，所以人类没有影响到环境。现在，接近20世纪末，这个行星上的人口数量剧增，从1900年的17亿增加到今天的超过60亿。更重要的是人类的活动和力量对环境的影响也随之急剧增大。

> 当世纪末来临时，不仅仅是人口数量急剧增加、人类的活动更有影响力，但是更主要的是大气层、土壤、水体、植物和动物之间以及各种相关联的事物都发生了意料外的变化。变化的速度，已经超出了我们学科能力和我们现在的评估和咨询能力。[17]

这些趋势要求寻找一条新的经济发展之路。委员会说：发展必须是可持续的。未来的发展一定会是使社会维持、改善生活质量并不影响子孙后代来维持、改善生活质量的能力。这个重要的新概念正在改变人们关于经济发展以及它关于环境和社会的看法。

这份报告呼吁了一种新的发展模式——可持续发展。

> 人类有能力进行可持续发展——确保既满足现在的需求又不牺牲子孙后代的需求。这个概念确实存在限制——不是绝对的限制而是由环境资源的社会构架和技术的现实状况决定的限制；是由生态圈吸收人类活动影响能力决定的限制。[18]

《我们共同的未来》是呼吁全世界所有民族一起制定目标、策略、程序来迎接一个可持续发展的未来。自从它出版之后，世界就有了两个峰会。委员会呼吁国际会议能集中回顾发展、推进后续行动、制定可持续发展进程的标准。名为“地球高峰会议”的会议于 1992 年在里约热内卢（Rio De Janeiro）召开。

甚至在布伦特兰委员会发表报告前可持续发展的概念就已经产生了。在 1980 年，独立委员会在国际间发展问题上发出了一个“在社会和经济以及自然环境方面实现的可持续发展”的要求。勃兰特委员会（Brandt Commission）是以它的主席——前德国总理维利·勃兰特（Willy Brandt）之名命名的。它发表了《北方南方》这篇报告，提出了“*战胜贫穷，推进可持续发展，不仅仅是穷人的事情，而是所有人的事情*。”[19]

1992 年地球高峰会议

为了响应布伦特兰委员会的报告的倡议，包括来自 100 多个国家领导人在内的 30000 人来到巴西的里约热内卢参加有史以来最大的环境会议。联合国环境和发展会议的目的就是布伦特兰委员报告的结论的基础上以全新视角上认识经济发展。峰会的代表们推断如果全世界各民族要走可持续发展的道路，就要在民族性态度和行为上进行全面修改。

峰会制定了五个在国际议事程上产生深远影响的国际协议：

- *21 世纪进程*：这份议程由 40 个章节，800 页组成，包括为实现可持续发展而必要的一系列广泛的程序。虽然这个议事程不是制约性的，但这是签约国作出的指出问题和争议的暗示性承诺。
- *里约宣言*：这是代表团签署的 27 条全球可持续发展原则的宣言。
- *气候变化框架公约*：这是一份由 154 个国家签署的关于控制温室气体排放和它们对全球气候的影响的公约。
- *生物多样性公约*：这是一份由 168 个国家签署的关于生物多样性的保护和可持续使用的公约。
- *森林原则宣言*：这是一份包括 15 个关于可持续管理森林资源的合法的非制约性声明。

在地球高峰会议召开之前，民间组织就在响应布伦特兰委员会的结论。《企业永续经营宪章》是于 1991 年由国际商会制定的，颁布了 16 条得到 600 多个国家认可的可持续发展法令。另外，由 50 个主要跨国公司首席执行官成立的可持续发展工商理事会（BCSD）在 1995 年与世界工业环境理事会合并为世界可持续发展工商理事会（WBCSD）。今天 WBCSD 已经有 165 个成员，包括许多世界上最大的公司。

《21 世纪进程》

也许 1992 年地球高峰会议最主要的成果就是《21 世纪进程》——一个在下个世纪推行可持续发展的策略。实际上，它已经为人类活动的各个方面制定了蓝图。这份报告包括 40 个独立事物的章节以及 120 个独立的行动程序。

《21 世纪进程》的重要之处在于它是第一次建立了一系列全面的关于主要资源、环境、社会、法律、金融、组织机构问题的目标和优先权。对每个议题，文件都给出了一个行动计划和实施此行动所需的财政程序和评估。虽然不是法律制约性的文件，但它已被代表世界人口98%的国家采用。

值得庆幸的是《21世纪进程》认识到了关于现今资源、生态和社会状况的可靠的信息是可持续发展运动的关键所在。没有这些信息，政策的制定者将很难决定如何制定战略和优先政策及如何最佳地使用稀缺资源。

《21世纪进程》的35章中“可持续发展的科学”把视角集中在科学与环境管理和保护中扮演的角色，而且认识到，“*如果要提供关于对地球的承载能力以及人类活动施加给它的压力的弹性更准确的估算*，”对大陆、海洋和大气有了更好的理解，“*是必要的*”。[20]本节的文件要求编制可持续发展方面自然科学和社会科学相关的数据和鉴定研究需要与优先事项清册。第40章，“决策信息”指出“在数据可用性、一致性、标准化和易用性方面”存在的差距“严重削弱了国家就环境和发展问题作出明智决策的能力”。[21]

综合生态系统评估

针对这一需求，16个国际组织斥资四百万美元对全球生态系统条件进行综合评价以及确定信息差距。这个名为“全球生态系统试验分析”（PAGE）的研究分析了五个生态系统[22]在陆地和全球范围内生态系统生产的商品和服务。五个生态系统都有退化的迹象。[23]

PAGE的研究开展了一个更全面的千年生态系统评估研究。这一评估从2001年4月开始，投资20万美元，经过4年的努力开始向决策者和公众提供良好的关于“生态状况、生态变化的后果、选择反应”的审查。[24]由全球环境基金、联合国基金会、戴维暨露西帕卡德基金会、世界银行支持，第一次尝试全面可靠地认识全球生态系统及其目前以及未来提供商品和服务的能力。这一努力将从全球角度并具体到不同的区域国家、不同民族、江河流域、局部乡村多角度地分析生态系统地现状及变化。这份评估报告是在2005年初发布的。另外为了评估生态系统的条件，这份报告也考虑了一些重要的科学的不确定性和信息差距。

千年生态系统评估的重要性还在于它全面可靠地分析了生态系统的现状，而且针对现行的广受推崇的看法提供了新的理解。虽然他们的想法很好，但是目前关于可持续发展的出版物加剧了公众的困扰，而未能就生态系统现状及重要资源状况给出有价值的信息。

关于可持续发展的世界峰会

在2002年9月，22000位与会者来到南非的约翰内斯堡参加关于可持续发展的世界峰会来检验自里约会议后的10年里有哪些成绩。虽然《21世纪进程》中提出来许多策略、计划和政治承诺，但是调查表明在过去的10年里环境和社会条件不但没有改善，反而进一步恶化。

峰会的要领是法律制约性。人们认识到再多的政治争论和哲学思辨也不能改善正在恶化的环境和社会。这些参与确定了已知的关键问题和争议，又建立了一系列全面的目标、时间表和评论来改善这些问题和争议。与会者意识到改善环境不能依靠奇迹，只能靠实践和不断努力。以下是一些关键的目标和问题：

- 到 2015 年为止，将没有安全的饮用水和基础的卫生条件的人口减半。
- 到 2020 年为止，力求使使用和制造化学药物的方法对人类健康和环境不再造成危害。
- 到 2010，生物种类的灭绝速度比现有水平有很大幅度的下降。
- 到 2010，鼓励海洋可持续发展的生态学方法的应用。
- 到 2015 为止，尽可能地保持和恢复已空虚的鱼储备量，使之至少能够可持续生产，这一任务十分紧迫。[25]

这些目标的一个重要特征是它们是普遍认同的确实存在的问题。如果得到解决将会为可持续发展作出巨大的贡献。另一方面，它们在合理的成本和时间内是可以达到的，而且在峰会后的未来 10 年内就会显示出成果。未来 10 年的测试将达到这些评论的程度。

千禧年制定的 2015 年发展目标	
将极度贫困和饥饿人口减半 现在仍有 12 亿人口每天生活费低于 1 美元。 但到 2015 年，将有 43 个国家的 60% 以上的人口已经或正在将饥饿的人口减半。	孕产妇死亡率减少 3/4 在发展中国家，产妇死亡率是 1/48。但实际上现在所有的国家都有安全孕产程序，而且正在持续改进。
普及初等教育 现在有 1.13 亿的失学儿童，但改变这种现状是可行的；例如，到 2015 年，印度将有 95% 的儿童可以入学。	制止疾病的蔓延，尤其是艾滋病和疟疾致命的疾病抹去了一代人发展的成果。像巴西、塞内加尔、泰国和乌干达这样的国家表明，人类应当消除艾滋病的传播途径。
提高女性权力并改善两性关系 世界上 2/3 的文盲是女性，80% 的难民是妇女和儿童。1997 年小额信贷会议开始寻找和帮助贫困妇女的运动，仅 2000 年一年就救助 1900 万人。	保证环境可持续发展 超过 10 亿人缺乏安全饮用水；但在 20 世纪 90 年代期间，近 10 亿人通过许多卫生设施获得了安全饮用水。
减少 2/3 五岁以下儿童的死亡率 每年有 1100 万幼儿死亡，但这个数字与 1980 年的 1500 万已经减少了。	建立全球发展伙伴关系，致力于援助、贸易和减轻债务 许多发展中国家还贷款利息的花费比花在社会设施还要高。不过 2002 年上半年建立的新的资助额将每年增加 120 亿美元，直至 2006 年。

图 2-6：千禧年发展目标（Millennium Development Goals）。来源：监控千禧年发展目标指标（Indicators for Monitoring the Millennium Development Goals），（New York，United Nations Development Group，2003）

可持续发展原则和理念

在可持续发展问题提出后的大约 15 年里，工业、政府和非政府组织已经尝试过多种方法力求使可持续发展具有操作性。由于每一次阐述和指导向可持续发展转变的尝试，一系列可持续发展原则和理念出现了。如果可持续性是一个目标，那么有必要制定连续的战略和政策指导这些机关实现这一目标。这些战略和政策包括制定标准、提出设想、确定道德要求和价值体系。在那段时期里，一系列重要的可持续发展理念和原则已经出现了，而且其中许多已经成为可持续发展字典里的一部分。当与顾客讨论可持续发展时，对于工程师来说，了解那些原则和理论本身，并且还要知道它们的起源是至关重要的。

那些已经对可持续发展做出组织性贡献的消费者，在毫无遗漏地对它的起源、历史和相关问题进行调查研究之后，已经这样做了。他们将会十分熟悉那些关于可持续发展的原则和理念。因此，工程师们有必要熟知这些原则和理念。

表2-1总结了可持续发展中那些关键性的原则和理念。在这章的后面会详细介绍。

"三重底线"

商业通常用三重底线这个术语来描述可续性行为：超越经济行为到社会和环境行为的标准。由约翰·厄而金顿（John Elkington）提出的三重底线涉及的是商业方面的可持续性——资本投资回报。就可持续发展而言，资本有三种形式。包括传统商业上的金融资本。此外还有其他两种形式的资本——自然资本和社会资本——两者都能够使投入资本获得回报。

可持续发展理念示例 表2-1

名称	出处	介绍
Bellagio 原理	国际可持续发展协会（IISD）。于1996年11月在意大利的Bellagio洛克菲勒基金会研究会议中心一个由测量工作者和复查可持续发展进程的学术研究员组成的国际组织宣布成立	Bellagio原理重视对于可持续发展的四个方面的评估：（1）建立对可持续发展的观察和明确目标。（2）评估内容和将整体系统观念与注重普遍优先问题的实践合并的需要。（3）评估过程和关键问题（4）设立持久的评估能力的必须性
Caux 协商会议商业原理	Caux 协商会议 www. cauxroundtable. org	其中的七条原则建立在两个道德观点上：Kyosei和人格尊严。在日本Kyosei是为共同利益集体生活和工作的理念。它使得双方在健康合理的竞争环境中达到合作互惠的效果
CERES 原理	CERES www. ceres. org	CERES 原理是由10条环境管理法规组成的。它们最初被称为Valdez原理，它形成于1989年Exxon Valdez石油泄漏事件。现已被70家公司普遍认同
Enlibra	西方管理者协会 www. westgov. org	Enlibra是一系列保护空气、土地和水的准则。它已经在改变环境和自然资源的实践上证实了其作用。Enlibra这个词是由西方管理者协会为了表示平衡和管理工作而提出的
土地宪章	土地宪章创制权 www. earthcharter. org	这是1994年由全球最高部长和全球会议主席Maurice Strong和国际绿色交叉组织主席Mikhail Gorbachev提出并发展而成的一种创制权。这一宪章是宣布了21世纪恰当的、可持续的并且和平的全球建设的原则。土地宪章草案是1992年里约热内卢全球高层会议的未完成的任务中的部分
汉诺威原则	《Hannover发展》德国2000年世界商品博览会 http：//www. mcdonough. com/principles. pdf	在1991年，德国的汉诺威市邀请William McDonough为2000年世界商品博览会制定可持续性的一般原则，这9项原则已经成为可持续性设计的基础
预防性原则	1992年"环境与发展的联合国会议"后出现包含里约在内的原则，也称为21条原则	为了保护环境，民主国家应该根据它们的能力广泛地推行预防性的方法。然而那些缺乏科学性、有严重的不可避免的威胁存在，不应以缺乏科学确定性为借口，推迟以延期成本为手段抑制环境恶化

续表

名 称	出 处	介 绍
可持续性的三大支柱	世界可持续发展商业委员会（WBCSD） www. wbcsd. org	这个理念遵循“三重底线”基本形式，但是使用建筑喻意，将经济、环境和社会问题视为“支柱”来分析世界现状
三重底线	John Elkington 可持续性 www. sustainability. com	“三重底线”基本形式，是衡量经济、环境和社会共同合作行为的框架体系。广泛意义上来讲，它可以被用来描述经济、环境和社会力量的变迁过程。它利用的是构造性相互转换盘的比喻意义。盘与盘之间的“削减地带”创造了“震动”，也就是，问题和矛盾
影响范围的一致描述	科学家、哲学家、律师和环保主义者在1998年1月26日召开的关于 Johnson Foundation 的主题、影响范围的会议。 www. sehn. org/wing. html	一致认为有必要以“预防性原则”对公众健康和环境作出决策

自然资本认为到判断自然资源提供的服务要依据较少的原料并产生较少的废弃物。厄而金顿在他的书《食用刀叉》（*Cannibals with Forks*）[26]中，指出了自然资本的两种主要形式：必要自然资本和可再生的、可取代的，或可替代的自然资本。“*第一种形式的自然资本对于生命和生态系统完整性的维持至关重要；第二种形式的自然资本能被更新（如，通过繁殖或重置敏感的生态系统）、被修补（如，环境修复或沙漠改造）或是被取代替代（如，不断增长的人造替代物的使用，像太阳能板取代有限的化石能源）*。”[27]

社会资本认识到劳动力及组织所在的社会架构提供的服务，其回报体现在股东信用度的增强以及员工士气的提高等方面。对于投资者而言，广泛把握可持续发展的三重底线比起单一的财政表现能更好地衡量一家公司长远的发展。

厄而金顿在描述组成三重底线各部分间如何相互作用时，应用了另一个比喻。据厄而金顿讲，三部分——经济的，环境的，社会的——根据其内部议题的潮涨潮落在不停地运动变化中。它们之间的相互作用和板块运动非常相像，在剪切带制造问题。例如，在经济—环境区形成关于为经济增长的资源的可持续使用议题。在社会—环境区，产生环境公平性问题。对于三重底线表现会影响它们行业表现的部门来说，仔细探索这些对它们的股东十分重要的区域的议题显得十分重要。[28]

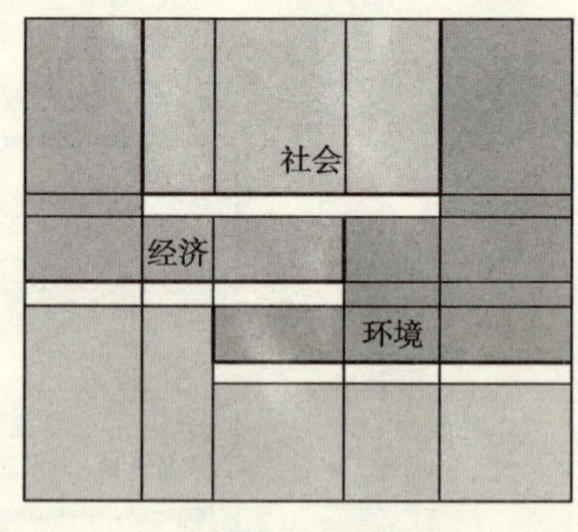

图 2－7：三重底线—剪切带。改编自约翰·E. 厄而金顿，《食无叉：21 世纪商业三重底线》，新社会出版社，加拿大 格布瑞拉岛（Gabriola Island）1998. pp. 69-96

可持续发展三支柱

可持续发展世界商业理事会（WBCSD）[29]使用一个隐喻来描述它的可持续发展模型（见图2－8）。依照三重底线原则，WBCSD 认为可持续建立在于以下三个支柱：经济增长、生态平衡和社会进步。像生态有效性、共同社会责任和创新这样的概念是支撑构架结构的部分，也是组成框架和金融市场的条件。政府运作、政策和那些必须遵守的商业规则构成了框架条件。虽然不像其他模式一样文雅，WBCSD 模式在描述许多世界顶尖公司分析可持续发展构架和相关议题方面显得十分重要。最重要的是，WBSCD 成员之间相信获得可持续发展的方法是通过生态有效性实现的：使用更少的资源和制造更少的废弃物却同时增加商品和服务的价值。[30]

使可持续具有可操作性

除了可持续性原则，还要很多重要的框架：分析可持续发展议题和开发组织管理模型。

自然步骤框架

自然步骤框架的观念使将环境问题的复杂性转化为一系列基本原则，从而呈现出可持续发展的 4 个系统条件。

> 为了使社会具有可持续性，我们不能将自然的功能和差异系统化：
> 1. 更为关注地壳内部物质的开发。
> 2. 更为关注社会产品。
> 3. 过分开采或其他凌驾于生态系统之上的行为造成的环境衰竭。
> 4. 为了满足全球人民基本需求而更加高效和公平地使用资源。[31]

自然步骤 1989 年由卡尔亨里克·罗伯特医生在瑞典建立的非营利组织 Det Naturliga Steget 在美国的分支机构。它的任务是通过研究和教育引导商业机构和政府可持续之路。罗伯特是一位肿瘤学家和肿瘤研究者，注意到儿童在白血病数量上的增加并将其原因追溯其接触的环境中有毒物质的增加。他同时还注意到许多环境方面的讨论全是关于环境问题的严重性和迫切性，而不是根本原因。他把这种争论比喻成猴子们对即将死去的树木上的枯叶的嘀咕。全球气候变暖的前景真的是一个很大的威胁吗？不断的化肥污染真的有害吗？虽然这些问题是很有意思，但他们模糊了真正的议题。

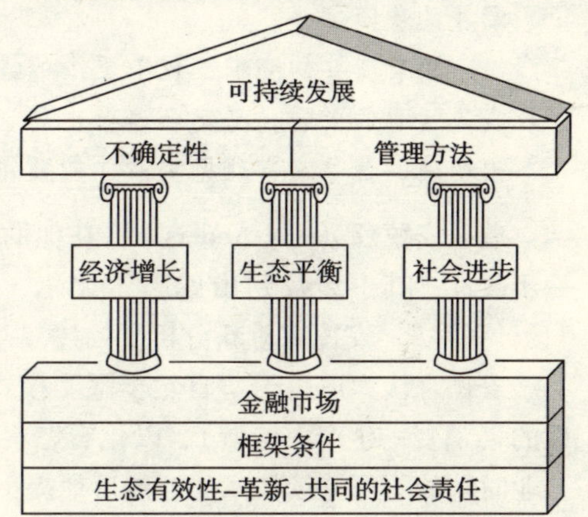

图 2－8：可持续发展三支柱。改编自世界可持续发展商务委员会（the World Business Council for Sustainable Development）；《可持续发展三支柱》。参考文献：《WBCSD2010 战略》2001 年 6 月 12 日

罗伯特和他的同事解释虽然大家都在讨论这些环境问题，但导致这一问题的内在问题却无人问津。他们致力于寻找共同点——一套能被用来制定关于环境和社会方面决策的原则。在 50 名科学家的帮助下罗伯特制定了一个描述生物圈如何运转以及其与社会活动的相互影响的共识文件。在 21 次反复磋商，这份文件得以出版并分发到瑞典所有的学校和家庭。

后来罗伯特与物理学家约翰·霍姆伯格（Joho Holmberg）一起得出可持续性的四个系统条件。这些系统条件，连同共识文件，形成了“自然升级”框架的基础。

“自然升级”框架的重要性在于它认识到对于环境各个方面相互作用的无休止讨论是毫无意义的。与之相反，它将争论转向了一套所有人都赞成的基本原则上。例如，不去争论人体可以安全吸收什么水平的多氯联苯（PCBs），而是人们可以一致认同，允许多氯联苯进入环境首先就不是一个好主意。撰写本文之时，包括一些世界上最大的70多个城市和60多个公司，已经将“自然升级”并入他们的运营中。

“自然升级”的隐喻：漏斗

图2－9显示了TNS资源漏斗，描述了地球上的整体情况。资源需求按照由保罗（Paul）和安妮艾氏（Anne Ehrlich）所普及的环境效力等式而飞速增长着。

I（环境影响）＝P（人口）×A（每单位流入）×T（技能）。

T，技能术语，是一个由为支持人类消耗而运用技术所造成的环境破坏的指标。[32]人口增长与社会日趋富裕以及线性（攫取—生产—浪费）技术的应用，使社会不断地获取生命得以维持的有限的资源。因此，资源供给和需求之间的差距持续增长，减少了社会采取任何其他应对策略的可能。

在其著作《商业的自然升级》，布赖恩·纳特拉斯（Brian Nattrass）和玛丽·奥尔托毛雷（Mary Altomare）对TNS资源漏斗作出了解释。

> 以漏斗的壁为例。假设上壁是资源的可利用性和生态系统继续提供服务的能力。下面的部分代表能转换为如衣服、住所、食物、交通等商品和服务的资源以及能为社会需求服务的元素，如：清洁水、清洁的空气和健康土壤。随着社会总需求的增长，而满足这些需求的能力下降，社会作为一个整体进入一个漏斗的狭窄部分。
>
> 随着漏斗的变窄，仅有更少的操作空间和选择余地。忽视环保的公司将是丧失活力的公司，必定会碰壁出局。那些有所反应的公司也是一直等到环境给出明确的信号常常碰壁之后才能获得，然后迅速做出反应，否则便会失败。[33]

瑞·安德森（Ray Anderson）在他的《中间过程的修正》一书中提出了对模型的进一步改良，其中涉及到由威廉·比尔·麦克唐纳[34]（William Bill McDonough）表述的“设计关注”。安德森重新分析了描述漏斗下壁影响的方式。

安德森认为适用于“自然步骤”模式的技术术语应该用T_1来描述，包括采掘的、线性的（消费—生产—浪费）、以化石燃料为驱动、滥用的、消耗的和其他他称之为第一工业时期的不可持续技术的。然后他提出了一个被定义为T_2技术的新等式。这些技术是可回收的、可循环的、良性的，而且关注于资源生产力。该等式重述为：

I（环境影响）＝P（人口）×A（每单位流入）× T_2（良性技术）

在这种情况下，T_2成为衡量环境性改进和资源生产力的提高的指标，在这里他没有将技术做为导致未来衰败的原因而舍弃它，而是要把它当作一种改进生活质量的解决方法。

使“自然步骤框架”可行

针对那些不仅仅是想要避免“碰壁”，而且想要使他们的事业有一个持久未来的公司。自然步骤框架提出了一个四步走战略：即A－B－C－D的分析方法。下面将对这四个步骤进行阐述，并在图2－10种描绘出来：

- 认清形势（Awareness）。采取行动之前，一个机构需要认识到它所处的社会体系不具备可持续性。大致上说，现时期的经济、环境和社会条件及趋势都无法长久

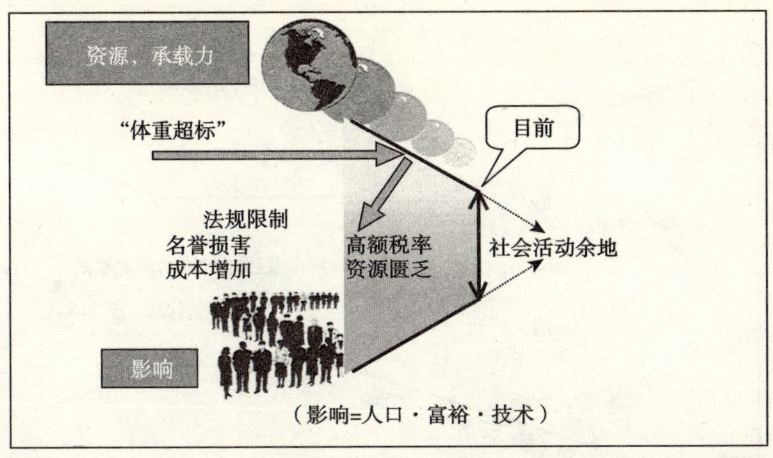

图2-9：自然步骤漏斗。摘自布赖恩·娜萃斯（Brian Natrass），玛丽·埃特梅尔（Mary Altomare）。《天然步营》（*The Natural Step for Business*），新社会出版社，加拿大卑诗（BC，Canada）格布瑞拉（Gabriola）岛，1999年。

维持下去，而且我们能采取的对策也会越来越少。

- 分析现状（Baseline mapping）。在认知的基础上，一个机构必须根据这四种体制条件，即原材料和能量的流动、社会政策和产品、社会生态学的影响，来评价他现在的操作。
- 洞察力（Clear vision）。一个机构需要有敏锐的观察力，尤其是对于其在可持续发展社会中何去何从的问题上。
- 采取行动（Down to action）。根据逆向思维，只有确定了要采取什么行动来实现目标，才能确定轻重缓急。一个机构要不断地思前想后，才能制定必要的战略、计划和程序来实现该构想，而且寻求尺度来衡量这一进程。[35]

在逐步施行的过程中，该机构的战略、计划、程序以及尺度必须基于每一个阶段的成果以及获得的经验和境遇而持续不断地进行复查和变更。这四种机制条件就像指引方向的罗盘一样，使得该机构向它的可持续性构想发展。

一个机构要想实现可持续性构想所采取的措施，就必须遵从这4项体制条件，并以此为准则不断更新自己的工序、产品和服务。这些改变将会包括减少像石油产品和像矿石以及金属等不可再生资源的使用，禁用不可分解材料，有效利用自然资源，恢复环境的承受能力，由于自然资本主义概念的引入，人们开始重视许多这样的行为。

自然资本主义

在《自然资本主义》一书中，作者保罗·哈肯（Paul Hawken）、艾默林·罗维斯（Amory Lovins）和亨特·罗维斯（L. Hunter Lovins）使约翰·厄尔金顿的“三重底线理念”可行化。每当经济学家谈到资本时，他们通常会想到金融资本，即把钱拿去投资生产商品和劳务并从中获取利润。但是有一种经济学家——生态经济学家——他们提出了其他三种不同的资本：人力资本、制造资本和自然资本。人力资本包括密集的知识、技术和在一个组织或机构中成员的能力。制造资本即厂房、建筑物、水坝、公路、港口和其他人造的改进品，即资本的物理特性。自然资本，包括不可再生资源（矿物质，金属和燃料）以及可再生资源（生态系统）。不可再生资源为人类提供了许多不可或缺的原材料。工业生产就是使用人力资本、金融资本和制造资本将自然资源转变为我们每天享

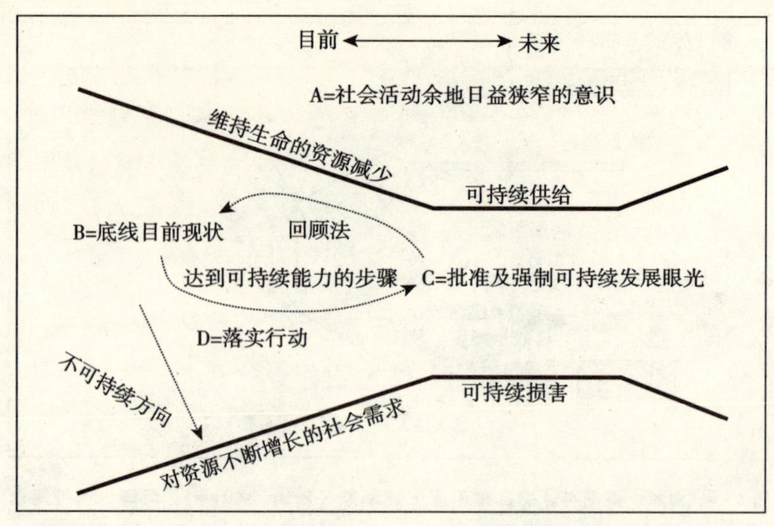

图 2-10：生态有效性（Eco-effectiveness）的实行：A-B-C-D 进程。摘自加拿大《天然步营》，"A-B-C-D 过程，" http：//www. naturalstep. ca/implementation. html。

受的产品和服务。

通过150年前的工业革命，我们很清楚地认识到经济资源和人造资源的价值所在。后来，由于到了知识经济时代，人力资源以其独特的内在价值也逐步为人们所重视。自然资源却不是这样。自然资源曾经在生态方面为人类作出了杰出的贡献，但人们始终将其视为仅用于开发的无限的资源。因此，由于毫无节制的开发利用，自然资源正在逐步退化和流失，特别是能源、原材料、水资源、植被和地表层土壤。

> 随着工业的高度集中，我们的工厂看上去仅仅停留在对地球生态资源无限制的开发利用上。地球上的海洋、森林和草原已经不能供人类在更大程度上的无偿利用了……就拿森林来说，它不仅提供木材资源，还是巨大的水资源储备库和动物的栖息地，甚至于调节大气的平衡和气候的稳定。[36]

每年生态系统至少为人类贡献33兆美元的价值，这个数字几乎是全球一年的总产量。[37]这就表明，我们可以找到生态系统的替代品，或者说，这些价值可以由人类的能源系统来完成。由于这些资源中的一大部分是生命赖以存在的条件，而且目前还是不可替代的，所以说它们是无价的。

在书中，作者保罗·哈肯、艾默林·罗维斯和亨特·罗维斯提出了一个关键性问题：如果自然资源像其他资源一样，营利性地拿去再投资以维持和提高资源的基础，将会怎样?[38]作者指出工业革命开始时自然资源是十分充裕的，而劳动力却是制约生产的关键。自然而然，社会就致力于研究如何能够提高人的生产效率。今天情况正好相反。现在社会人口充足，却面临着自然资源与人造资源的逐步恶化。为什么不通过增加自然资源的产量和对其投资来适应这种供不应求的模式。

作者提出自然资本主义的理念，一种全新关于自然资本如何被商业重视和对待的分析方法。自然资本主义有四种原则：

- *显著地提高自然资源的利用率*。作者表明，企业可以通过改进生产方式和技术等措施将自然资源的利用率提高5倍、10倍，甚至100倍。操作过程中节约的成本，投资资本和时间可以增加利润并且有助于其他三个原则的贯彻。

例如，伊利诺伊州芝加哥市的一幢20年的旧房，经过新的玻璃安装技术的整修，就能够使空调的制冷负荷从750吨减少到低于200吨。这种新的玻璃技术可以使采光量提高6倍，但吸收的热量仅相当于原来的10%。更好地利用自然采光会减少照明系统的使用，从而减少相应的热量。同安装空调系统与使用能源的费用比起来，安装特殊玻璃要划算得多。[39]

- *转向生物循环模式*。自然资本主义遵从自然模式，用封闭的生产循环圈来代替现阶段的开发—使用—浪费系统，以寻求降低整个生产过程中资源浪费的方法。这里，每一个产品都会作为营养剂无害的回归生态系统或成为另一个产品生产的原材料。这种方法类似于工业均衡系统，等同于产品协同作用和生物循环。

  在《生物循环：大自然鼓舞的改革》一书中，作者简尼那·本余斯（Janine Benyus）阐述了从生产模式到思考模式中自然的作用。Kevlar是人造的最坚韧的材料。我们将石油化学物质与含硫的酸性物质在高温高压的条件下混合反应来制造凯夫拉尔（Kevlar）纤维B（一种质地牢固重量轻的合成纤维），结果却增加了植被的负担。另一方面，蜘蛛却只是在常温常压下，并不用添加任何酸性物质，就能制造出比凯夫拉尔纤维B更坚韧的丝。它仅仅是使用蝇和蟋蟀作为原材料，也不需要开采石油。[40]

- “*治理优先*”*的经济模式*。今天许多的商人将目光集中于商品的销售量而不是产品提供的服务。在这种相应的经济模式下，增长率和利润都与产品销售量紧密联系，公司被迫将更多的产品卖给更多的人。然而，在自然资本主义条件下，这些焦点都会被转移到服务提供的价值上。换句话说，也就是我们不再卖电灯泡，而是转向出售光明。

  这个理念能够被广泛地应用到各个方面。例如，因特费斯公司正在将销售地毯的业务转向出租地饰的服务。执行总裁（CEO）瑞·安德森（Ray Anderson）认为人们不再需要自己的地毯了。他们仅需要可以很舒服地走在上面以及看上去不错的覆盖性的“地板”。因特费斯公司现在以“地毯瓦片”的形式出租地饰给消费者。他们通常用新的需要的“瓦片”替换坏掉的地毯（通常只占地毯表面的1/5）。这种方法降低成本，创造更多的就业以及带来更高的利润。

- *对自然资源的再投资*。作者号召工厂和政府重建，保持和扩展世界的生态系统以及停止对未来繁荣发展的基础侵蚀的行为。我们对人力资本和制造资本进行投资，其实这对于自然资本也是很有意义的。

  对自然资本再投资的思想已经引领企业重新思考其相应的生产战略和方法。例如，一个新墨西哥州的牧场主通过改变放牧牛群的方法，正在逐步提高他的牧场的承载能力。与原来固定在一个大区域内放牧不同，该牧场主带着牛群四处游走，虽然集中放牧但只是在一个地区呆很少时间。这种频繁的迁徙模式借鉴了野生草原动物的放牧模式。这种思想被称为“集中管理循环放牧”，它增加了牧场的承载能力和牧场主的利润。[41]

生态效益（Eco-efficiency）

从最简单的字面意思而言，生态效益意味着事半功倍，也就是用较少的材料和能源就能输出得到更好的产品和劳务。正如它的表层含义所揭示，这是一种衡量标准，用来评估工业进展的不同形式输入与输出的比率。

这个术语是由企业永续发展委员会（Business Council for Sustainable Development）提出的。[42]在1992年，地球高峰会议（Rio Earth Summit），有人质问商业界对可持续发展的贡献。商业以由史蒂文·斯克米黑尼（Stephen Schmidheiny）与市政府会议合著的出版物《改变经营之道》（Changing Course）[43]作为回应。该书展开了引人注目的辩论，即竞争性定价的商品与劳务在既要满足资源需求又要减少生态影响的情况下，如何能够被交付使用。从那以后，商人通过它商讨决定的后继人——企业永续发展委员会（Business Council for Sustainable Development），耗费了很长时间和精力来建立生态效益（Eco-efficiency）的原则与实践方法。

生态效益限制了对于商业的可持续发展战略——在提高股东权益的同时向可持续发展前进的一种商业方法。自从它产生后，这种理念已经从一种资源生产的规律扩展到改革的催化剂。它的理论和原则使企业用一种全新的眼光看待它们的产品和进程。通过分析生态效益的含义，企业逐渐避免了它们曾经忽略的一些成本，逐步提高它们的企业形象，减少商业风险以及创造新的对于顾客和环境都更好的商品与劳务。

生态效益有五个核心主题：[44]

- *对服务的重视*。对于大部分生产型企业，成功意味着产品的普及，卖得越多，收益和利润就越高。生态效益提出企业应该重新思考它们的消费者真正重视什么。消费者并不想单纯地拥有一件商品本身。相反，他们想要的是产品能够提供的服务。通过从商业模式转变向服务模式，一个企业应该改变它竞争的基础。与其作为一个低成本的材料供给商，一个企业还不如成为一个出售价值的供应商，帮助顾客解决问题。
- *关注生活需求与质量*。生态效益提出企业应重新定位消费者究竟真正需要什么，以及如何才能使它们提供的商品与劳务致力于提高生活品质。这个主题要求企业消费分析者现在与将来的未满足需要，例如，如何才能使他们交付的商品与服务提高生活质量？然而卖出更多小汽车和建立新的高速公路可能只是满足短期需求，它们不仅不能解决未来的交通阻塞问题，而且还会增加污染。通过超前思考，企业可能可以确立新的、改革性的、能带来独特竞争性利益的分析方法。
- *思考整个产品生命周期*。许多企业仅仅注重于它们输出的商品和劳务，却不考虑它们的结构与进程的分支在整个价值链的地位。通过思考整个生命周期中结构与进程的影响，企业可以确定极多的方式来提高其产品的价值。正如前面例子所示，建造一个新的建筑物的成本仅仅是经营管理它的成本的一小部分。正如斯果特·约翰（Scott Johnson）注解：

> 一个建筑物所有者通常花费设计费9倍以上的费用去建造它，30倍以上用在购买原始设备（OEM）上以及460倍以上的花费来使它更为便捷。[45]

因而，一个对于能源节约的设计以及对于改进工作环境的设计的小投资，能带来巨大的超过建筑物本身的利润。

一些有远见的企业以旁观者的角度观察它们的工业体系，从而更加深入地思考这个主题。遵从自然资本主义中效仿生物模式的主题，他们正在预想一个封闭的工业系统，在其中，一个企业的废弃物是另一个企业的原料来源。这个模式已经由卡隆堡（Kalundborg，Denmark）创造，企业也正在组队寻求类似的交易机会来利用副产品协作（By-Product Synergy），本章后面将会提到。

- *认识到容积限制*。企业必须在认识到地球承载能力有限的这一基础上来进行运作，通过连续不断地改进减少企业运行对环境的影响。这里认识到，企业不能对它们特有的影响进行精确的衡量，尤其是因为不同时间不同地点不同环境的承载力是不同的。但是，企业需要认识到承载能力对于它们的运行是一个限制因素。对这个因素掉以轻心可能导致它们遭遇到"自然步骤框架"中提到的"碰壁"。
- *一个进程性观点——生态效益既是途径也是归宿*。为了达到可持续性目的，社会必须使现阶段的开采—使用—浪费生产消费模式转变为另一个符合可持续性发展原则的模式。正如上文所述，这将会是一个长而艰难的旅程，需要颠覆现有的生产与消费结构。它将会包括许多甚至还没有进行投资的可持续性技术和进程的应用。认识到社会必须从生态效益提供的平台上，评估现阶段形势并逐步迈向可持续阶段。

生态效益同时具备企业为了改进它们的操作、产品和服务必须考虑的 7 个原则或目标。这些原则可以转换为衡量的目标：

- *降低商品和劳务的原料密集度*。减少在产品或劳务的生命循环过程中每单位输出消耗的原料量。我们不仅可以通过减少用于生产产品的原料，而且可以通过减少产品包装，来实现这一目标。在重视服务这一原则的指导下，厂家可以减少产品的使用量而增加消费者对服务的需求量。
- *降低商品和劳务的能源密集度*。减少在产品或劳务的生命循环过程中，每单位输出消耗的能源。能源的消耗不仅仅是对于不可再生资源的利用克以重税，而且导致了大量的废弃物和污染物。正如上文涉及的，大部分能源节约不通过投资新技术也可以完成。有时仅需要换个新的角度来看待问题就能达到显著的节约效果。
- *减少有毒物质的扩散*。有毒或其他有害物质排放到大自然，不仅会对公众健康产生不利影响，同时也会降低生态系统的承载能力。企业正在寻找低成本和低商业风险的减少有毒物质排放的方法。
- *提高材料可回收性*。与其为了销毁而转移不使用和不需要的副产品，不如鼓励企业去再利用和回收这些材料。最好的战略就是用尽可能保持它原始价值的方法重新开采和使用这些材料或项目。
- *使再生能源达到最大限度的使用*。最大程度的利用可再生资源，包括寻找和使用不可再生资源的替代品。这有助于保护那些必要且不可替代的材料。然而，重要的是要确定可替换资源在维持或提高可再生资源的有用性上是有很大的效果的。
- *延长产品耐久性*。设计更持久，能够被快速修理、整修和再使用的节约材料和能源的产品。
- *提高商品和劳务的服务强度*。设计产品或服务必须能够符合或很容易改变而符合消费者多样的需求。这类思想包括共享用途（出租产品或服务或共享的设备）、混合设备（热泵能提供热气、交换空气和热水以及协调运送能减少闲置）和改善品质（改良成一个标准尺寸的设计来简化设备与系统的功能）。[46]

由于这些原则，一个企业能将生态效益运用到具体操作中。这些原则能被转化为以后用于检测的基准和分解为商业计划与战略的衡量标准。

生态有效性（Eco-effectiveness）

生态有效性是由比尔·麦克唐纳（Bill McDonough）和迈克尔·布朗格特（Michael

Braungart）创作的术语，用来描述他们为完成可持续性而建造的模型。在他们的文章《下一个工业革命》[47]中，作者提出了一个新的可持续性结构。在他们看来，产品是由两种类型材料构成。（1）生物性材料（降解成为生物循环圈中的“食物”）；（2）保留在技术循环中的技术性材料（金属、塑料、溶剂等等）。由于它们成为产品的“原料”，作者称这两种材料类型为“营养剂”。

生物营养剂在生态系统或新陈代谢中流动。这些材料在本质上对其后的人类和环境是安全的。它们使用之后能返回到自然，被应用到作者称为“消费型产品”的产品中，在那里它们将会变成统一生产过程中其他生物性材料的营养剂。

技术营养剂在技术新陈代谢中流动，从一个封闭的生物新陈代谢圈中分离出来。技术营养剂用于“服务型产品”，即制造上保留其所有权而出借商品服务给消费者的耐久性产品。以这种方式，消费者取得产品的用途而不用考虑使用后的销毁问题。制造商设计产品以使生物性营养剂和技术性营养剂互相分离并且再次用于制造新的产品。通过保

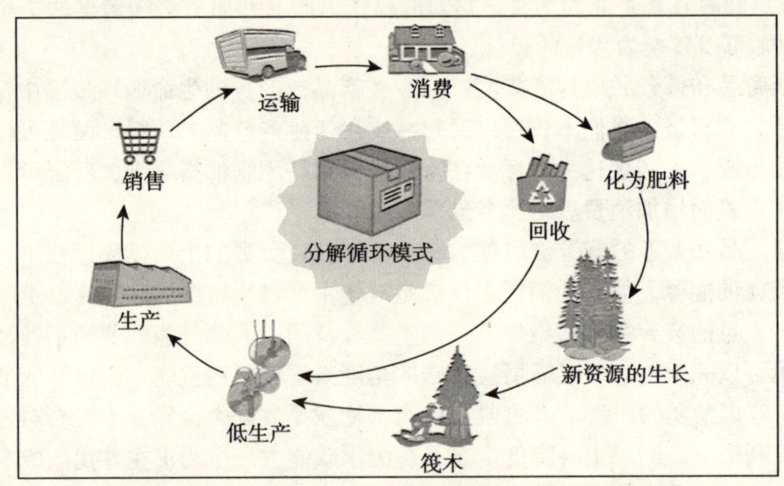

图 2－11：生态有效性：生物新陈代谢。插图来自 McDonough Braungart Design Chemistry（MBDC）。该插图 2003 年取得版权 McDonough Braungart Design Chemistry（MBDC）。所有权利已经既定。请不要未经 MBDC 的书面允许就擅自使用。联系：434/295-1111（v）；info@mbdc. com（e）。

持技术性营养剂与生物性营养剂相分离，技术性营养剂能被“向上循环”而不是“再循环”，也就是说，它们保持着原始营养剂的特性。[48]

在他们关于生态有效性的解释中，麦克当纳和布朗格特将其称之为一项任务，是能减少某个实质性破坏系统的破坏力的指导力量。在他们生态有效性模式的理论基础中，他们似乎忽略了一个事实，就是在可持续进程中，要对整个基础结构进行修补工作。

世界企业永续发展委员会（World Business Council for Sustainable Development，简称 WBCSD）投资和发展生态效益（Eco-efficiency）理念，并极度重视麦克当纳和布朗格特的批判主义。事实上，他们提出的关于生态效益的问题的解决方法，就是在名义上，将生态效益改成生态有效性。[49] WBCSD 认为避开那些烦人的实践工作，如，一个大型传统的制造基础，强制的标准规范，以及消费者习惯和期望值。仔细阅读就会发现生态有效性其实就是将生态效益逻辑化的理论。

产业生态学（Industrial Ecology）

产业生态学被定义为“研究物理、化学和生物之间以及组成它们的内部各个要素之间相互作用相互影响的学科”（附加的强调）。[50]在这种理论下，工业系统与生态系统既相互区别又紧密联系在一起。在这一概念下，产业生态学作为一门可持续性的科学，只是客观地看待相关的问题和实践而不是去判断这些事情优劣与否，这种定义未免有些简单化。[51]

产业生态学的其中一个目标就是将现阶段线性的生产系统转变为可与生物模式匹敌的系统，换句话说，就是从一个工业过程上产生的废弃物可当作原材料用于另一过程。产业生态学可通过一系列战略实现：

- *类型Ⅰ系统*。这种系统假定有无限资源并对于废弃物的销毁处理有无限承载能力。原材料和能源资源被生态系统充分利用（使用），并且生产产品或副产品（废弃物）。由于资源和承载力不可能是无限的，这种系统不是可持续性的。

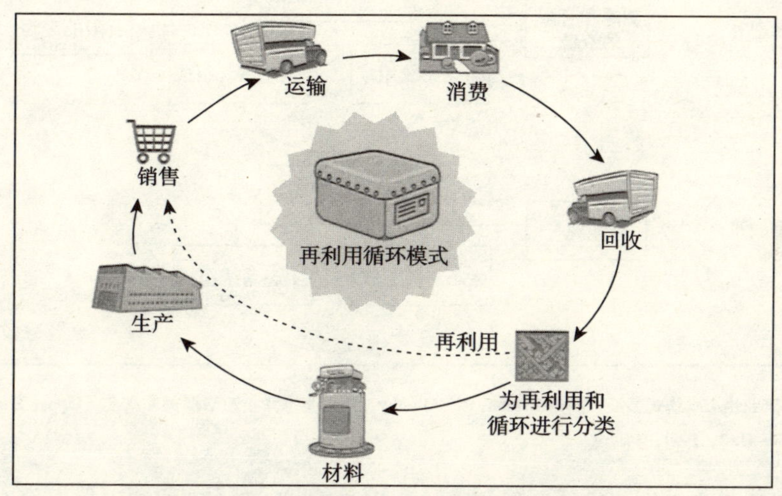

图2－12：生态有效性：技术新陈代谢。该插图2003年取得版权McDonough Braungart Design Chemistry（MBDC）。所有权利已经既定。请不要未经MBDC的书面允许就擅自使用。联系：434/295-1111（v）；info@mbdc. com（e）。

- *类型Ⅱ系统*。类似于今天的工业系统，原料在生态系统中的流动量是相当庞大的，然而，它的输入量和流出量在某一程度上减少了。纵使显著性的产品、副产品和废弃材料已经被再利用或循环使用，这种系统仍然是不可持续的。
- *类型Ⅲ系统*。这是一种可持续性状态下的系统。它是一个完全封闭的系统，其中输入的仅仅是可再生资源，所有产品和副产品都是再利用和再循环的。

卡隆堡（Kalundborg）的工业园，在工业生态系统中作为两个系统合二为一的一个证明，在集中地利用工业副产品和废弃物方面是很著名的，这里的6个公司——一个废弃物管理公司和卡隆堡市政机关——在环境和经济可持续性基础上，都在使用彼此的副产品。

当卡隆堡成为工业平衡系统在实践中工作的典范，它提出了关于模型恢复力的问题，也就是，该模型应该如何应付影响系统中能源和原材料流动的市场变动。一个健康有力的结构应当包括许多缓冲措施，以保证工业园的成功运作。

副产品协作（By-Product Synergy）

副产品协作理论出现在19世纪90年代早期，源于Chaparral Steel和Texas Industries, Inc.（TXI）在一个偶然的机会发现了一种将钢制品与水泥产品合二为一进行加工的前所未有的方法。类似于卡隆堡的例子，Chaparral Steel和TXI发现钢铁制造过程中的矿渣能被用于制造高质量的波特兰水泥。而且，这种水泥制造工序大约能将产量提高10%，同时减少能源消耗量和氮氢氧化物排放量，使整个系统更具有可持续性。更为重要的是，这种协作给两个公司都增加了利润。

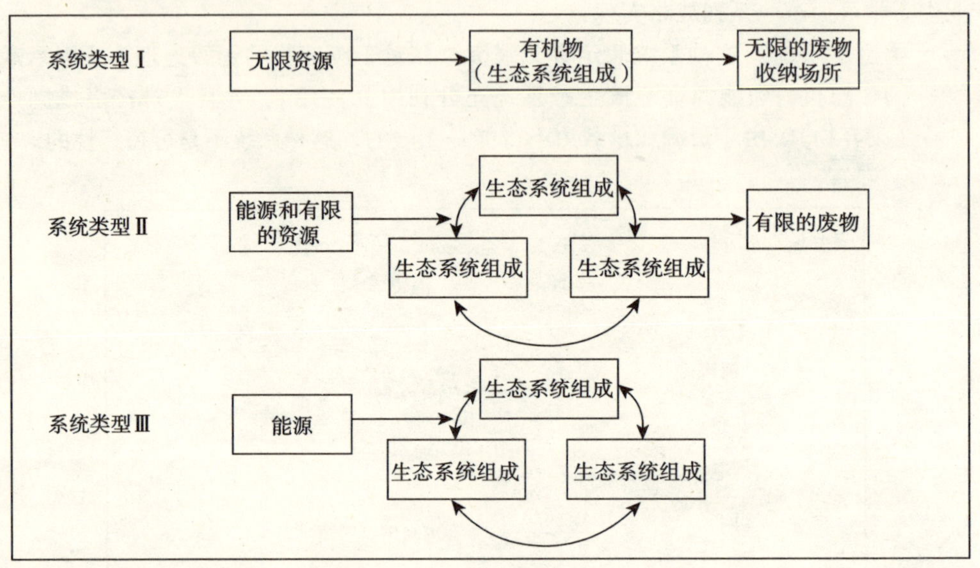

图2－13：产业生态学模式系统。摘自Braden R. Allenby，产业生态学：政治框架和落实。Upper Saddle River, NJ：Prentice Hall，1999，44.

这种交叉工业合作的成功，促使Chaparral Steel为了“可持续发展”的目的与企业永续发展委员会和Gulf of Mexico——“可持续发展”世界经济会议（WBC）的一个地域性伙伴，进行合作，促进可持续发展。结果便产生了副产品协作（By-Product Synergy）（BPS）——来自不同工业部门的公司共享关于它们需要以及不需要的副产品原料的信息。Chaparral Steel和TXI提出：当工序的工程师对他们自己的企业和工业之间的运行非常熟悉的话，他们对其他工业的运行就不是那么熟悉了。他们在各自孤立圈子中进行操作，很少跨工业部门交换信息。

鉴于Chaparral钢铁和TXI的BPS成功的经验，会议决定为更大的BPS项目领航。会议将BPS理念推广到它在Tampico，墨西哥的会员企业，然后开始了持续一年之久的有20家企业参与的计划。这些参与者希望找到2到3个共同合作的机会，结果有65家企业参与其中，13家企业紧随其后，还有29家跃跃欲试。

BPS过程是一个在参与企业之间进行工程设计和操作事项的信息交换过程。这些企业是从一个小的地理性区域，大概在一个50里半径长度之内进行协作的。这种选择的原因不仅在于保持运输低成本，而且因为运输成本与任何一项被确定的协同作用都是结合在一起的。会议期间，参与者要公开他们的生产过程，原材料需求和邻近企业的废弃物流量，通过广泛的合作和对原材料和废弃物流的系统分析，参与者可以确定可能的共同合作。通过对这些合作计划的进一步研究可获得最具有商业期待的项目。

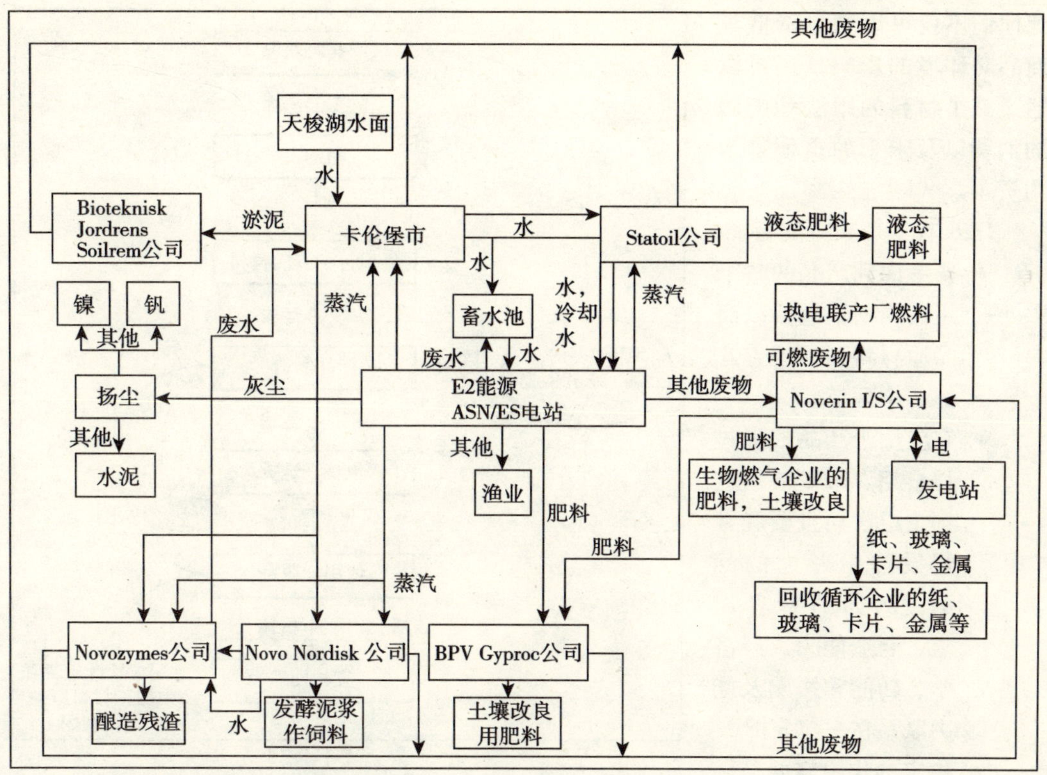

图2-14：卡伦堡产业生态园（Kalundborg eco-industrial park）。摘自“Industrial Symbiosis：Exchang of Resource” http：//www. symbiosis. dk/.

表面上看，BPS像由EPA在19世纪70年代创造出来的旧型的废弃物交换计划。这一计划出售工业废弃物，对能提供的工业副产品在公开市场上大批量的出售还列有清单。由于没有明确指出这些废弃物的特性，因此很难相互结合，而且数量是易变的，这一计划没能逐渐地向使用者灌输信心，鲜有成效。

与这些早期废弃物交换计划不同，BPS认识到一个企业的废弃物作为另一个企业的原材料的理念，不仅是简单地宣告它的可利用性。进一步的说，它是一个工业与企业之间关系建立的过程。成功是基于彼此之间建立的高度信任：废弃物或副产品在质量与数量的管理规范之内，能够实现稳定运送。为此，BPS过程既是一个信息采集过程又是一个简易化过程，第一次从一个互动的工业系列，将信息与人们聚集起来，解释和讨论原材料需求和副产品产出。由于BPS过程的进行，参与者关系建立起来而且障碍开始减少，并开创了新的机遇。

环境规划（DFE）

环境规划是一个关于将环境性因素（从材料的选择开始，通过制造、包装、消费者使用和销毁）与整个产品生命周期结合的系统性方法。按照比尔·麦克唐纳和保罗·霍肯（Paul Hawken）的敏锐的观察，环境问题是不良的规划带来的恶果，DFE认识到很多废弃物和污染物的源头即使不是很大部分——在产品设计时期能够可持续性地减少或淘汰。DFE将环境因素与规划因素综合起来，寻求出路。DFE之所以能从新的传统方法和不断增长的消费者期望中脱颖而出，是因为制造商已经分析过其产品对环境的影响作用。因此，越来越多的制造商正在将DFE理念应用于他们的产品计划。制造商逐步学习到他们不仅可以通过降低其商品对环境的影响，还可以通过减少材料的用法和能源的消费以及未来的负债来节约资本。

DFE 有三个独特的特征

- 要考虑到产品的整个生命周期。包括以商品原材料到处理方式的各个环节。
- 它应用于产品成形过程早期。DFE 被引进理论层次而且要和常规设计中考虑的问题，例如消费者需求、制造能力、经济学、功能和影响及能力联系在一起分析。
- 决定的作出需要与一系列标准与产业生态学，综合系统思想或其他基准体系相结合。DFE 认识到可持续性的整个出路，就是不可再生资源的使用和承载能力的减小在长期内是不可持续的。相应地，DFE 方法论要跟共有可持续性发展性质的设计原则合并［例如生态效益、生态有效性、自然步骤框架（the Natrual Step），自然资本主义（natural capitalism）等］。[52]

原材料获取
运输
粗加工
运输
经设计的专门材料
运输
产品制造
运输
包装、送货
运输
使用、服务
运输
废物处理
地球（空气、土壤、水和生物）
废物
循环
再利用
在另一个生产系统中加工材料以便重新利用

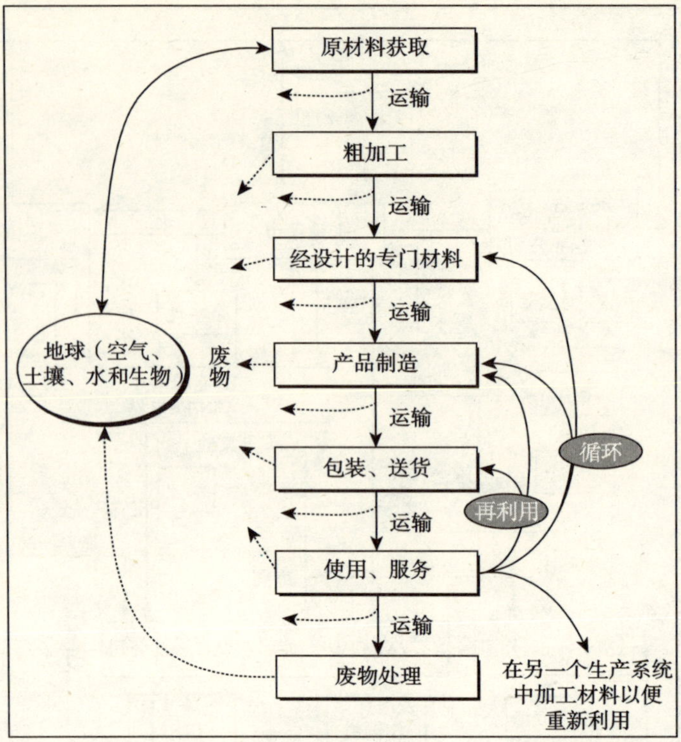

图 2 – 15：环境规划：产品生命周期。来源：Jeremy M. Yarwood and Patrick D. Eagan，环境规划未来 Toolkit 的一个竞争性边缘。Minnesota 环境协助办公室：p. 7。

DFE 有许多成功的例子：

- 全录影印法（Xerox）通过改变复印方法使部分零件修理起来更容易，而且可以再利用，已经毫不夸张地节约了数以万计美元。

消费者需求
加工水平
环保意识
产品设计
生产成本
重量、尺寸
功能

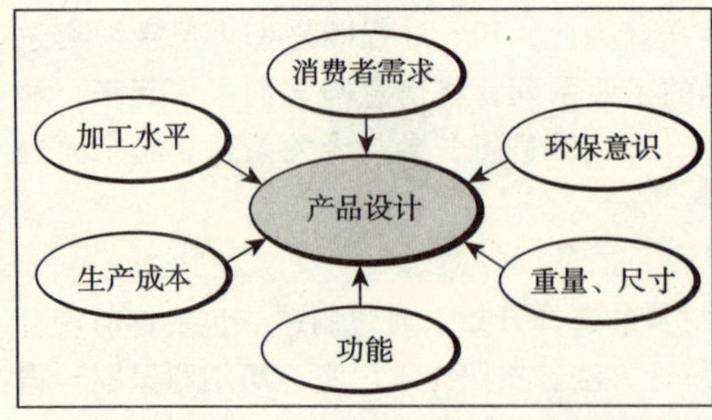

图 2 – 16：环境规划：产品设计构想。来源：对环境的规划：产品生命循环。来源：Jeremy M. Yarwood and Patrick D. Eagan，环境规划：未来 Toolkit 的一个竞争性边缘。Minnesota 环境办公室帮助：p. 9。

- 惠普（Hewlett-Packard）使用制成标准尺寸的结构使得它的印刷机容易修理。经改装其印刷机耗材更少而且可以以旧电话上回收的塑料作原料。它的新“油黑—喷射”印刷机线路与打点字模印刷机相比，节能 80%。[53]
- 伊莱克斯（Electrolux）改进的“家居规模”洗衣机，尽量有效地利用电能、水能和清洁剂。使洗衣店成本减少了 50%。[54]

对于一些工程师而言，可持续发展的

原则可能太过于理论化以及这些问题离他们每日工作太远因而不是很有帮助。对于这些群体，我建议他们不要拘泥于高水平原则而更多地关注于机遇。下一章集中讨论可持续发展作为一个市场驱动力，创造新的市场和新的工程性服务。

---

1 Daniel Sitarz, ed., Agenda 21: The Earth Summit Strategy to Save Our Planet (Boulder, CO: Earthpress, 1994), 4 – 5.

2 World Commission on Environment and Development, Our Common Future (New York: Oxford University Press, 1987).

3 World Economic Outlook (Washington, DC: The International Monetary Fund, May 1999), 22.

4 World Economic Outlook: Growth and Institutions (Washington, DC: The International Monetary Fund, April 2003), 7.

5 Richard Weingardt, Forks in the Road, 1.

6 Ibid., 10.

7 Paul Hawken, The Ecology of Commerce (New York: HarperBusiness, 1993), xiii.

8 Daniel Sitarz, ed., Sustainable America (Carbondale, IL: Earthpress, 1998), 24.

9 Garrett Harden, "The Tragedy of the Commons," Science 162 (1968): 1243 – 1248. Writing in Science, Garrett Harden explains the concept of the tragedy of the commons this way." Picture a pasture open to all. It is to be expected that each herdsman will try to keep as many cattle as possible on the commons... Each herdsman seeks to maximize his gain. Explicitly or implicitly, more or less consciously, he asks, 'What is the utility to me or adding one more animal to my herd? ' This utility has one negative and one positive component. The positive component is a function of the increment of one animal. Since the herdsman receives all the proceeds from the sale of the additional animal, the positive utility is nearly + 1. The negative component is a function of the additional overgrazing created by one more animal. Since, however, the effects of overgrazing are shared by all the herdsmen, the negative utility for any particular decision—making herdsman is only a fraction of – 1. Adding together the component partial utilities, the rational herdsman concludes that the only sensible course for him to pursue is to add another animal to his herd. And another... But this is the conclusion reached by each and every rational herdsman sharing a commons. Therein is the tragedy. Each man is locked into a system that compels him to increase his herd without limit—in a world that is limited. Ruin is the destination toward which all men rush, each pursuing his own best interest in a society that believes in the freedom of the commons. Freedom in a commons brings ruin to all."

10 Credit is graciously given to Don Roberts, who first offered this model in an earlier form in his paper "Sustainable Development- A Challenge for the Engineering Profession" at the International Federation of Consulting Engineers (FIDIC) conference in Oslo, Norway, in 1990.

11 Herman Daly and John Cobb Jr., Redirecting the Economy Toward Community, the Environment, and a Sustainable Future, (Boston: Beacon Press, 1989).

12 "Rachel's Teachings, Rachel's Warnings," Center for Health, Environment and Justice, www.chej.org Previously published in Everyone's Backyard 14, no. 2 (Summer 1996), http://www.chej.org/ORGBOX/rachels.html.

13 "The Story of Silent Spring," Natural Resources Defense Council, http://www.nrdc.org/health/pesticides/hcarson.asp.

14 Peter Matthiessen, "Time 100: Scientists and Thinkers—Rachel Carson," http://www.time.com/time/time100/scientist/profile/carson.html.

15 "What is Sustainable Development?" Commissioner of the Environment and Sustainable Development, Canada, http: // oag-bvg. gc. ca/domino/cesd_ cedd. nsf/html/menu6-e. html.

16 "Chapter 2: State of the Environment and Policy Retrospective: 1972 – 2002," GEO: Global Environmental Outlook 3, http: //www. grida. no/geo/geo3/english/081. htm#tab31.

17 Gro Harlam Brundtland, quoted by Andy Duncan, "This Norwegian's past may connect with your future" http: //oregonfuture. Oregonstate. edu/partl/pf1_03. html.

18 World Commission on Environment and Development, Our Common future, 8.

19 Brandt 21 Forum, http: //brandt21forum. Info/summary. htm.

20 "Science for sustainable Deleopment," in Agenda 21 (New York, NY United Nations, 1978), Section 35. 2.

21 "Information for Decision-making," in Agenda 21, Section A.

22 These ecosystems include agroecosystems, forest ecosystems, freshwater ecosystems, grassland ecosystems, and coastal and marine ecosystems.

23 Eugene Linden, "State of the Planet: Condition Critical," Time, April-May 2000, 19.

24 "Millennium Ecosystem Assessment Concept Paper," http: //www. millenniumassessment. org/en/about/concept. htm.

25 "Johannesburg Summit 2002: Key Outcomes of the Summit," www. johannesburgsummit. org.

26 John Elkington, Cannibals with Forks: The Triple Bottom Line of 21st Century Business (Gabriola Island, BC, Canada: New Society Publishers, 1998). The provocative title derives from a question posed by the Polish poet Stanislaw Lec:" Is it progress if a cannibal uses a fork?"

27 Jan Bebbington and Rob gray, "sustainable Developent and Accounting: Incentives and Disincentives for the Adoption of Sustainablitity by Transnational Corporations," Environmental Accounting and Sustainable Development: The Final Report (The Netherlands: Limperg Institute, 1996). Quoted in "Elkinton, John", p. 79.

28 "Elkington, John", Cannibals with Forks, 69 – 96.

29 The WBCSD is an international business organization with a core membership of 165 companies, all committed to the development and promotion of the business case for sustainable development. In addition to the core members, it has a regional network of 43 national and regional business councils and partner organizations located in 39 countries. Its Web site is http: //www. wbcsd. org.

30 Bjorn Stigson, WBCSD Strategy 2010 (Geneva, Switzerland, World Business council for Sustaianable Development, June 2001).

31 Brian Nattrass and Mary Altomare, The Natural Step for Business (Gabriola Island, BC, Canada: New Society Publishers, 1999), 23.

32 Paul R. Ehrlich," Ecological Economics and the Carrying Capacity of the Earth," in Investing in Natural Capital, ed. Ann Marie Jansson, Monica Hammer, Carl Folke, and Robert Costanza, 43 (Washington, DC: Island Press, 1994).

33 Brian Nattrass and Mary Altomare, The Natural Step for Business, 18.

34 Ray C. Anderson, Mid-Course Correction (Atlanta: The Peregrinzilla Press, 1998), 19. Ray credits William Mc-Donough, then dean of the School of Architecture of the University of Virginia, for the concept. Ray Anderson is the chairman and CEO of Interface, Inc., the world's largest producer of commercial floor coverings.

35 The natural Step Canada, "The Natural Step Framework for Sustainability," http: //www. naturalstep. ca/implementation. html.

36 Amory B. Lovins, L. Hunter Lovins, Paul Hawken, "A Road Map for Natural Capitalism," 146.

37 Ibid.

38 Paul Hawken, Amory Lovins, and L. Hunter Lovins, Natural Capitalism.

39 Amory B. Lovins, L. Hunter Lovins, Paul Hawken, "A Road Map to Natural Capitalism," 149 - 150. Speaking to interviewer Kirsten Garrett in 2000 on Australia's ABC Radio National, Lovins noted that despite the savings, the building owner never made the change. It seems that the property was controlled by the leasing agent, who didn't want to delay her commissions while the building was being refurbished.

40 Janine M. Benyus, Biomimicry: Innovation Inspired by Nature (New York: William Morrow and Company, 1997), 135.

41 Amory B. Lovins, L. Hunter Lovins, Paul Hawken, "A Road Map to Natural Capitalism," p. 156.

42 the Business Council for Sustainable Development was the predecessor organization to the World Business Coucil for Sustainable Development.

43 Stephan Schmidheiny, Changing Course (Cambridge, MA: MIT Press, 1992).

44 Livio D. Simone, Frank Popoff, Eco-efficiency, 47 - 56.

45 Scott Johnson, "The Economic Case for High Performance Buildings," 353.

46 Ibid, 356 - 57.

47 William McDonough and Michael Braungart, " The NEXT Industrial Revolution," Atlantic Monthly, October 1998: 82 - 92.

48 William McDonough and Michael Braungart, Introduction to Caradle to Cradle Desing Framework, CD-ROM, version 7. 02, McDonough Braungart Design chemistry, 2002.

49 Charles O. Holliday, Stephan Schmidheiny, and Philip Watts, Walking the Talk, 86.

50 Andy Garner and Gregory A. Keoleian, Idustrial Ecology: An Introduction (Ann Arbor: National Pollution Prevention Center for Higher Education, University of Michigan, 1995), 2.

51 Braden R. Allenby, Industrial Ecology: Policy Framework and Implementation (Upper Saddle River, NJ: Prentice Hall, 1999), 40 - 41.

52 Jeremy M. Yarwood and Patrick D. Eagan, Design for the Environment: A Competitive Edge for the Future Toolkit (St. Paul, Minnesota Office of Environmental Assistance), 6.

53 Yarwood and Eagan, Design for the Environment, 12.

54 Electrolux Environmental Report, 1998, as reported in http://dfe-sce. nrc-cnrc. gc. ca/overview/benefits_e. html.

第三章

可持续发展：客户需求和市场驱动

Poudre 学区忠于自然资源并对其负责任，它相信公共教育应该成为一切可持续发展实践中建立道德规范的中坚力量。我们认识到要实现可持续性设计必须对传统设计的某些方面进行改进。但是，我们站在忠于可持续设计的立场上，坚信它一定能对学生和社团产生积极的结果。[1]

"牛肉在哪里?"

按照现在知名的原罗氏餐厅的售货员克拉拉·皮勒所做的深入调查，我的大部分同事正在提出一个类似的问题：如果可持续发展是一个如此热门的话题，为什么我没有看到任何的可持续发展计划？我的回答是这样的：(1) 你可能还没有认识到工程与可持续发展之间的关系，或者，更坏地，(2) 你还没有被要求加入这样的工程。

公司，尤其是大的跨国公司和对环境产生是指冲击的企业，正在根据市场趋势及其驱动力的作用改变着它们的管理方式和竞争方式，这些改变开始于高水平的公司。为制定新的策略和管理方针，执行长、董事会和内部工作人员，如果寻求意见的话，会咨询像保罗·霍金、艾默里·洛文斯、亨特·洛文斯、布莱恩·纳特拉斯、玛丽·奥尔托马雷、约翰·厄而金顿和威廉·"比尔"·麦克唐纳这样的世界级专家。这些富有创造性的人，可以组建一个稳定的机构，设计出一套令人信服的远景规划，而且还可以根据相应的方针政策调整公司的业务。

在转换的早期阶段，企业通常不会征求工程公司的意见，除非它对企业的战略决策有可观的贡献。当企业要求工程公司提供服务时，其最终项目还会包括可持续方面的转换。这些要求被打包分配给外面的组织工程顾问，通常涉及常规服务诸如环境的升级。在这种方式下，可持续目标很难实现。另外，可持续发展可能会以选择标准的形式呈现出来，项目经理可能会明确提出这些标准或在要求清单中暗示这些标准。公司与客户互相理解并紧密合作的趋势将是一个很大的优势。

CH2 M HILL 在设计工作中将耐克公司对可持续性的承诺转化为现实。在 20 世纪 90 年代后期，耐克重写了它的环境和社会策略，宣布在供应方面减少了有毒化学物品的使用，而且强调回收再利用，它提高了水的利用率而且使其废水处理系统达到了全球标准。CH2 M HILL 对客户非常了解，完成了那些设备的升级工作。今天公司将继续耐克的持续发展道路。

如果不知道起源或驱动力，人们可能会觉得这不过是例行一个有益的公事。但是，随便一个不错的水处理工程公司可以做这个工作吗？或许吧。对可持续原则的深入了解有助于赢得任务吗？当然了！

这一章旨在描述正在创造可持续发展服务的市场趋势和驱动力。使客户—公司和政府机关一样关心可持续发展的趋势和动力是什么？关于它，那些组织又都在做些什么？在持续性服务中，它们的关注和行为是如何为工程公司提供市场的？公司、政府机关、自治州和自治区正在做这些变化，不仅仅是迫于股东的压力，而是因为其商业意义。

全部的趋势和市场驱动

在市场中出现一个把可持续发展作为主要动力的议题好吗？它如何驱使公司和政府组织改变他们的全部策略和方针，宣布它们自身是一个持续性的的组织？这一个议题将如何影响你的客户？这一个区段呈现五个主要趋势，它们之间相互作用，正在推动组织改变他们的管理模式，采取可靠措施，以便成为公众认可的可持续发展机构。

议题如何浮现

和平时一样，趋势本身并不能指出任何明确的威胁或机遇。然而，当这些措施合并到一起时，就会产生指示作用，预示着新问题的出现。未来派画家公司 Coates 和 Jarratt 把这些趋势作为一种警告信号——一个指向比较大的初现议题的变化指示器。它更进一步表明在各个阶段中浮现的议题，由一些几乎不能表述的趋势和事件开始的，而且只有经过完全的发展才能出现在公众的议程上。Coates 和 Jarratt 识别了三个阶段，有些阶段还存在次水平爆发。[2]这些将在表 3－1 中描述。

议题如何浮现　　表 3－1

阶　段	描　述
早期警告	
早期意识	对情况和变化的模糊认识
非正式对话	在有特殊兴趣的团体或非主流出版物中展开讨论
收集知识	专家开始思考、写作和交流；议题被命名
中期警告	
支持议题	议题以能被大众理解的形式被支持和提出
公众认识	通过宣传和明确的事件使公众获得广泛的认识
晚期警告	
完全重视	充分发布议题，全国报道，立法

一个问题在其早期警告阶段会朦胧地显现出可能变化的趋势。随着可参考信息的增加使用，相关利益集团便会展开讨论，最终将这些趋势确定为一个议题。当关于这一议题的相关议题被描述为局外人所了解的时候，当它被构成并被描述的时候，将进入中期警告阶段。在这一个阶段中，会有许多团体进行更广泛的讨论。在最后的阶段中，议题将到达国家媒体。为了达到解决问题的目的，有时还会借助国家司法体系的力量，根据信息和实践的变化，议题可能会被改动一次或多次。因此在事物发展的早期阶段，这些问题更容易出现。[3] 可持续发展议题的出现如图 3－1 所示。

五个主要趋势

公众的和私人的组织部门开始经历现行经济模式所带来的压力。可持续发展活动好像被以下五个趋势所驱使：

- 经济的快速增长；
- 消费的相应扩大；
- 对未来结果更深刻的认识；

- 新的大股东的出现；
- 来自工业领域的可靠呼声。

经济的快速增长

随着本世纪世界经济一体化的出现，社会也在均衡地成长并发展着。自从冷战结束以后，贸易壁垒在不断地减少。在信息技术和电信的迅速发展的前提下，在发展中国家人口膨胀的推动下，商业活动的国界性开始模糊，任何公司只要有能力，就可以随时随地在任何一个国家推销其商品。在这个前所未有的开放政策下，公司可以利用廉价的劳动力及经营成本，发展规模经济获得利润。多数公司正在把它们的生产设备转移到经济欠发达的地区（大部分位于第二世界和第三世界国家）。结果，这种转变提供了新的工作岗位并相应带动了收入的增长。

对于发展中国家，这种收入的增长扩大了可支配收入，开辟了新的商品劳务市场，提高并改善了人们的生活。与发达国家的贸易联系，和人造电视卫星广播站及英特网一起，提高了人们对高生活质量的目标、期待和渴望。

人口在城市化过程中面临着挑战。[4] 如果第一世界中大城市的数目增加为 5 个的话，那么在第二、第三世界就会增加到 50 个。而且，这些城市大多数可能会坐落于沿海地区。

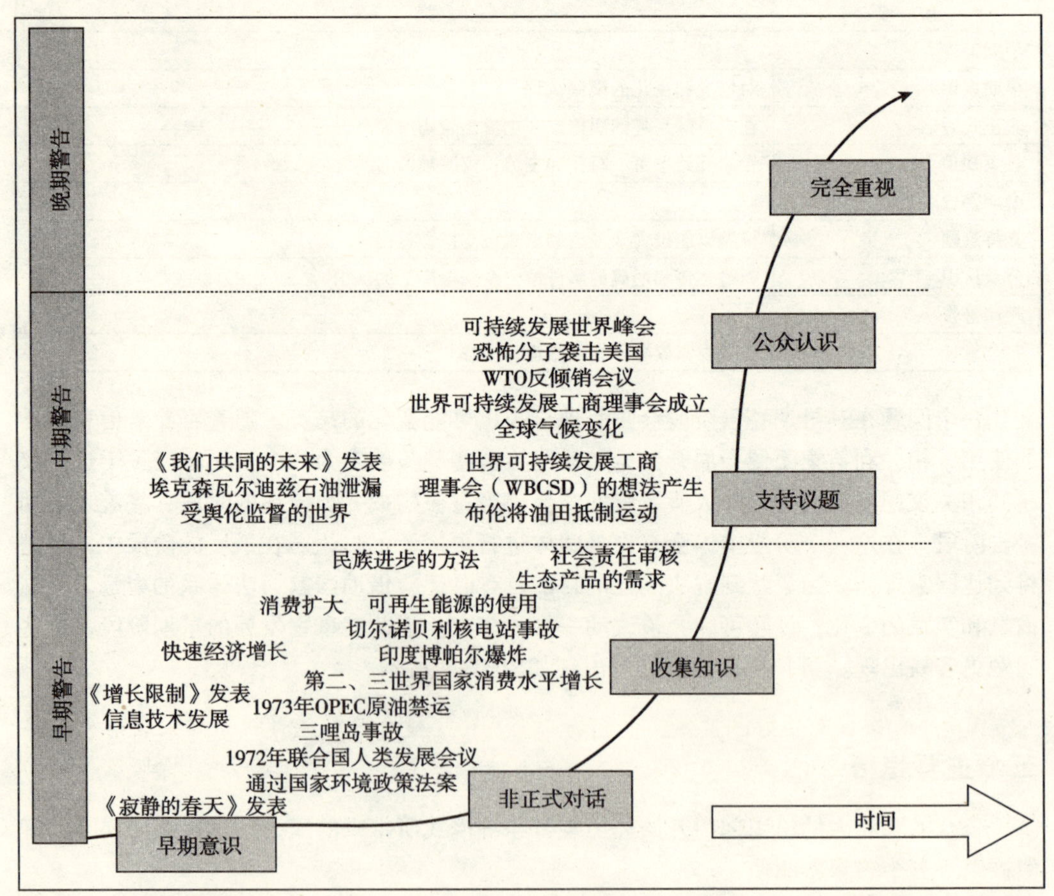

图 3－1：可持续发展警告信号的浮现，根据 Coates 和 Jarratt 的《21 世纪的持续性》、《2001～2005 年对商业的影响》、《可持续商业实例简报》（未发表，华盛顿，2002 年春）改编。

面对自然灾害以及全球气候变化的影响，这些城市抗灾性极差，向工程部门提出了新的挑战。[5] 他们必须设计建造一系列新的基础设计和基础建设来支持这些拥有庞大的人口的城市。

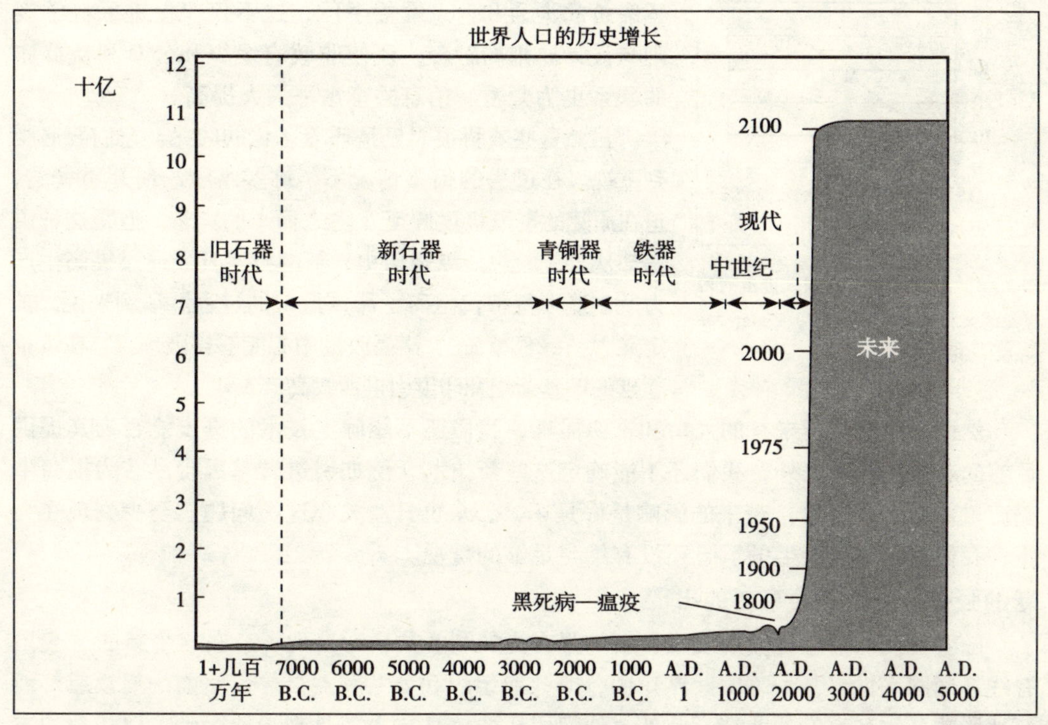

图 3-2：世界人口的历史增长。来源：人口资料局和联合国，《2100 年世界人口预测》（联合国，纽约，1998）。

消费的相应扩大

世界人口刚刚达到 60 亿，在 21 世纪中叶有望达到 90 亿乃至 100 亿，再过 25 年则有望突破 200 亿，绝大部分新增加（99%）将来源于第二世界和第三世界的地区。[6] 另外，收入有望每年增长 3 个百分点，是现在的 4 倍。[7] 今天，81% 的人口生活在第二世界和第三世界当中，预计到 2050 年这一比重将会增加到 86%。[8]

这里保罗和安妮艾氏的环境影响方程起了作用。[9] 首先，空前的人口增长和对生活质量的新要求将会促进商品和服务的发展。有较高的可支配收入，发展中国家的人们便会很自然地追求像第一世界国家居民那样享受便利舒适的商品和服务。为了达到理想的生活质量，他们正寻求更大的移动性（私家车或使用航空系统）以及更为健康合理的饮食。[10]

其次，如果没有更好的选择，他们势必会选择历史上已有的模式，即采取第一世界的国家那种开发—利用—污染的路线。这些模式，就像雷·安德森所描述的那样，[11] 在资源消费、污染扩散和土地使用方面将会有着巨大的消极影响。

日益意识到的后果

但是，进步也带来了风险，目前还没有证据表明我们正接近资源的极限和生态承载的尺度。[12] 当信息技术的进步推动经济发展的同时，它们也提高了我们的发现、评估和解决资源与生态问题的能力。今天我们能够运用卫星影像来作大规模的生态评估和分析。

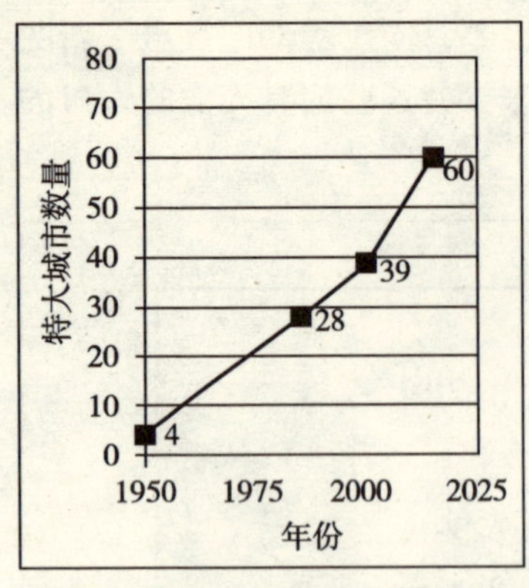

图 3-3：大城市增长计划。摘自《21 世纪的大城市和大贫民窟》，Water Aid www.wateraid.org.uk.

传感技术的进步使我们能够探测和分析化学污染的低成本和低水平。此外，我们目前有更多的可信方法来评估人们的健康和环境所面临的风险。进步的信息科技提供了廉价的沟通和信息散播手段，这不仅仅促进了科学规则与设计原则的融合，还使非政府组织和公众利益群体的联系更为紧密，信息共享水平大大提高。

虽然这些威胁很明显是环境恶化的凶兆，它们普遍受到重视。在过去的很多情况下，许多组织纷纷郑重警告，迫在眉睫的资源极度匮乏及随之而来的灾难。但是这种语言却从未应验过。纵观历史，新的技术发展通过提高生产力及创造可行替代阻碍了严重短缺的进程。举例来说，被定义为“绿色革命”，诺曼改良中心能够打破预言，在饥荒蔓延的巴基斯坦和印度引进西式高产农业。[13]

然而，面对前所未有的人口和资源需求，我们还不能确定技术的进步能否为其提供足够的支持。除此之外，我们还不能确定这些新技术（例如引进转基因食品、为提高牛奶产量使用生产激素）带来的影响是好是坏，公众也日益关心这一问题。至少到现在为止，我们对于可能产生的风险还没有给与足够的重视。

新的强有力的利益共享者的出现

随着交流和信息传播的发展，新的强有力的利益共享者出现了。在这个新的“美国有线新闻网络世界”（CNN 世界）中，非政府组织和公共利益群体以空前的规模或好或坏地影响公司和政府的业绩。此外，他们用新的信息技术工具来采取行动，以快捷的方式、最低的成本为世界范围内的观众传输相关信息及其对公司的评价。这些行动能够影响一个公司的名誉和今后的效益。实际上，这些群体为公司的经济、环境和社会业绩设置了一定的标准。

特大城市前 30 名 **表 3-2**

2000		2015（预计）	
城市	人口（百万）	城市	人口（百万）
1. 东京，日本	34450	1. 东京，日本	36214
2. 墨西哥城，墨西哥	18066	2. 孟买，印度	22645
3. 纽约，美国	17846	3. 新德里，印度	20946
4. 圣保罗，巴西	17099	4. 墨西哥城，墨西哥	20647
5. 孟买，印度	16086	5. 圣保罗，巴西	19963
6. 加尔各答，印度	13058	6. 纽约，美国	19717
7. 上海，中国	12887	7. 达卡，孟加拉国	17907
8. 布宜诺斯艾利斯，阿根廷	12583	8. 雅加达，印度尼西亚	17498
9. 新德里，印度	12441	9. 拉各斯，尼日利亚	17036
10. 洛杉矶，美国	11814	10. 加尔各答，印度	16798
11. 大阪-神户，日本	11165	11. 卡拉奇，巴基斯坦	16155
12. 雅加达，印度尼西亚	11018	12. 布宜诺斯艾利斯，阿根廷	14563
13. 北京，中国	10839	13. 开罗，埃及	13123
14. 里约热内卢，巴西	10803	14. 洛杉矶，美国	12904

续表

2000		2015（预计）	
城市	人口（百万）	城市	人口（百万）
15. 开罗，埃及	10398	15. 上海，中国	12666
16. 达卡，孟加拉国	10159	16. 马尼拉，菲律宾	12637
17. 莫斯科，俄罗斯	10103	17. 里约热内卢，巴西	12364
18. 卡拉奇，巴基斯坦	10032	18. 大阪－神户，日本	11359
19. 马尼拉，菲律宾	9950	19. 伊斯坦布尔，土耳其	11302
20. 汉城，韩国	9917	20. 北京，中国	11060
21. 巴黎，法国	9693	21. 莫斯科，俄罗斯	10934
22. 天津，中国	9156	22. 巴黎，法国	10008
23. 伊斯坦布尔，土耳其	8744	23. 天津，中国	9874
24. 拉各斯，尼日利亚	8665	24. 芝加哥，美国	9411
25. 芝加哥，美国	8333	25. 利马，秘鲁	9365
26. 伦敦，英国	7628	26. 汉城，韩国	9215
27. 利马，秘鲁	7454	27. 圣菲波哥大，哥伦比亚	8900
28. 德黑兰，伊朗	6979	28. 拉合尔，巴基斯坦	8699
29. 香港，中国	6807	29. 金沙萨，刚果	8686
30. 圣菲波哥大，哥伦比亚	6771	30. 德黑兰，伊朗	8457

来源：世界城市化前景：2003 年版，数据表摘要 ESA/P/WP. 190（纽约，联合国，经济和社会事务部，人口司，2004 年 3 月 24 日）。

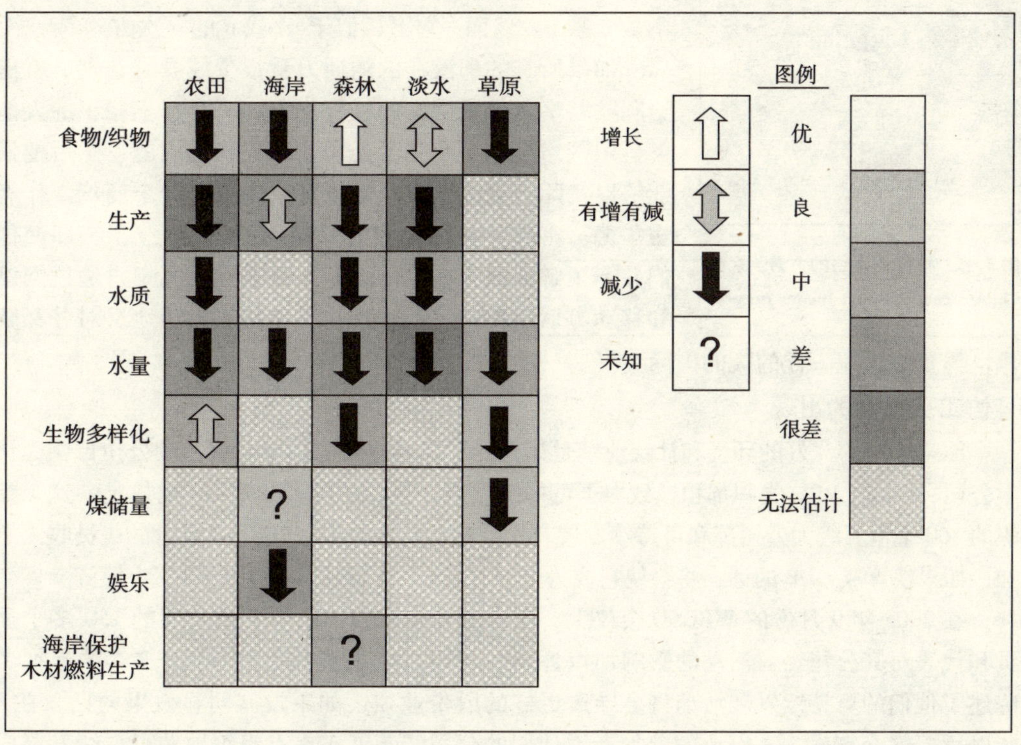

图 3－4：PAGE 生态系统评价。来源：2000～2001 年世界资源：人口与生态系统：生命网的破损。联合国环境计划，世界资源研究所，华盛顿，2001，p. 47。

工业和政府机关同样感受到了前所未有的来自利益集团的压力。这些集团用先前难以获得的信息来武装自己，根据需求向顾客们提供有关组织业绩的信息，他们还用新的通信工具——方便、成本低的电子通讯网络与消费者、立法者、媒体和世界上其他志同道合的团体进行交流。这些集团能够轻易地通过公司业绩来评价他们自己的组织规范。他们同样能够就这些结果进行交流，并在电子网络系统上，几乎不用任何成本来回答任何问题，以本质上零的费用，给任何人一个适当的回答。究竟这个电子网络有多么强大的力量？这样来讲，依照莫尔定律，计算机的力量以单位成本的表现计算，计算机的能量每隔 18 ~ 24 个月就会翻一番。[14]这种增长规模已经持续了好几十年，而且在短时间内不会结束。使用计算机的人，当然期待这种能量提升，但结果往往让人失望，因为计算机能量的提升意味着无休止的升级费用的增加。但是这力量增加只影响个别的个人计算机。当你的电脑联网的时候，计算机的能量及花费就开始迅速增长，梅特卡尔夫提出了“梅特卡尔夫网络定律”。在夏威夷群岛从事数据交换工作的时候，他注意到了网络的潜在价值，无论是电话传真还是计算机，其连接范围越广，能量就越大。也就是说如果在线人数为 n 的话，那么潜在价值便是 n 乘 n。想像一下，如果数以百万的计算机组成的网络系统，那么影响力就更大了。[15]

图 3 – 5：计算机网络的力量。来源：ClipArt. com com and Jupiter Images。

凯文·凯利，《连线》杂志的创建编辑，认为鲍勃·梅特卡夫可能太保守了。在他的书《新经济的新规则》[16]中写到，凯利指出梅特卡夫的法律真的适用于点对点之间的网络连接，就像电话和传真机一样。在网络上，人们可以同时和不同的人群进行交流，它们连接价值之间的连结不是 n 乘 n。然而，它更相似于 n^n 或 n 的 n 次方。

如果所有的那潜在的沟通力量很少或没有花费，就能给利益共享者带来巨大的杠杆作用。两个互不相识的人能够运用网络组织一个关于公司业绩欠佳的议题。然后他们能够以实际行动改变公众的意见或者开办一个商场。作者霍华德·雷恩戈登称他们为“聪明的乌合之众”，即使他们并不了解彼此，他们也能够在音乐会中表演。[17]通过网络和移动电话组织到一起，这些群体能够成功地反对并瓦解像世界贸易组织一样的大的国际会议。

可信工业声音的出现

原来所说的“好的环境和社会业绩是昂贵的”已不再让人信服。成功的公司像陶氏化学公司、杜邦、BP、壳牌都积极致力于可持续发展。这些公司是 WBCSD 的成员，这个组织的 160 个世界级大公司都和可持续发展有着公然的密切关系。WBCSD 所有的成员收入总和，如果换算成 GDP 的话，将会使它成为世界上紧随美国和日本之后的第三大经济。

在 2003 年 9 月份的 WBCSD 会议上，主办方要求来自 107 个成员公司的 150 多个委员和代表对其公司经营活动的影响加以评价，对可持续发展作出的承诺。3/4 的参加者陈述了他们的可持续发展活动将会导致更好的股份业绩，如果没有明显效果的话，在 5 年以后，就会产生 2/3 以上的参加者说他们的公司经营者正在有组织地使可持续发展成为他们管理政策和策略中的一部分。为什么要把持续性和公司业绩或竞争策略结合在一起？到会调查员说“风险减少”和“市场机遇”是最主要的原因。表 3 – 3 详细地回答了这个问题。[18]

来自商学院领导的支持

大多数国家的一流商学院都把持续性与成功商业的关系作为一门学科来研究。调查结果与WBCSD会员的观点一致：公司虽然为环保投资，但环保却为其带来竞争优势。

哈佛商学院教授E. 迈克尔波特，一个世界顶尖级的竞争策略专家，很久以来致力于研究可持续和民族竞争之间的关系。来自耶鲁大学的丹尼尔和他一起工作，他们阐述了民族竞争和环境可持续性之间的相互关系。传统的观点认为环境管理体系薄弱的国家在经济上占优势，因为它们可以通过较低的环境成本来吸引产业的发展。作者的观点恰恰相反，他认为民族间的竞争和环境的持续性之间有着很强的关联性。衡量一个国家环境可持续性的标准包括国家的环保体系、对环保的重视程度、人类对环境影响的重视程度、社会和机构对污染和资源问题的解决能力以及环境的全球化管理水平。[19]

世界可持续发展工商理事会成员对可持续发展经营活动的评价　　表3-3

理由	百分比
减少风险	31%
市场机遇	19%
有效和高效运作	18%
强化品牌，产生亲和力	13%
人生意义	8%
保护基本原料资源	6%
吸收和保留人才	6%

1999年7月至8月的哈佛商业评论写道，福斯特·莱因哈特教授介绍了五个通过环境管理创造股东价值的方法：

- 商品鉴别。使商品能带来可靠的环保效益或降低环境成本。
- 影响竞争对手。改变游戏的规则以可以将竞争者置于不利的境地。制定有意义的环境和社会表现标准可以让竞争者难以招架。
- 节约成本。在提高环境效益的同时降低内部成本。可以采取减少废弃物排放量的措施和回收再利用方案来节约资金，降低生产成本。
- 环境风险的管理。如何通过教育业绩奖励和全成本核算，找到方法来避免污染、化学溢漏、工业事故和因利益共享者反对造成的成本增加。
- 重新界定市场。重新界定市场模型。遵循不妨害生态环境的规则，指出消费者真正想要的。由单纯地出售商品向出售商提供相应的售后服务。[20]

商学院同样把改革、创新看作是公司进步的一个支撑。在最近的一篇文章《麻省理工学院斯隆管理审查》中，作者斯图亚特·哈特（Stuart Hart）和克雷顿·克里斯（Clayton Christensen）指出反常的增长和利润机遇，在于它不能满足第二世界国家的40亿人民的需求。改革的公司，像乡村电信（移动电话公司）、格兰仕（小型又廉价的微波炉公司）和Rolltronics（低能量的半导体电路）正在为这个巨大的市场创造新的产品，来弥补金字塔式经济的低消费人群的需求。[21]

可持续成为好的财政业绩的主要指标

持续性越来越被经济团体看作是长期投资战略的一个关键的要素。投资者认识到持续性的组成成分——经济、环境和社会都影响着消费者的需求、法律法规、新制度、股东关系、公司声誉和其他对于投资起决定作用的重要变数。另外，新的趋势和议题对这些变数的影响好像越来越频繁。在过去的仅仅几年里，像全球气候变暖、劳动条件和公司透明度这样的问题，以其独特的方式表现了它们前所未有的重要性。[22]

图 3－6：从伯利兹一条小河运送饮用与灌溉用水的压力泵。这种泵易于操作和保养。图片由美国无国界工程师协会提供

对此，投资组织已经在公司里开始了高质量的资金投资来适应社会环境责任的严格标准。1999 年，道琼斯公司和道琼斯可持续性指数已经确立，通过占领有限市场产品和服务同时，衡量一个公司能否实现长期股东价值的能力，减少成本和风险。目前这一股票的指数要高于主流市场平均水平。从 2002 年 9 月到 2003 年 9 月，道琼斯可持续性全球指数增长了 23.1%，而道琼斯全球指数在世界上上升了 22.7%。[23]

市场反应

这些趋势及其影响驱使公共和私人组织的可持续性。它们不仅改变了组织的管理经营方式，还提高了竞争力，节约了费用。它们也从组织的核心能力、从空白地带中创造机遇。市场驱动力和组织反应力可分为 6 种：

- 进入市场的前提条件
- 市场多样化
- 差异化
- 工艺的提高
- 道德的义务
- 节约成本

进入市场的前提条件

大的跨国公司，尤其是那些资源密集型工业或对环境影响较大的企业，意识到持续性是进入市场和扩大市场份额的前提条件。公司正在试图向发展中国家转移，而且发现东道国期望它们能够在自己的国家，运用第一世界的环境管理标准发展生产。它们也期望能为社会提供相关服务（通常政府的责任），能否在市场上成功，很大程度取决于全球新兴可持续报告的标准要求的公司的信誉、一贯表现与社会环境。对此，这些公司加大环境管理力度，提升其设施。它们还要求采取类似行动来推出持续性的物资供应链。

产品也是这样。因为产品的市场表现备受关注，杜邦公司和其他 MBCSD 成员公司多年来支持作小组研究创新技术、可持续和社会等课题，它们认为创新，尤其是技术创新，对于提高我们的生活质量一向是一项重大贡献者。在判断是否能够接受一项技术进步这一问题上，社会正扮演着越来越重要的角色，这种判断又进而决定商品是否成功、投资是否有效。研究表明，商业活动中应当对这些社会关注投入更多的注意力，并找到行之有效的方法将这些关注运用到它们的创新活动中去。

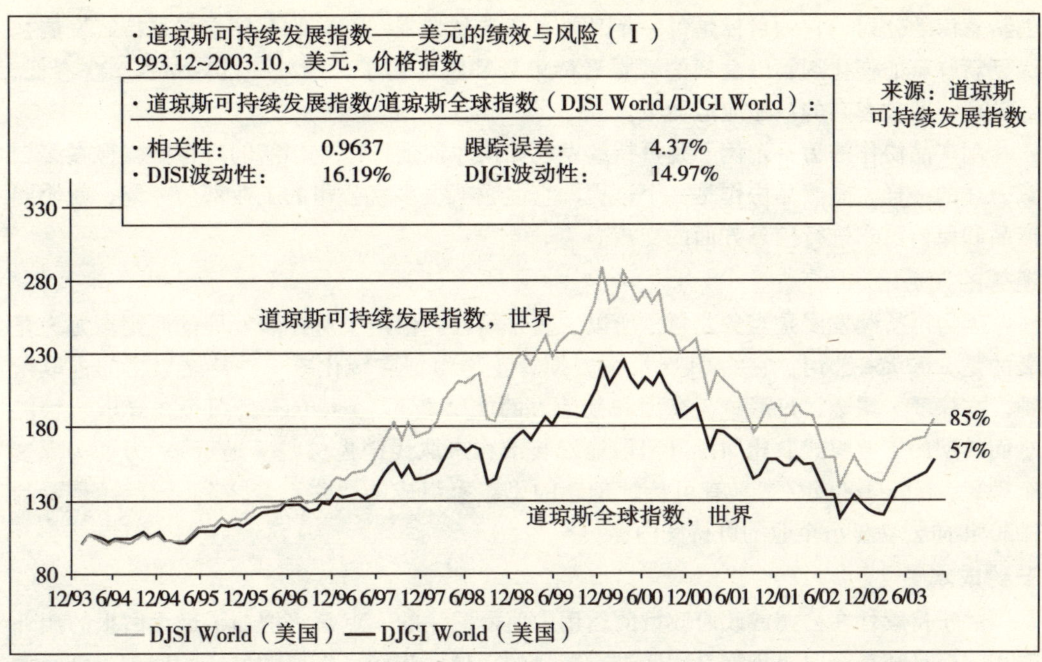

图3-7：道琼斯可持续发展指数（DSJI）：与全球一般市场绩效比较。图片来自道琼斯可持续发展指数。

市场多样化

可持续发展在意想不到的地区开拓了市场。联合利华（Procter and Unilever）等公司都在发达国家中寻求新的市场，它所制造的产品和服务能够满足其他世界50亿人民的特殊需要。道琼斯持续性指数确认宝洁为家用产品方面的领袖。该公司正在开发的产品将向第二世界和第三世界的国家提供安全饮用水，并向那里的儿童提供营养品。

信息技术和新的商业模式的进步，使公司生产、包装、提供、出售符合特殊顾客要求，这些新客户有其自身的特点，他们人均可支配收入低，对商品价格有特殊要求，享受的居住空间和公共设施十分有限。

差异化

对于像 Stonyfield Farms and Interface Corporation 这样的公司，致力于环境和社会效益是其营销策略的重要组成部分，都努力提高其居民的生活质量及就业率，并以发展的观念来界定当前的形势、追踪进度。如前所述，在这本书中，美国有20多个城市都在认真地进行可持续发展政策。西雅图、华盛顿、奥斯汀、得克萨斯和其他一些城市，根据当地的实际利害价值来建立成套的可持续措施。

图3-8：工业界代表在北得克萨斯召开会议讨论“副产品互济”计划。摄影：Bill Wallace，Wallace Futures Group，LLC。

工序的改进

可持续性为公司提供了不同的视觉观察其管理。几年前，我问了一个3M的行政人员，如何为了实现可持续发展的政策和时间来从事一项商业活动。他告诉我3M是同行业中最具创新意识的公司，它的目标是每一年又要有新产品带来一部分收益。它将可持续发展视为创新改革的催化剂，以全新的视觉看待市场和顾客需求。结果一批耗材少、含毒低、污染小、回收率高的产品应运而生。

副产品协作的另一个例子是可持续发展如何才能促进产业创新的进程。就像在第二章表述的一样，副产品协作是一个过程，它促成了很多家公司的工业部门一起，就协同产品和原料需求进行信息方面的交流。

道德的义务

因为可持续发展是当务之急，所以一些公司已经信奉了可持续发展的原则。尤为显著的是 Interface 公司，它的 CEO 雷·安德森正努力把它转化成一种持之以恒的进取精神。在保罗·霍金、丹尼尔·奎因和其他人的鼓励之下，Interface 公司正在寻求一种能全面转型的工业模式。比如说以租借地板装饰物来取代销售材料（地毯）。为了实现这个理想，Interface 成立了具有可持续理念的思想家组成的“生态梦之队”，目标是要到 2020 年向公众显示企业的可持续内涵。

节约成本

关于持续性在公司或政府政策的运用中值得关注的一点是它增加了毫无回报的额外费用，但是那完全取决于你是如何进行衡量的。像西雅图、华盛顿这样的城市，已经意识到了一栋房屋的建筑成本仅仅是整个经营成本的 2%，6% 是施工与维修成本，建筑工人的工资费用是 92%，通过测量生命周期成本和损益，他们发现，他们能意识到的持续性节约，不仅在于能源成本、还有雇用生产力和资本额的减少。海军指挥设施工程（The Naval Facilities Engineering Command）已经开始了一个项目，业主将与施工单位共享节约的设施经营成本。

美国空军强制政策同样将可持续发展理念运用于设备和基础工程的各个方面，在一个发表于各主要指挥部与组织中的政策摘要中，空军政府官员、总司令厄尼斯特·罗宾斯二世表示空军将规划确定的目标和预算过程。罗宾斯司令还告诉采购员通过可持续发展的各个方面选择工程顾问机构。备忘录指出，绿色建筑评级系统是空军自我评估的首选。它进一步指出，至少有 20% 以上的所有军事建设项目应在 2004 财政年度评比中成为“能源环境设计”试点项目，到 2009 财政年度争取进入此列。可持续发展政策会通过一批表现性能好、使用周期长的建筑物给空军带来利润。[24]而且，美国陆军工程兵团开发了可持续项目评价工具（SPiRiT）。这种工具类似 LEED 工具，但被改进得能满足军队装置的需要。根据军队政策，这些军队设施设计应该逐步引入可持续设计并努力达到 SPiRiT 评价标准。[25]

竞争者的行为

这些趋势和影响已经被认可了吗？答案是肯定的，它们已经被认可了。不幸的是却没有被工程团体很好的认可。结果，其他竞争机构却满足了顾客的需求。

像落基山研究所（Rocky Mountain Institute）这样的组织提供了全新的以工程活动为主要目标的业务，以常规尺度评估、完善设计活动。像 HOK 这样的建筑公司已经成立了可持续的设计制定了成文的相关规则，并满足迎合了日益增长的可持续发展的趋势。像 Deloitte Touche Tohmatsu 这样的会计公司为了将其财政会计业务纳入到环境和社会体系，通过可持续发展报告这一机制，企业能公布其现状以及为实现可持续目标而做出的努力。KPMG 在从事全球二氧化碳的含量的鉴定。巴特尔研究所被选出来进行采矿业、水泥及交通运输行部门的可持续研究。

一些工程公司已经从可持续发展运动中发现了商机，并已采取行动了。CH2M HILL 已经就可持续发展展开了一项业务，有许多跨国工程包含了持续性并把其作为一个关键的工程目标。这些工程范围很广：包括计划、设备设计、机械设计及培训。然而，所有这些工程都有一个共同的主题：将客户的可持续发展观作为工作领域的一部分或选择标准。

荷兰的一家国际公司——奥雅纳集团有限公司，已经开展了一项扩大到世界范围的持续性业务，它提供了包括 SPeAR 持续性执行评价额，提供了持续性的真实可见评价额的一个 1/4 的模型。它已经被用于城市的二次评估、产品加工和制造及战略制定。[26]

加拿大舱口工程有限公司推行可持续发展的实践，它开展了副产品协作活动，并向田纳西工业公司在南美、亚洲南部和新西兰的顾客提供“水泥之星”工艺。

工程公司委托人的需求及其相应的机遇

在可持续发展方面工程机构当前的机遇是什么？首先，工程公司能够将大量的服务移交给可胜任此项工作的人，与可持续发展相关联的市场和机遇的总结在本章结尾的表 3-4 中列出。

- *可持续能力的评定*。工程师可以根据可持续发展能力表现评定其委托人的行动，他们能够指出其不足之处并协助其建立可持续发展观，制定可持续性任务以及目标。然后他们能够帮助委托人制定策略和计划，适应或改善现存的行动。在可持续发展面，最主要的竞争者是管理咨询公司和公认的具有代表性的顾问。工程公司应当关注其委托人，和他们一起工作，这样才能和其领导阶层建立相应的关系。然后，他们才能够决定收集什么信息并且制订一项反对已经建立的基准的评定。他们同样可以帮助委托人准备报告，最后，决定公司应该作出哪方面的改进，落实这些改进，并且开发出环境管理体系去进行跟踪评价。这项工作惟一的、最终要的竞争者就是重要的会计公司，它们会以其计算经验（例如，监测公司的经济行为），为资本公司全方面的环境和社会行为进行检验。在这个领域，会计公司已经成功的占领了很大的市场份额，作为公司的审核员，它们已经同高层管理部门建立了关系，至少到现在，它们已经享有了公平、可信的声誉。
- *温室气体排放清单和减排*。工程公司能够帮助委托人测量和评定它们温室气体排放清单，这项工作需要到对现行工艺和大量二氧化碳及其他的与全球气候有关的排放物，进行综合性评估，他们可以协助委托人建立温室气体排放补偿工程或从事与排放相关的商业活动。
- *环保建筑设计和建造*。这项工作要求建筑物的设计施工以及设施符合可持续原则。即在照明、供暖、制冷和节水等方面的能源利用效率。工程师同样可能同委托人一起工作以达到 LEED 所要求的某项水平。主要的竞争是建筑公司，然而这些公司通常缺少完善系统行为的体系及技能。
- *工业生态学和协同产品*。工程公司可以参与发展和工业合作方面的工程，它们有一套专门设计的设施提供原料处理无用的副产品。从更广的标准来说，工程师能够组织和召集公司去参与生产合作工程。如前所述，其任务将包括数据的收集和评定，选择潜在的合作者、可行性研究、设计以及工具。

推荐贵组织的信封

除了上述提及的近期机遇外，还有几处地方值得调查以期发现长期机遇。

利用对客户的了解

工程公司有一个独特的优势，因为它们为大量的委托人工作，这些公司能够收集到各种跨越政府部门和工业部门的可持续委托人基础知识。在可持续发展主题的组织下，工程公司能够熟悉工业部门，认识到新的委托人的需求并制造方案协助委托人解决问题。另外，公司应该能够借鉴交叉部门的经验，向委托人建议他人在处理相似问题时的做法。

例如，如果复印机制造商和化学公司正在实施合作效率原则，并且正在提高它们所售产品的服务精度。对于其他委托部门，这个方法如何申请？如果许多大型跨国公司正在拿出可持续发展报告，如何才能获取竞争优势？你的委托人如何利用可持续发展不断增长的透明度所提供的那些信息去提升他的自我意象和自我管理？

跨出行业圈子进行的思考及行动

尽管对于采取行动提高其可持续能力的公司和政府代理来说，形象和声誉仍然是主要的市场驱动者，创新能力决定了它们的参与能力，新的可持续发展范例不仅推动许多思考如何处理现行行动，而且对可持续能力关心迫使公司思考如何在可持续发展活动中发现商机。

工程公司的问题应该是这样的：在新的可持续性范例下，如何开展工程活动？这儿有一些问题样本：

- 如果以生命循环评定方式看待工程计划和设计问题，你可以提供什么新的服务？
- 如果你清楚地知道利益共享者所关心的和考虑的。你会如何计划和处理一项工程？
- 如何运用生态效益或生态效益原则？
- 鉴于利益共享者的权利与公司成败的关系，你会如何计划和管理一项有争议的工程？
- 在环境管理方面，你的委托人同意以何种方式创造共享利益？你将如何将其要求表现出来。[27]
- 在可持续发展条件下，运用什么技术是最好的？你会如何运用它们？你是怎样将它们同其他科技和系统相结合的？

金字塔底部的工程

壳牌、联合利华和宝洁这些公司在第二、三世界的国家发现了销售机遇，但是这样做需要一个新的商业模型，一个考虑到家庭收入、家庭生活和工作条件的商业模型。人们一般只买与他们可供支配的收入相关的东西。他们在家电、家具、和其他生活必需品方面的生活空间比第一世界国家的要小一些。

像前面在哈特和克里斯的文章中所提到的一样，如果能把产品和服务销售到拥有

350亿人口的发展中国家的能力，便会有一个全新的市场。然而，这要求用敏锐的意识发现其需求，并通过生产和分配系统（往往是不同的）满足这些需求。

作为工程师，我们如何为50亿人服务呢？能引起工程团体兴趣的大多工程是大的基础工程——公路、桥梁、飞机场、水供给、废水处理工厂、发电站——为传递交通、发电、供水和公共卫生提供国家经济必需品做好准备。但是，这是合理的模型吗？第二、三世界的国家不能承担巨大的基础工程并且不能等候分配系统满足它们。在原有模式之上，我们能提供一个不同的模型吗？这种新模型需求下，工程师能设计新的系统来满足小团体使用适当技术的需要，而且那些技术安装运行简单、卖得便宜并且维修简单。

一个工程公司进入市场需要做些什么？如果企业决定进入可持续发展的市场（下章将讨论到），公司需要做的是投资、决策并运转。

市场和机遇的描述 **表3-4**

市场	特点	趋势、市场的驱动	回应	机遇	实例
一般建筑	商业建筑，办公室，商店，教育设施，政府大楼，医院，医疗设施，旅店，公寓，房子	• 意识到可利用能量及成本节约，关注生产力发展 • 城市扩张，合理增长 • 客户渴望环保形象	• 生命周期的成本 • 可支撑团体 • 物业处、警务部采用可持续原理与实践	• 基础设施的可持续设计原则 • 建筑是否通过"LEED"认证	福特胭脂河电厂、西雅图低能电子衍射、美国工程兵团精神建设政策部
工厂	自动，电子集成，纺织厂	• 跨国公司对第二、第三世界国家能源的过度开发 • 发展中国家经济的增长 • 产品回收法（欧洲联盟） • 公司间的不信任 • 全球化	• 增加透明度 • 提供可持续持行的证据 • 推行生态效率 • 环保设计 • 向第二、第三世界扩展市场	• 环境设计系统的综合可持续能力 • 副产品的调配 • 持续性报道 • 设备升级 • 推行环保设计	耐克废水处理系统、杜邦可持续农业产品
电力	热力工厂，节能工厂，输电线路，变电站，利用废能发电厂	• 在风能、太阳能、燃烧电池、氢方面技术的进步 • 美国渴望能源自给 • 涉及国家安全	• 可再生能源的增长 • 倡导用氢 • 减少温室气体排放 • 能源及传输线的保护	• 风能和太阳能 • 氢能、燃烧电池 • 温室效应气体评估的减少 • 补救工程	BP集团、壳牌太阳能和风能措施
供水	坝，蓄水池，疏运管道，分配管道，灌溉运河，淡化海水和可饮用水工厂，用泵抽水站	• 美国西部严重的干旱 • 人口增长，人口统计的方法 • 争夺稀有资源 • 鱼类再生能力及栖息地丧失 • 涉及国家安全	• 建立新的水系统 • 恢复原有水系 • 重建大坝 • 保护水系统 • 大力发展水自给工程	• 建设和修复水系统 • 蓄水措施 • 发展水资源 • 新计划：雨水收集、污水处理	美国西部水资源的发展
污水及固体废弃物	卫生和排污管，污水处理厂，用泵抽水厂，化工厂，工业排污设备	• 淡水短缺、干旱 • 处理新垃圾的困难 • 产品回收法	• 用低能电子衍射标准认证 • 外延发展基础设施的设计 • 发展循环利用	• 设计沼泽地 • 建立废水防御措施 • 采用环保性设计的产品、包装	固态废弃物健牌措施：3M公司、耐克:戴尔

续表

市场	特点	趋势、市场的驱动	回应	机遇	实例
工业工艺	纸浆和造纸厂，钢铁厂，有色金属冶炼厂，制药厂，化工厂，食品加工厂	• 寻求环保资源 • 公司间的不信任 • 关注全球气候变化 • 全球报导主动汇报 • 涉及祖国安全	• 增加企业的透明度 • 可持续表现的证据 • 推进生态效率 • 温室气体排放量减少 • 绿化价值链 • 防卫措施的增加	• 副产品的协作 • 温室气体评估及减排 • 持续性报道 • 设备的升级 • 改进生态效率 • 安全升级	巴斯夫生态效益示范、TXI的水泥之星、耐克旧鞋利用措施
石油	精炼厂，石化厂，海岸采油设备，石油管道	• 中东不稳定 • 全球气候变化 • 可替代能源系统的发展 • 全球报导一期汇报 • 涉及国家安全	• 投资可更新能源 • 增加企业透明度 • 提供持续性业绩的证据 • 推进生态效率 • 减少温室气体的排放量 • 增加公司的透明度 • 加强防卫措施	• 副产品的协作 • 持续性报道 • 设备的升级 • 温室气体评估及减排 • 改进生态效率 • 安全升级	BP、壳牌、美空军科罗拉多公众服务公司
运输	机场、桥梁、道路、运河、门锁、疏浚设备、海上设施、码头、铁路、隧道	• 涉及城市扩建 • 合理增长机遇保守的立法相冲突 • 涉及国家安全	• 向多式联运转变 • 恢复市区繁荣 • 增强防卫措施 • 进行统筹兼顾的设计	• 多式联运 • 安全升级	可持续城市、反扩张倡议、统筹兼顾的设计方案
危险废物	化学和核废料的处理、石棉、铅污染	• 关注城市蔓延 • 造成新的污染 • 环境正义	• 城市区域的重建 • 采取补救措施 • 恢复生态系统	• 棕色项目 • 生态系统估价	污染地区改造活动
电信	电缆传输线、信号塔、天线、数据中心	• 业务活动转移到电信行业，例如远程办公、视讯 • 与移动电话技术交替前进的发达国家	• 扩大电信网络	• 电信设备和工程基础的设计与建立	各电信公司

---

1 Don Unger, former superintendent of schools, Poudre School District, Fort Collins, Colorado. Presentation to the state of Wyoming, February. The Poudre School District in Fort Collins, Colorado, has won many national awards for its sustainable school designs and operatons.

2 Chris Carbone, " Sustainability in the 21st Century, Report #7: Early Warning Signals" (unpublished report, Coates and Jarratt, Washington, DC, spring 2002).

3 Ibid., 2 – 3.

4 Megacities have various definitions but are generally defined as large cities with a population of 5 million or more, usually with a high population density of at least 2, 000 people per kilometer squared. Cities of that size can be seen as advantageous in that the concentration of people is a source of diversity and creativity. However, their population size and geographic breadth create problems in employment, hous-

ing, transportation, social services, food, water supply, sanitation, healthcare, security, and environmental quality. Megacities, especially those in the developing world, are vulnerable to natural disasters and other problems associated with global climate change.

5 "getting the Best from Cities: Mobilizing Dispersed Interests to Anticipate Problems-Preventing and Managing Disasters" in Sustainable Development in a dynamic World: Transforming Institutions, Growth, and Quality of Life (Washington, DC: World Bank and Oxford University Press, 2002).

6 Ibid.

7 Ibid.

8 World Population prospects, The 2002 Revision, ESA/P/WP. 180 (United Nations, New York, NY, February 26, 2003), p. 1.

9 I (environmental impact) = P (population) A (per capita affluence) T (technology index).

10 Tomorrow's Markets, Global Trends and Their Implications for Business (Washington, DC, World Resources Institute, United Nations Environment Programme, World Business Council for Sustainable Development, 2002), 22 - 23.

11 Ray Anderson, Mid-Course Correction, 19.

12 "Achievements and Challenges. The Core Development challenge" in Sustainable Development in a Dynamic World: Transforming Institutions, Growth, and Quality of Life (Washington, DC: World Bank and Oxford University Press, 2002).

13 Gregg Easterbrook, "Forgotten Benefactor of Humanity," Atlantic Monthly, January 1997, 75 - 82.

14 Moore's law is named after an observation made by Intel's Gordon Moore. In 1965, while graphing memory chip performance data in preparation for a speech, he noticed a striking trend: each new chip contained about twice the capacity of the previous chip released 18 - 24 months prior. This trend has continued for almost four decades, without any end in sight.

15 Lew Platt, "Rules of Survival in the Brave New World of Total Connectivity" (remarks made before the European IT Forum, September 7, 1998).

16 Kevin Kelly, New Rules for the New Economy (New York: Penguin Books, 1999)

17 Howard Rheingold, Smart Mobs: The Next Social Revolution (Cambridge, MA: Perseus Publishing, 2002). Reported in World Future Society's Future Survey 24, no. 11, Bovember 2002: 21.

18 "Members Give Their Views on the Business Case for Sustainable Development," WBCSD News, October 17, 2003.

19 Daniel C. Esty and Michael E. Porter, "Measuring National Environmental Performance and Its Determinants," The Global Competitiveness Report 2000 (New York: The World Economic Forum, Oxford University Press, 2000), 60 - 69.

20 Forest L. Reinhardt, "bringing the Environment Down to Earth," Harvard Business Review 77, no. 4 (July-august 1999): 149 - 157.

21 Stuart L. Hart and Clayton M. Christensen, "The Great Leap: Driving Innovation from the Base of the Global Pyramid," MIT Sloan Management Review 44, no. 1 (Fall 2002): 51 - 56.

22 Alexander Barkawi, "Sustainability Investing-The Strategy for Long-term Shareholder Value," Sustainable Development International (Sping 2002): 51 - 52.

23 Dow Jones Sustainability Indexes (press release, Zurich, Switzerland, September 4, 2003).

24 Earnest O. Robbins II, "Sustainable Development Policy" (memorandum from the civil engineer, HQ USAF/ILE, DCS/Installations & Logistics, December19, 2001.

25 Dwight A. Beranek, "Sustainable Design for Military Facilities," Technoical Letter No. 1110 - 3 - 491

(letter, Engineering and Construction Division, Directorate of Civil Works, U. S. Army Corps of Engineers, May 1, 2001).

26 Arup's SPeAR model is discussed in detail in chapter 6.

27 See Forest Reinhardt's article "Bringing the Environment Down to Earth," referenced earlier in this chapter (see n. 20).

第四章

起而行

我们变成一家可持续发展的公司的改革比减少对环境的影响或履行相应的环保责任还要重要。这项改革是利用知识强度和综合的科学来生产出将会使人们的生活更美好、更安全和更方便的产品。[1]

两难境地

在可持续发展中如果你正给已经对持续性做出承诺的客户销售工程服务，先要保证你的预期客户想要知道你的承诺度。毕竟，你的承诺度是你在这个市场中发展的可信度和资格的指示器。如果你因为显然没有接受（或者也许不完全了解）可持续性的基础和原则而没有对持续性做出承诺，那些客户将会质疑你协助他们组成一个具有持续的组织的能力。

相反，很可能你的大部分现在和预期客户不了解也没接受可持续发展的规则。在那些情况下，你对持续性原则承诺的陈述可能被认为是一种否定、针对环境不利的公司的问题。鲜有例外的是，那些有美国背景，特别是那些国内经营规模相当大的公司，对可持续发展规则理解和接受力比较少。此外，有一小部分但是十分重要的客户，他们已经接受他们听说的可持续发展并且认为它对环境的过分的关心，甚至是具有抑商性。

本章节的目的就是就公司进入可持续发展相关服务的市场需要做何种准备方面为读者提供更好的理解。旨在解决问题，或者至少是提供解决问题的方法，就关于进入市场的先决条件的重要问题本章将给予解答或提供解决思路。你的公司将可持续发展纳入它的企业策略的企划案是什么？如何确定你的公司是否应该做出一个对持续性的公开承诺？这种公开承诺究竟是怎样的？如何使你的公司成为环保的，也就是说，使公司的运行更可持续？如何向客户销售你的可持续发展的工程服务？

查德·贺利得（Chad Holiday）、斯蒂芬·斯密德亨尼（Stephan Schmidheiny）和菲利普·沃特（Philip Watts），三位世界著名厂商，主张遵循可持续发展的规则不仅有利于商业活动，对未来经济的成长发展也有很重要的意义[2]。在他们的著作《起而行：企业永续发展的商业意义》一书中他们举出了大量的事例，这些事例说明了公司（大部分是大型的跨国公司）如何将可持续发展的原则纳入公司发展的策略和运行中并使公司从上到下都得到提升。而且，他们承认世界上的大部分生意人还不了解可持续发展。他们还进一步指出许多人虽然知道这个体系但并不接受它或者不了解它对企业有什么帮助。

想要寻求市场的工程公司需要认真仔细地制定一个商业策略，这项策略要考虑到市场承诺和规则的不同，应该从现有和潜在客户的需求和利益的严格评估的关键部分中制定战略。要有合理的策略及公共定位来向客户展示公司的可持续性承诺，并且陈述对这一问题的理解水平以及存在的争议。

工程公司不应该宣扬可持续发展。相反，它们应该用其在多个经济部门享有一批对可持续性有不同见解这一优势经验来阐释这个项目。企业与客户良好的合作关系使它们看到了持续性的分歧是如何影响不同的工业和它们的利益共享者。现在我们来学习和分

图4-1：南加利福尼亚的一个酒店设计图。这项计划要求对太阳能、风能和地热能的总和、电车、环保建筑材料和废物回收进行综合利用。摘自保罗·比尔曼-赖特（Paul Bierman-Lytle）箭头发展公司（Arrowhead Development Corporation）。

享这些课程。在这些经验背景下，可持续发展被描述成为经济、环境和社会现实的融合，而且它已经开始对工业和政府运作的许多方面产生了很大的影响。虽然这些影响使这些组织产生了一些变化，但是它们看起来鼓励和推进了商业运作的新方法。

作为一个在许多企业和政府部门都有工作经验的组织，企业自身表现出在持续性的趋势、议题及其潜在影响方面有丰富的经验是可信的。这种优势是非常重要的财产，因为企业和政府组织开始集中注意它们自身的部门界限。有了这些经验，你的企业就可以给客户提供关于可持续发展的影响、风险和机遇的有价值的信息。

进行可持续发展的实践

成功地进行可持续发展实践需要采取以下措施：

- 企业承诺。工程公司的领导人已经认可了可持续发展的原则，而且已经将它纳入了企业战略、政策、计划和公众范围。企业的公众承诺度是一种谨慎性决定，取决于客户对待可持续发展的态度和意向。
- 资源、方法和工具。企业必须拥有重要的资源、施工方法和工具来预先满足客户的需要。但是传统的工程公司常常无法提供大部分所需的知识和技能。
- 不断的发展。公司要意识到自己的行动怎样影响持续性，要拥有衡量、评价和改善的积极计划。

公司的上层领导要决定上述每一个要素的范围和深度并把它们纳入战略计划和实践中。决定的基础必须是一个对持续性深思熟虑的企划案，这项企划案要把公司的远见、任务和目标与客户的需求和利益结合起来。制定企划案是一个关键步骤。客户组织理解可持续发展问题和内涵的程度变化很大，特别是在美国。因此，一个工程公司如果误解或搞错了它的客户的偏好就很有可能失去客户对它的信任。

客户希望企业给他们提供的可持续发展的服务，不仅是专门性的问题，而且应将持续性原则纳入公司的政策中。进一步说，他们必须将这些政策贯穿于整个组织之中，对客户来说，企业领导者对企业远见、政策、项目和可持续发展的真正承诺是一个企业的试金石。

战略与政策选择：一些棘手的前提决定

对可持续发展规则做出承诺不应该等闲视之。这个承诺的前景提出了一些争议性政策问题和涉及你企业未来应该怎样运行的商业的决定。以下是一些重要的问题和决定。

你的首要抉择：有商业案例吗？

首先，企业要做的最主要的决定是：*你的企业可持续发展的企划案是什么？*必须是你的公司具有商业敏感度把可持续发展纳入战略和计划中，也就是说，你的企业对持续性的承诺度必须帮助公司应对它的成长目标、成绩效益、市场分歧、人才招聘培训、改革创新和增加其他利益共享者的价值。对可持续发展商业情况的产生和评价将在本章中进一步讨论。

一个遵从于可持续发展原则的企业公众承诺是从企业高层开始的。*关键是首席执行官和董事会理解可持续发展的规律，而且相信持续性的承诺与企业未来的发展有直接关系*。而且，首席执行官和他或她的高级经理必须将这个信念通过语言和行动传达给整个企业。

如果没有这样一种来自领导层意志的可靠信息，员工们的主动性就会丧失。关于持续性的原则和政策必须由全公司上下来履行。它们不能只是被某些部门采纳。在不同商业部门之间的贯彻实施的方法大有不同，因为部门服务于不同的客户和市场。然而，这些承诺和相应信息的基础必须在整个组织中协调一致。

建立这一水平的可持续发展需要有一个稳固可靠的企划案做基础。*无论首席执行官和高层主管对可持续发展有多么坚定，承诺也必须和企业的商业利益统一起来*。一个企业和它的领导者可能相信可持续发展的规律，但相应的战略、政策和实践必须符合客户、员工和其他关键的利益共享者的需求和利益。为了达到这种统一，企业必须发展自己的可持续发展企划案。

建立企划案

设计一个整个企业可持续发展承诺的企划案要从对一个企业商业环境的评价开始，这个评价的目的是确定与持续性相关的关键利益共性者的需求和疑问。企业的主要利益共享者是它的客户、员工、竞争对手；相反，其他利益共享者——例如，联盟者、社会管理机构或公共群体，也会对企业特定的商业产生重大影响。

这项评价必须用有支持力的资料为下列问题作出有说服力的回答：

市场

- 无论现在还是未来，与可持续发展相关的工程服务的最理想的市场在哪里？
  - 什么是市场部门？这些市场部门的客户受到可持续发展问题的怎样的影响？
  - 对于任意一个市场部门的客户，在可持续发展问题上需求和忧虑是什么？
  - 你的客户希望和需要的与可持续发展相关服务类型和期望程度是什么？
  - 在近期和长远未来中，你的企业在扩大市场和地区表现上有什么兴趣和能力？
- 使你的企业在战略位置上处于可持续发展舞台的发展机遇和减少风险的可能选择是什么？
- 你在可持续发展中寻求的工程服务是大幅度提高还是降低了企业的核心业务水平？

经济

- 你的企业能在可持续发展中为客户和企业盈利提供必要的服务吗？
- 你的企业能为建立一个充分的可持续发展知识基础而在人力资源、培训教育、专业队伍、软件工具和参考方面提供必要的投资吗？

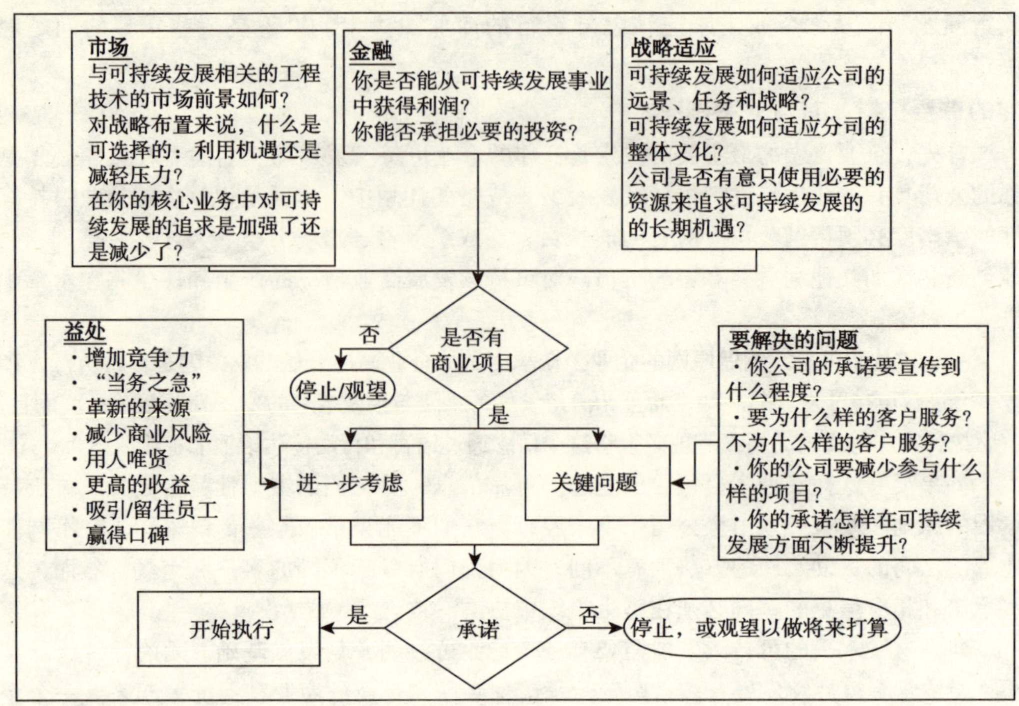

图4-2：确立可持续发展实践的决定因素。来源：华莱士期货集团（Wallance Futures Group，LLC）。

战略合作

- 怎样使可持续发展问题与你的企业的远景规划、组织和战略紧密结合起来？
- 怎样使持续性与你的企业文化相结合？企业的管理者和领导者能利用着这种结合吗？
- 你的企业能有效地寻求到与可持续发展相关的机遇吗？也就是说，你的企业能在长期内有建立商业和处理资源意愿的欲望吗？

这个企划案应该由一个首席执行官和董事会委任的可信任的个人组成的专门小组研究、评价和开发。这个小组由一个行政主管负责，行政主管就是能领导这个小组并保证他们的工作和所需物品满足决策者的需要的人。你的企业中的资历较深的人当然应该在专门小组中，但不能主导这个队伍。这个小组的成员应该是企业的“精神领导”，其他人应该服从。他们应该是不仅有敏锐的洞察力而且有很好地发现企业机遇的见证者。此外，引入一些在企业外部适任的人才为企业发展提供不同观点，对企业来说是很有帮助的。

在制定企划案时，无论现在还是未来最终的战略选择主要是由其客户基础决定的。这个专门小组应该与企业的市场部门经理和项目经理共同工作来确定潜在客户的利益和与可持续发展的相关事务。在第三章中我们已经阐述了一些客户可能已将可持续发展纳入企业战略的商业原因。其他客户也许面临着相同的问题和市场力量，但是并没有察觉这种机遇和风险。

那些客户基础在美国并对环境影响较小的企业，可能会发现可持续发展不是很重要的议题。而且，一些客户实际上可能对这个观点持否定态度，认为这个活动是最近的解决根本的环境问题的方法。因此，那些客户是跨国公司或持续性政策自治的企业会发现对持续性建立一个公众承诺和投入必要资源会拓宽它们在工程项目中的前景。

最后说明（这当然不能一而再再而三地说）：要小心避免“传道陷阱”。在商业活动中，应将持续性当作很重要的原因，需要引起全世界的关注。照此，企业领导抓住这个时机并给它们的客户宣讲持续性是相对容易的。用内部信息提醒领导者，他们的角色是*提醒*客户发展趋势和潜在影响。

把持续性纳入企业发展战略的益处

为了增加新的商机，这里阐述一些把可持续发展纳入企业发展战略的益处：

- *增加竞争力*。理解可持续发展相关问题的企业并把这些问题解释为客户的需要对它们来说是一个明显的竞争优势。我认为可持续发展是一个“交换游戏”问题。对于认识和理解了商业和持续性活动的联系的企业，可持续发展问题改变了竞争的基础。认识到利益共享者的意见的力量、经济、环境和社会问题的总和、环保技术的重要性等这些问题的企业会比那些没有意识到这些问题的企业有明显的优势。
- *“当务之急”*。如果你和你的企业理解和接受了可持续发展的主张——资源和生态平衡不仅是有限的，而且面临着严重的威胁——然后遵循生态效率和社会责任的规则来创造工程设计和工程方法才是最有道德和责任的行动。即使你没有意识到这个威胁，那很高的曝光率也表明选择稳妥的做法是更明智的。
- *革新的来源*。像3M、惠普和柯达这些公司已经发现，可持续发展是改革和创新的来源。这就鼓励着工程师们通过不同的视角去看问题而且帮助他们发现新的机遇，工程师设计的新方法和工程服务的新要求。因此，持续性问题暴露出了传统工程设计方法在逻辑和效率上的严重缺陷。没有认识到这些问题的工程公司在它们客户的眼中会被视为是愚蠢或无知的。

图4-3：堪萨斯州克劳弗郡（Crawford County，Kansas）的工人们用玻璃钢（FRP）板建了一座桥，这座桥比普通钢筋混凝土桥轻5倍而且生命周期内消耗更低，堪萨斯结构复合材料股份有限公司（Kansas Structral Composites，Inc）正在测试回收玻璃板。图片摘自堪萨斯结构复合材料股份有限公司。

- *商业风险的减少*。一个企业如果越早认识到可持续发展观念暴露出来的传统工程设计方法的缺陷就可以越快改变方法，减少商业风险。
- *用人唯贤*。客户在可持续发展中寻找有知识有经验的专业人士就形成了“用人唯贤”的现象选择。认识理解了持续性的规则和实践的工程公司常常能创造出更有效的工作成果。例如，一个知道怎样使用这项设计的生命周期分析的工程师可以推荐一种操作简单而且节约成本的技能。虽然这个构想最初的成本会很高，但是低廉的运行成本和高生产率带来的收益将几倍于额外成本。
- *高收益*。持续性观念相对较新，几乎是史无前例的，若有的话也是极少的实践标准或步骤。因此，如果想制定有关可持续发展战略和实施方案的客户就不能依靠常规的资源和普通的以商品价格支付工资。他们需要有专门知识和技能的有经验的专业人士。这些资源是高价的而且能（而且应该）有其相应的价位。
- *吸引和留住员工*。可持续发展对年轻员工和科学家来说是一个高兴趣的领域，因为它提供了一个有意义的职业机会——一个在这世界上做出不一样事情的机会。一个在可持续发展方面有活跃实践的工程公司将能够吸引和留住最好的人才。
- *赢得口碑*。一个持续性的承诺和规律是对完整性、可信性、透明度和可解释性的承诺。让公众相信你企业对这些原则的坚持会对企业的声誉做出很大的贡献。

发展的世界中的长期机遇

可持续发展领域给整个美国及世界其他国家都提供了大量的工程机遇。在以后的数十年中，第一世界国家将忙于在不同程度上改进现阶段的进程和技术并用新的更和谐的体系和可持续发展的原则来代替它们。这种改变要求在基础设施上有大量的投资。如果已经恰当地准备和安置好了，工程公司就可以深入，引进新的进程和技术，衡量和评价它们的工作情况，将它们有效地融入其他进程和体系中。

图 4－4：来自美国无国界工程师组织（Engineers Without Borders-USA）的学生与圣巴勃罗（San Pablo）的人们一起工作，正在开展一个从河中引水入村庄的工作。图片摘自美国无国界工程师组织。

而且，第二世界国家中对可持续发展的工程服务有很大的需求潜力。它们的人口基数比第一世界大，预计经济增长也更快，这将导致商品和服务需求的增长。对可持续发展工程服务的需求取决于这些国家能用持续性技术和方法来满足这些持续增长的需求的程度。这就表明第二世界国家已倾向于可持续发展。正如在第三章中所说，第二世界和第三世界，在许多情况下，正使持续性成为进入市场的先决条件。

第三世界，一些贫困的国家，需要满足人们在农业、水资源和环境卫生方面的基本需要。它们需要大量的人道主义援助仅仅维持生存。在2000年世界可持续发展峰会上，可持续发

图4-5：将淡水引入毛里塔尼亚比尔摩根村（Bir Moghrein，Mauritania）。图片摘自美国无国界工程师组织。

展被重申为全球议事日程的中心要素来摆脱贫困和保护环境。而且，许多第一世界国家保证给其他国家非常需要的大量的援助，还在减少贫困、净化水资源和改善环境卫生、持续性的生产和消耗、能源、化学品、自然资源基础管理、健康和企业责任这些方面做出了具体的承诺。这些承诺的重要性在于第一世界国家要承诺在特定时间内保证大量的资金来达到这些目标。这就转化成了第二世界和第三世界中的大量工程，这些工程需要工程公司的人才和专业人士。

如果第一世界国家兑现了它们的承诺，这些努力就会给全世界的工程公司提供新领域和新机遇。它们就有新的机会把它们的服务带给世界上的其他50亿人。为了增加工程服务，工程团体就应该帮忙提高必要的结构条件来建立起全球经济，这是减轻贫困和建立起健全的政府的基本步骤。

关键问题

有一些与你企业整个可持续发展事业情形有关的有争议的问题要提及：

- *怎样很好地使你的持续性承诺引起公众的注意？*想在可持续发展中参与竞争的企业可能不想直接宣传它们对持续性原则的承诺和采取支持这个原则的行动。其他企业会把它们的承诺宣布为它们整体的战略创新性策略的一部分，并告诉它们的利益共享者它们计划成为的某一类型的公司。这里，企业有广泛的选择，几乎或不在公开场合涉及（一些企业称为"正在做事时被发现"）使持续性成为它们市场运行的中心的话题。宣传越壮大，调查强度越高。
- *你要为哪些客户服务？*如果对可持续发展原则做出承诺就相当于向利益共享者表明，有一些特定客户已经与企业不相称了，因为它们的企业政策不具有可持续性。例如，一些组织认为武器制造商或核能利用在交换商品和服务的过程中应受到限制，因为这是非可持续的。其他客户可能在环境准则的遵守方面有不好的成绩记录。还有一些客户可能被指责在实际结算时有欺诈行为。这还有许多评论家——有一些很有见地但是日程很满——他们会根据你选择服务的客户来评价你的持续性承诺。

工程公司不要试着去为所有人做所有的事。相反，它应该培养一种考虑目前可持续发展的理解力和接受力的政策立场。公司应该从客户自身状况出发帮助客户更好地理解可持续发展，还可能帮助它们建立自己企业的可持续发展的企划案。达到可持续发展状态需要一个从现在非持续性实践的巨大配置中走出来的过程。对现阶段商业活动做出评价既没有帮助也没有生产效果。

- *你的企业倾向于寻求和参与的项目是什么？*类似的，你的利益共享者和评论员会认为一些企业做出持续性承诺的项目是不应该接受的。最大的例子就是要成为世界最大的水力发电大坝的中国三峡大坝。这项工程因转移大约200万人而被世界上许多环境组织广泛批评。而且，这个大坝的建设会淹没很大一片土地还会产生化学辐射废弃物，这些废弃物很有可能被转移或释放到环境中。摩根士丹利威特院长负责为大坝建设提供资金，结果，遭到严重批评。像FloodWallStreet这样的组织批评摩根士丹利的参与并发起了一个互联网运动来说服人们不要报摩根士丹利的经济产品，发现卡。

图 4－6：漫画来自于公共利益集团洪水华尔街的网站，将摩根士丹利与三峡大坝问题联系起来。摘自科蒂斯·凯里欧。

你的企业应当考虑追求一种一个项目接一个项目的目标。在实际情况下，很难判断哪项工程会被批评，你的利益共享者是否将公司的介入看成是严重的错误。当你发现你的企业在进行某一项目时，最好的行动方法就是建立内部项目屏蔽政策和步骤使之适应和支持你整个的可持续发展承诺。应该回避明显忽略了重要的持续性考虑因素（例如，关键环境资源或群体的丢失）或可能在关键利益共享者中制造恐慌的项目。

- *面对不断发展的可持续运动你有的承诺是什么？* 如果一个企业对持续性做出了承诺，就有了暗含的责任来评价自己的企业，寻找不足之处，并建立项目来使环境和社会成绩达到预期水平。可持续工作情况精确地衡量了独立的公司和已确立的工业部门。工作情况一般是利益共享者和主管人员协商来衡量的，结果公开报道，通常是每年一次。

因为受可持续运动影响最大的是耗纸以及交通部门，工程公司可能会发现它们的内部操作几乎没有整体的影响。但是，它们为客户所作的设计和工程建设的方法经常会带来物质性的影响。例如，英国的建筑工业报道说地表废弃物中的 17% 都直接与建设活动有关。据估计，这个工业每人每年要超标使用 6 吨材料[4]。据欧洲委员会说，建筑工程和设施的拆毁导致了大概 40% 的能量耗用和温室气体的产生[5]。因此，持续性建筑问题开始被记入制度中。为了提高建筑和建筑制造业的竞争力，欧洲委员会正鼓励工业行动来促进持续性建设实施，使它成为竞争力的关键部分。

此外，客户，特别是大型跨国公司的客户，会希望（或可能命令）它们雇佣的工程公司制造出相似的情形，或至少是做出评价。持续性报告的拥护者像全球报告倡议组织（GRI）[6] 把一个企业在经济、环境和社会方面的影响，视为已经超越了传统企业界限，扩大了其供应链之中。此后，全球报告倡议组织持续性报告的指导方针特别要求供应商的表现。

承诺抉择

一个工程公司承诺、提出或放弃可持续发展的决定不需要特别的处理方案，应该用处理原来那些战略决定的相同的方法提交到首席执行官和董事会当中。因为无论如何，可持续发展对企业来说可以视为一个新的、基本的战略方向，所以最应当鼓励附加的证实。到了这时候，企业的首席执行官和领导层其他成员需要与客户会面来更好地理解他们与持续性相关事物的性质和这些问题怎样影响他们客户的运作。参加持续性研讨会来了解如今的持续性问题并与这一领域的专家讨论是很有用的。这种约定的目的是使企业领导

图 4－7：工程建设进行中。据欧洲委员会说，建筑工程和设施的拆毁导致了 40％的能量耗用和温室气体的产生。摘自：ClipArt. com 和木星印象（JupiterImages）。

用持续性趋势的现实和影响说服他们自己并使自己对任何商业机遇和风险有更好的理解。

虽然可持续发展对每一个商业部门都不同，全公司上下全都得履行这种持续性的承诺。即使允许每一个商业部门为市场和工程单独设计它们自己的项目，持续性的战略、政策和项目也应该在整个企业中统一结合起来。

承诺决定应该包括一个全新的计划，这个计划应考虑到客户需求、文化相符、贯彻中的困难等不确定因素。在一个或多个办公室或商业部门中试履行项目就是将持续性以一种企业能够吸收而不损害信誉的速度纳入企业。如果在后续阶段继续提供试点阶段的相关课程，会带来更好的接受效果。

你的下一个决定：怎样建立商业活动

将可持续发展与企业战略计划结合起来

在普通计划周期中把可持续发展纳入企业战略计划和项目是符合逻辑的。许多工程公司设计或考察和修改它们的战略计划。每年用一个战略计划制定的过程来满足领导层的作风和组织的需要。

大部分工程公司有战略计划的过程。这个过程常常包括大量的研究、会议和文字活动，最终落实为文件，引导公司从成长到获利。虽然工作已经计划好了，但也会发现工作成果中会失掉很多战略基本元素。

这个文献包括一个广泛多样的战略结构，这些结构中的大部分包括了一部分但不是全部需要的元素。在研究中，我已经想出了一种框架定义 3 个重要且水平不同的战略：

- *企业战略*。这是事业的或整个企业的战略定义了企业的总体本质：它的目的、目标、界限和管理方法。特别是，它“定义了企业要寻求的商业范围，经济和人员组织的种类或可能的种类，它要给企业利益共享者、员工、客户和团体做出的经济或非经济贡献的本质。”[7] 企业战略是通过远期规划、任务和目标表现的。

- *竞争战略*。这个战略是定义企业如何在它选择的市场中参与竞争。对每一个市场，竞争战略详细说明了企业的成长方向，附加新的服务和转向新的客户、新的地区，或者两者兼有。这个战略还向每个市场详细说明了企业将怎样使自己变得不同，它将如何比竞争者更好地满足客户的需求。如果需要的话还可以得出战略行动计划详述的特定客户或市场部门方法。
- *功能战略*。这项战略是定义企业为建立实力或减少弱点要在哪儿或怎样投资。这些投资计划会为它选择的市场回笼到竞争战略中。详细的计划和监控这些投资计划和项目会得到很好的发展。

将可持续发展纳入你的企业意味着把这些原则或实践与这三个不同水平的战略结合在一起。

企业战略

企业战略创始人乔治·索亚（Gorage Sawyer）进一步定义了企业战略这个观念并把它分成三部分：（1）战略基础决定了组织的特性并限定了它的界限，（2）选择战略是用来决定资源分配的标准，（3）对复合型商业来说，商业综合战略就是将不同的组成部分综合到一起。在表 4-1 中有对这些组成部分的描述和一些怎样将持续性结合的例子[8]。

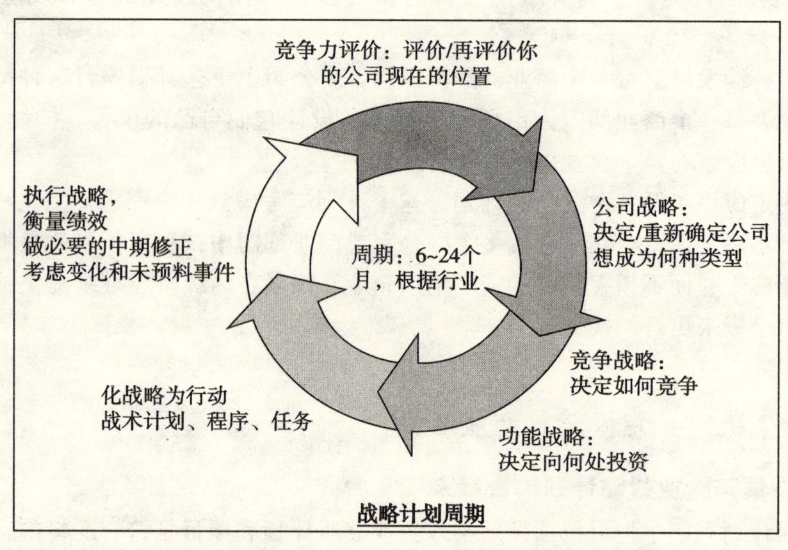

图 4-8：战略计划周期。摘自：华莱士期货集团（Wallance Futures Group，LLC）。

此表是一个有用的工具，涉及到每一个组成部分，企业领导者可以在可持续发展基础上构建企业政策。

竞争战略

若企业战略展现了企业整个的目的和目标，竞争战略则展现企业将怎样在特定的市场中参与竞争。竞争战略有 3 个组成部分：

- *战略方向*。企业将如何增加它们每一个市场的税收和市场占有率。这有一些增加市场占有率的不同的方法：
  - *打入市场*：更集中地为现有客户提供现有服务
  - *多样化的服务*：销售新的服务给现有客户

- *多样化的市场*：将现有服务推销给新的客户
- *相关多样性*：销售新服务给新客户（尤其是核心商业）
- 非相关多样性：销售新服务给新客户（非核心商业）

企业战略组成部分　　**表 4－1**

战略	定义	持续性事例
基础战略	表明企业想要的事业计划和用什么样的管理方法来指导企业战略。涵盖了如领导、新机遇、雇员、团体、知识和资源这些话题。	• 对持续性原则承诺的陈述 • 在可持续发展中寻求新机遇的追求目标和扩大机遇 • 员工报酬和认可：员工和利益共享者一样重要 • 与企业团体工作的战略和与关键利益共享者一样重要
商业综合战略	定义了企业中不同活动的关系，无论这些活动的战略重要性表现在哪里。	• 为吸引企业内其他商业部门的资源所作的准备来支持多种可持续发展工程
选择战略	表明管理中使用决定标准来分配资源。标准包括多样化、易管理、协调、计划质量和风险回报。	• 可持续发展工作中的多样化程度 • 适合企业更传统的工程计划的可持续发展工程战略 • 扩大可持续发展工程给企业商业投资组合提供的平衡 • 可持续发展工程成功与投资预期回报相比的风险

- *方法*。企业应怎样才能使自己在众多竞争者中脱颖而出，也就是说，它怎样比它的竞争者更好地满足客户的需要。
  - *评价工业环境*。做出这个决定开始于每一个市场部门客户的明智评价：理解它们的工业环境，它们特定工业部门中有竞争力的建设，影响它们商业的趋势和问题。这个评价应该包括一个有关它们客户需求的阶段性的评价。
  - *制定一个竞争者评价*。下一步是确定在这市场部门中与你的商业竞争的公司并评价它们满足重要客户需求的能力。知道了你竞争者满足现有的和潜在的客户的能力可以使你确定你的强项和弱点。有一点很关键，只有某一点符合(1)你客户需要和想要得到你所提供服务的特定方面，(2)你发现这个方面你比你的竞争者更好，这两个条件才能称为强项。对于弱点，有相同的逻辑分析。
  - *制定策略，利用差别进行竞争*。知道了你的强项和弱点，可以使你决定一个针对竞争区别市场中你的企业的最好的解决办法。企业应该选择两三个看起来是客户长期需要的关键的差别区域，在这些区域中，你的企业可以保持优势。你应该经常再检查你选择的差别区域以便发现和回应客户环境的改变，反过来满足它们的需要。
- *发展方法*。总体的增加强项减少弱项的投资（功能）战略。这些范围是从内部发展（内部教育和有选择性的外部雇佣），到联盟（与其他组织合伙或协作），到其他企业获得此方法。

功能战略

功能战略是为增加强项减少弱项的特定的投资战略，关键在于企业的功能元素。下面提供了对大多数公司来说很普通的 7 种功能区域。而且还包括了企业为准备这些战略需要询问的问题。

- *市场和商业发展*。企业要获得一个竞争的优势项目的特定的市场和商业发展战略是什么？企业怎样维持和扩大对客户基础的认识？怎样制定价格政策或战略？企业怎样确定客户的位置，并发展和它们的关系？企业怎样在可持续发展中出售服务？

- *经济*。有特定的长期资本需求吗？有企业需要的在市场中变得有竞争力的大型资本投资吗？企业应该考虑改变成本结构来适应特定的成本报告和价格需求吗？
- *人力资源*。企业需要的获取人力资源战略是什么？它们应该在哪里展开？有特定的培训、教育和职业发展需要吗？企业要修订它们的报酬奖励制度来创建一个更好的环境奖励创新吗？
- *信息技术和电信*[9]。执行竞争战略需要的硬件和软件需求是什么？沟通和网络需要是什么？企业需要购置和发展的软件工具是什么？
- *操作方法*。为了支持竞争战略我们需要维持的资源和能力是什么？它们应该在哪展开？为了工程项目交换我们应该运用的工具、体系和程度有哪些？对这一部分我们的质量标准是什么？我们怎样控制生产体系、跟进工程进展、管理工作量水平和人员利用、管理物品购置？
- *服务和技术*。我们应该使用什么工艺？怎样改善它？引导竞争者水平？我们怎样确定客户对新服务的需求？我们怎样控制、维持或扩大企业技术资源的基础？我们在研究和发展中的花费是多少？我们的技术发展投资组合应该是怎样的？
- *职业、政府和团体的关系*。为了支持我们的竞争战略我们在联邦政府、州政府和地方政府处需要做什么？我们应该参与怎样的职业团体和贸易社团，参与标准是什么？我们应该与其他哪些国际的、州际的和地方组织或非政府组织合作和发展关系？

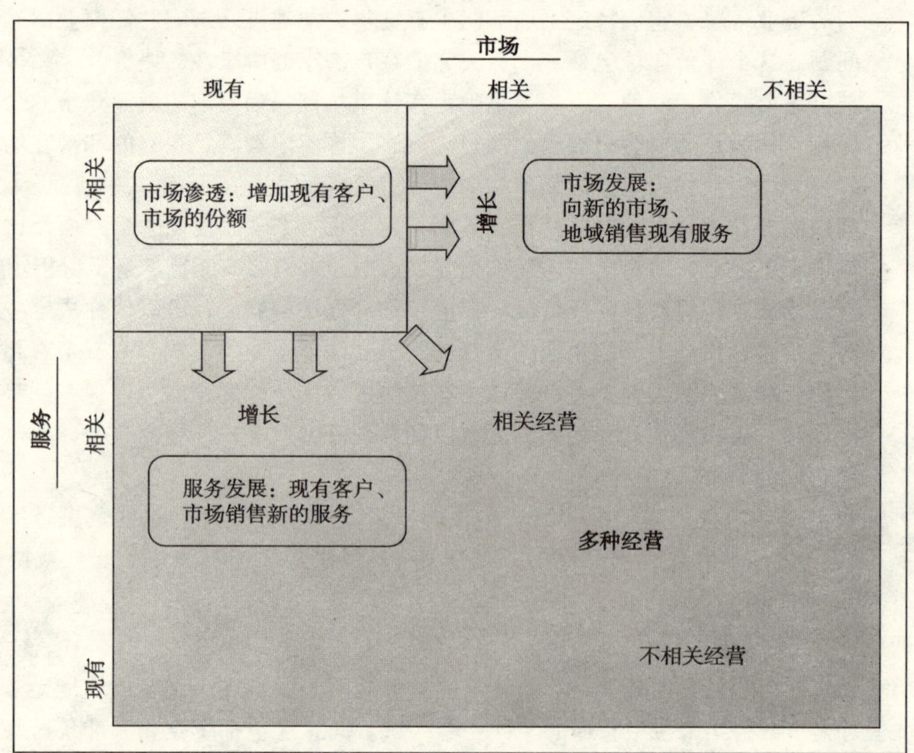

图4-9：战略描述：企业怎样增加税收和市场占有率。摘自：华莱士期货集团（Wallance Futures Group，LLC）。

组织

这有多种企业以销售和提供可持续发展服务业务来组织自己的方法。组织建设的选择决定与企业客户基础的性质，企业怎样察觉出持续性服务现有的市场驱动者，企业为提供这些服务所作的准备。

建立一个可持续发展团体的实践

无论情况怎样，对于任何准备销售和提供可持续发展服务的企业重要的第一步是在可持续发展中建立一个跨越所有商业线路的实践性团体。作为一个新兴领域，可持续发展问题、经验和技术发展都需要整个企业评价、控制和共享。虽然一个公司可能认为自己在可持续发展问题上已经变得很有见识了，它们大部分的客户已经积累了大量的可持续发展知识基础，因为它与它们的组织和工业紧密相关。企业为特定客户服务的经历无法抹杀其知识空白带，因而不能沾沾自喜。工程公司的*关键强项*是它们涉及多种商业部门广泛的可持续发展知识，还有它们为了客户的利益而利用广泛的知识和经验基础的能力。

在知识管理体系中，*实践的承诺*是一群由有普遍兴趣和知识领域的人做出的。这些组织获取、组织、管理和维持一个主要的知识，这个知识被团体成员和组织中其他人用来解决工作问题。这些团体还共享经验、洞察力、工具和最好的实践，因此增加了组织的团体价值，他们还指出了知识的循环并促进整个组织的连贯知识的共享。

美国生产力与质量中心（APQC）指出了使团体实践做得更好的五个恰当的要素：

- 资格较老的成员资助和赞助公司
- 确定成员资格的界限
- 清楚的权责关系
- 解释和衡量
- 支持工具比如网站、"人民调查员"和其他协作的软件[10]

建立商业单位

为了增加团体的实践，一个企业会想建立一个或多个商业单位（或在现有商业部门开发新服务），将注意力集中在交换的特定的可持续发展服务，比如环保建筑、能源和环境设计领导认证（LEED）、生命周期评价和可持续发展报告。另一个选择是变更或修改它们现有的服务，例如，能量节省、被污染土地的开发或城市交通计划来纳入持续性。不论发生哪一种情况，各商业单位的关键人物就应该在协商会议中做出组织改变来确保附加的服务或组织改变能很好地被现有和潜在的客户所接受。

实践团体可持续发展的管理工作正处于一个令人关注的困境。从逻辑上讲，它有可能在一个商业单位建立的环境市场中下降。然而，如果可持续发展可以广泛应用性而且商业竞争的一些方面有潜在的变化，即使不能使全部的，也可以使一部分新的与可持续性相关的商业单位把它们的经营定位在这个组织的企业家们的权力之下或一些包括所有相关商业单位的范围之中。

服务范围

表 4 – 2 给出了企业可能提供的可持续发展服务范围的例子，其中一些服务是新的，而其他服务是企业为将持续性元素综合在一起而做出的改变。

知识和技能基础

一个购买交换可持续发展工程的有效知识和技能基础的创新开始于企业传统实践，

如：运输、建设、建筑和设施、能源、地皮和地基、水和废水、空气和固体危险品浪费的强大基础。运用它们客户的商业环境（消费者、供应者和利益共享者）的详细知识，企业可以有选择地建立它们的知识和技能基础并能使它们符合客户的需求来得到有效的成绩。

最初的雇佣

可持续发展实践的最初雇佣很大程度上决定于可持续发展服务的意识市场和企业的承诺度。如果可持续发展市场更壮大，而且在领导水平有坚实的承诺，企业就应该首先寻求雇佣可持续发展领导位置的人（商业单位管理者或实践主管）。这个理想的人员应该来自企业之外，而且有丰富的知识、经验和可持续发展的口碑。名声对客户来说是最重要的信誉度，这就能表示他已经为一个对可持续发展有重要承诺并寻求为客户带来更高利益的企业服务过。这样的一个人应该能在客户组织最高层中讨论持续性问题，希望他能在持续性战略、政策和项目上开展工程工作来给客户提出建议。他或她还可以对企业现有客户和资源进行基础评价并协助决定还需要什么附加的资源。

对中小型企业来说，从企业内部任命一个指导可持续发展活动的人是合情合理的。这个理想的人选应该是一个能迅速着手于提高可持续发展速度的中高水平人员，而且他的商业判断和较高的管理能力大体上是可以靠得住的。这个人应该在战略计划会议上对建立和运营任意一个给予合适评价的试点型工程负责任。他或她可以召集一个内部小组来运行可持续发展市场和注意企业机会的生效（或作废）。

服务的持续发展范围的例子 表4-2

重度受污染地区	工业生态学
建筑任务	整体水资源管理
碳排放交易	能源和环境设计领导认证
遵从审计	生命周期分析与计划
企业的社会责任	材料使用管理
环境设计	多种运输方式体系
生态服务评价	自然资源管理
能量评估和管理	污染防治
环境消耗统计	公众、团体的联系
环境影响评价	河岸走廊管理
环境风险管理	聪明增长分析
温室效应气体分析	持续性缺口分析
生长地恢复	持续性表现评价
健康与安全	持续性政策发展
	持续性发展报告

表4-3根据客户需要列出了可持续发展实践应该注意的技术类型的实例。企业应该有一个各水平的具有全面可持续发展知识的工程师和科学家组成的骨干队伍。高层实践者的部分人应该有能力在可持续发展方面为具备某些知识的观众准备和提供报告。

有了参与可持续发展工程，企业应用以下列出的经验类型从它的资源库中寻找人才。

- 与客户组织中高水平的官员商量关于可持续发展远见和战略的事宜
- 运营一个关注持续性的公共相关项目
- 评价一个组织的环境性影响
- 评价一个关于企业的社会责任的组织情形
- 在组织内发展计划来实施可持续发展项目

- 分析、评价和发展一个可持续发展报告
- 设计和运行一个客户的辩护性的要求能对持续性作出贡献的工程

发展利益共享者关系和合作关系

一个成功的可持续发展实践的一个最重要因素就是企业与利益共享者的关系。这包括工程公司和客户的利益共享者。持续性背后的主要市场驱动力是利益共享者组织控制的强大力量和影响。在真正意义上，非政府组织和平民组织为企业的环境和社会表现建立了实际的标准。实际上，它们给工业提供了经营许可证。因此，有效地与利益共享者交流，并理解它们的需要和问题的能力会对项目成功有很大贡献。

可持续发展所需的技术类型实例　　表 4-3

环境科学	环境进程管理	**计划**	控制体系
气候改变	化学危险品削减	团体计划	分类体系
环境特征	**建筑**	可接受团体	能量重建体系
环境影响评价	建筑再利用和改造	多方式运输	敏感和衡量
环境的公平原则	白天照明技术	利益共享者联系	**市民工程**
环境模型	绿色建筑设计	资源效率：空气、水、材料	生物治理
环境政策	高标准建筑建设	城市蔓延、急速扩张	能量评估
环境进程	**建筑管理**	**机械工程**	工程湿地
风险评价	建筑材料再利用	流动中能量效率	材料选择
感觉和衡量	解构技术	室内空气质量	自然危害
化学工程	斜体建筑	材料选择	自然系统工程
生命进程管理	现场污染控制	重建能量体系：风能、太阳能	水和废水的处理
绿色化学	建筑修理、再利用	**电子工程**	水资源

当建立持续发展实践时，工程公司应该从市场和地域角度尽早确定对它们运营有影响的利益共享组织。这项研究和鉴定应该扩展到企业的整个实践活动中，因为利益共享者组织对差不多现在所有的工程都有积极或消极的影响。

企业应该考虑与特定的利益共享者组织发展合作关系。与一个有远见的组织就特定课题或地点的合作可以使组织获得基本知识和信用。同样，与利益共享者组织共享知识和经验可以对问题在特定地点有更好的理解。

可持续发展工具箱

以下是工具的部分的归纳表，可能对可持续发展从业者有所帮助。并且，还有一些有用的文章、引导文件、软件工具在光盘中提供。这些内容将在附录 B 中简要叙述。

• 建筑委员会 • 建筑节能 • 化学品安全资料表 • 清洁技术评估 • 团体/利益共享者关系 • 公司绿化技术 • 决策分析 • 设计专家研讨会技术 • 生态效率分析 • 生态效率分析 • 环境足迹分析	• 环境影响分析 • 绿色产品来源评价 • 评价指标 • 温室气体排放报告 • 生命周期评估 • 环境和社会评价技术 • 可持续发展报告框架 • 可持续发展目标和指标 • 可持续性建筑（LEET，SPiRiT） • 可持续性项目一览表 • 减少废物，回收技术

团体、专业社团和贸易组织中的活动、成员资格

传统意义上说，工程公司在业界和贸易组织扮演着支持者和参与者的角色，主要是在实践和市场方面。像美国工程公司委员会（ACEC）、美国地质和地基工程师协会（ASFE）、美国国家专业工程师协会（NSPE）、美国国家工程师联合会（FIDIC）这样的工程公司来促进商业和咨询工程的专业影响。像美国土木工程协会（ASCE）、美国机械工程师协会（ASME）、电气和电子工程师协会（IEEE）、美国化学工程师协会（AIChE）这样的工程组织支持技术方面的问题，公司大体上鼓励它们的员工去加入这些组织，从而同它们来自不同公司的包括客户与竞争者的同事们交流所见所闻。并且为了更好地交流技术，美国工程公司委员会和美国地质和地基工程师协会为工程公司提供语音业务、跟踪和寻求有重要影响的问题、政策和法律。它们的当地和全国的会议提供了一个交流思想和信息的平台。

许多专业性的贸易组织开始对它们的可持续发展关心起来。而绝大多数也正把它们发展的前景当作得以发展的出路。一些组织已经成立了一些委员会或工作组来为它们自身提供更加系统化的、对于该影响的判断，这些小组可能很有用。同时我们必须对一点保持清醒，它们思想可能太狭隘了以至于不能把握可持续发展的各个环节。

那些旨在发展它们可持续发展的认识的公司不仅应该参与它们传统专业的商业组织，同时也应调查那些与可持续发展有相关事务的其他组织。可持续发展包含着很大的问题和利益。而且，在现阶段，没有一个组织或者纪律能说清楚这其中的知识或影响。因此，企业从不同的地方收集信息可谓明智之举。

绿化组织

企业对可持续发展的承诺的公开证明的另一个重要部分是它们自己的活动政策和提高可持续发展进程的项目。对于工程公司来说，它们环境进程的直接影响跟它们的客户不大相同。不过由于它们的影响，这些客户们也很希望工程公司拥有广博的可持续发展方面的知识与经验，从而使它们在环境的治理方面少走弯路。它们也正是这样做的，从而贯彻它们的政策，增加它们的声望，以及减少不必要的费用。

通过在运作上一些相关的简单的改变，公司就可以减少浪费、保存资源，以及降低能源的使用。许多这样的改变都促进了节约。举个例子来说，把要求出席的会议变成电话会议可以减少在时间和空间上的花费；使用自动选塞开关的电灯则可以减少不必要的用电开支。每一个这样的改变都显示出这家公司正在使用一种积极的聪明的方式来节约资源。

绿化规划同样也为公司的雇主们提供了一个直接的方式来改善它们在环境、经济、社会方面的局面。公司可以在或更多办公室里设定一些引导性计划从而为整个组织带来增长点。引导性计划同样提供了一个方法来弄清楚发展前景如何与企业的文化相适应。更加详细的有关于是企业富有活力的讨论将在第五章加以说明。

项目交付

有关可持续发展的项目规划与一般常见的项目有着许多关键性的不同。总的来说，有关这些冲破技术层面上的束缚的需要带来了这些不同。有关如何提交一份可持续发展的项目计划的详细讨论将在第六章加以说明。

以下例子是突出的不同：

- *利益共享者的参与度不断增长*。本质上讲，可持续发展项目的利益共享者的参与

越来越多，而且多样。而参与者的时间和资源的啮合则需要工作的见识来完成。

- *系统整合要求越来越高*。虽然一个平常的项目会满足于使用经济的水、电、废水利用模式。一个可持续发展的计划却很可能将它们混合回收并且循环利用。但这会增加项目的复杂程度并且有可能达不到客户们的期望。这些风险和未知因素需要符合相关规则以及工程公司的选择性标准。这些同时也要与行业参与者沟通、商讨。
- *使用新技术*。使系统整体问题更加复杂的是在于采用了一种新型的可持续使用的技术。力求在可持续发展中做出成绩的项目将使用新的、可能从未使用过的技术。与在系统整体内一样，在技术的应用方面认识掌握这些未知尤为重要。
- *超越常规*。通常情况下可持续项目的环保性能会超越现有规范，鉴定业绩水平是该项计划的一项重要成果，并将把结果与其他的合作者共享。最终，该项工作的范围将包含测量承认和结果的传播。
- *要求提高技术*。为达到可持续发展包括在平常水平上对提高项目和系统上的环保技术。既然可持续发展能带来持续的进展，就很有必要参照其他可持续项目的表现，再谋求改善。该工作的范围也包括技术散播的适应问题。它也包括重访、重放该项目业绩主体的步骤，设立新的更高的可持续发展的目标以及成就衡量标准将在第六章描述。

由于可持续发展目标，客户将倾向于购买工程服务使用资格的评审标准. 如果价格是惟一可供选择的因素，工程师很可能只选择普通的设计，而不是那些推动技术发展的设计，通常意义上的设计仿佛有最少的不稳定因素——既然公司倾向于使用实用经济的系统与技术。并且一个可持续的系统可能把新的、更复杂的系统卷进来，问题因素诸如水循环回收、自然发电、通风、更新能源系统等等，愿意使用可持续理念的客户们将需要选择那些有关知识并且愿意使用那些打破常规技术和系统的能源公司。

不管其他项目技术是什么样的，该项目的经济效益因素是永远不能被忽视的。如果一个项目不能对客户产生经济效益，那它就不能成立。

可持续发展的项目目标和指标

项目出现伊始便将可持续性列为申报对象。但是，迄今为止，如果不是所有也是大多数的这些努力都没有在引导方向方面提供整体利益。如果没有指引定位以及相应的努力。该项目对于可持续性目标的迈进不会有很大的进展。更糟的是，它们还有可能失掉市场，并且在客户群众中名誉扫地。举例来说，一个一再节水的项目可能为了完成这个目标而过度消耗能量或使用过多的有害原料。换句话说，该项可能为了达到一个可持续的目标而在其他方面付出高昂的代价。如果这样的项目被工程分公司或

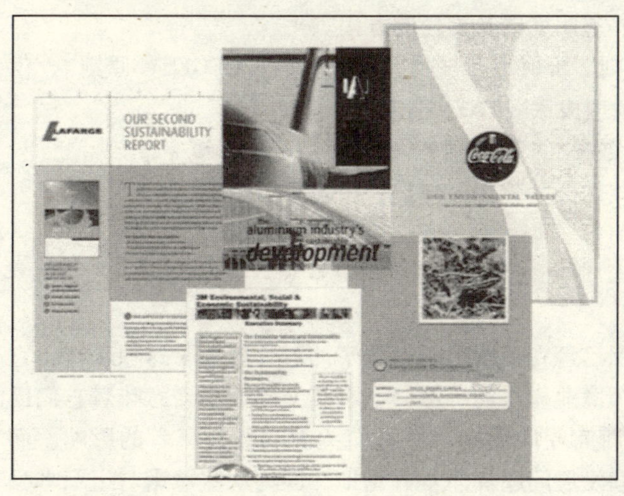

图 4-10：企业可持续发展报告样例

工程师声称是可持续的，都将受到业界和社会的批评。

如上所述，可持续发展的目标和相应指标的决策和运用将在第六章详细讨论。

可持续发展业绩报告

迫于利益共享者及组织发展委员会的压力，许多公司都制作出环境或可持续发展的业绩年表。[11]然而这在这一领域还没有公认的书写标准。尽管许多像全球报告倡议这样的机构，正在试图改进它。

这些举措都是针对最大型跨国组织环境和潜力巨大的社会影响，许多公司花费数百万美元来评估它们的经营和准备它们的报表。许多跨国公司的报表可以在 sustainability-Reports. com[12]中找到。

有益的指导环保报告可在世界可持续发展工商理事会（WBCSD）的关于发展报告的网站中找到，它最近的报告：*可持续发展报告：打破平衡*，可以从它们的网站[13]上下载。该网站还包括有关 23 个公司的营业报告的信息。它同时为那些志在改进它们可持续发展项目的公司提供指导。

到目前为止，大部分的工程公司，已就其职工办公活动，即纸张的使用、交通费用办公室能量消耗、团体服务和职工股票方面，公开了其可持续方面的进步。因为它们的环境和社会影响相对很小，企业一般来说不愿意制作可持续发展报告。然而，事物是会改变的。像 GRI 这样的组织要求工厂不仅记录自己，而且包括供应商的业绩。因此，委托人会要求它们的顾客包括能源公司，记录它们的可持续发展，而不管它们的所谓的网状环境影响。

作为一个独立建筑环境设计者和建设者，严格看待自己对环境的直接影响是没有正确认识到工程公司在建筑业供应链中的全部角色的表现。正如本章前面所述，建筑工业对能量和资源大量消耗，有可能比其他任何工业部门都大[14]。虽然值得讨论的是工程公司的行为易受其客户指导，但它们的利益共享者不会理会这一理由。

诚信，透明度和问责制

承诺公开化使可持续发展承诺对企业的利益共享者更加可信。像可持续发展工商理事会（WBCSD）和几个行业协会，包括美国工程公司委员会（ACEC），已经开发了几个可持续发展政策声明。工程公司应考虑跟着客户的例子。

以下是一些标准用来体现诚信、透明度以及责任的方面。

- *价值陈述*。这些包括道德准则、价值观和规则。像色瑞斯（CEGES）原则[15]、汉诺威（Hannover）原则[16]、顺理成章（TNS）原则[17]。
- *守则承诺*、*章程*。例如地球宪章[18]、联合国全球协约[19]、全球环境宪章[20,21]。

这些写出以及发表过的陈述应该和公共陈述一起被公司领导所接受。

给客户出售和销售可持续发展服务

已对持续性做出公众承诺的组织已经在一段很长很艰辛的过程后做了这项工作。它们的承诺意味着持续性已经成为组织商业模式的一部分。事实上它们承诺意味着它们已经彻底地研究了持续性的意义对它们商业的影响、对它们关键利益共享者的影响。而且，它们的承诺使它们所有的可持续发展问题都非常有见地，因为这些承诺与组织本身紧密相关。

接近客户

要给潜在客户提供可持续发展服务的工程公司应当了解其知识程度。合作之前，企业应认真评价这些有见识的客户的需求并且要准备讨论它们与这些需求相关的技能。这些客户常常需要理解可持续发展问题的工程公司提供的普通工程服务，然后不加额外说明地将这些考虑因素加入项目中。

研究可持续发展和考虑将政策与它们的进程结合在一起的组织正在提出一个对工程公司有吸引力的机会。有了在适当位置的正确知识和技能基础，一个企业可以帮助客户，从战略远景规划、计划和持续工程开始，通过整个改变它们自己的方式来使它们的经营活动更具有持续性。

这里再次提一下，工程师不要尝试去宣讲可持续发展。相反，他们应该接近经济各部门现有大量客户中的潜在客户。可持续发展应该当作大量经济、环境和社会趋势来评价，当把这些趋势拉在一起时，用许多风险和机会阐述新主题。可持续发展问题会对每个部门带来不同的影响。企业可以帮助客户评价影响、风险和机会并发展一个最适合客户的战略。因为客户组织要在部门界限内运营，所以这个优势是一个很重要的资本。一个对影响其他部门的趋势和问题有丰富知识的企业对于其客户是很有价值的。

需要注意的是当工程公司开始开展一个可持续发展工程时它是典型的“*非客户公司选择*”。在这里，客户没有把工程公司视为考虑到服务的高标准管理的资源。相反，它们用高利益的可持续发展顾问为初级战略工作。这些顾问给进程带来了高水平的可信度，为跳出这个思维模式建立声誉。

客户也用可持续发展可靠性来寻找建筑师以建立新的设施。对可持续性做出承诺的企业往往对那些具有可持续特征的工程表现出极大的兴趣。可能这是因为建筑是企业主张的象征。

工程保障

对工程公司来说，可持续发展的最大影响源于它们提供的客户计划。对已经对持续性作出公开承诺的公司，它们的利益共享者怎样看待它们对工程的选择和提交将会对它们的承诺可信度持续地产生影响。因此，重要的是对持续性做出承诺的公司要理解它不符合所有持续性标准的工程的潜在影响。进一步说，这引起了一个重要的公司政策问题：企业会因为考虑到可信度而拒绝工程和客户吗？

> 到这时，FIDIC 制定出了一个持续性清单，这个清单成为工程和项目最初保障的工具。这个清单包括了与持续性所有三个尺度——经济、社会、环境相关的许多问题。这个清单涵盖了各种各样的工程类型和实践，包括资源再生、渔业和农业、水资源、基础结构、工业活动和技术、开采工业、城市和土地开发、房屋建筑和交通运输[22]。

不断的提高

到现在我们应该更好地理解可持续发展是一个过程而不是一个双重选择。更进一步说，这个从现在我们所在的地方到我们想去的地方的过程将会是一种不断的提高，也就是说，我们公司进程的系统提高基于一个新的、更可持续的技术进程的有效性。

不断提高的工程应该包括以下几个部分：

- *基准评价*。企业应该决定它现在的环境和社会影响。首先要做的是确定企业的活动范围和评价反对现存表现的水平、标准或其他标准尺度企业的活动的影响。范围是这个评价中的关键决定因素。企业希望它们的评价仅限于它们的内部运营或扩大到包括工程建设或履行期间的影响。再说，即使工程的影响在客户控制中值得争论，利益共享者也看不到差别。
- *为提高建立目标*。基于基准评价的结果，企业应为提高制定一套综合的目标。这个目标不应该使用已建立的指示器测量。而应该使用与企业资源、客户期望和竞争者标准的统一标准来建立符合目标的计划。
- *执行*。一旦目标和计划确定了，企业就应为执行设计项目并为实行目标设立充足的资金。应该形成规律的持续性表现报告并防御高层管理。报告的目的是与计划对比结果，它们应该包括一些关于客户期望和竞争者标准的信息来改变期望维持现状。报告还应该包括一个可以改变现在实践的技术评价。
- *回顾和修订*。企业应在持续性中为不断地提高安排阶段性的项目回顾。回顾的目的是排除目的和计划来检查工程并检查项目基金的花销。这些回顾应作为企业通常的预算之期的一部分而每年定期进行。基于项目执行、客户期望、新标准、新技术、整个企业的业绩或其他可变因素，应该重温并修订这些目标。

因为持续性是一个长期计划，企业应该为项目执行保持一个良好的逐年纪录。这个纪录的目的是显示企业为达到持续性而做出的广泛的不断努力的结果。

---

1 Dawn Rittenhouse, business sustainability manager of DuPont, private conversation, February 2004.

2 Charles O. Holliday Jr., Stephan Schmidheiny, and Philip Watts, Walking the Talk. "Chad" Holliday is the chairman and CEO of DuPont. Stephan Schmidheiny is chairman of Anova Holding AG. Philip Watts is the chairman of the Committee of Managing Directors of the Royal Dutch/Shell Group of Companies.

3 Johannesburg Plan of Implementation, http://www.johannesburgsummit.org/html/documents/summit_docs/2009_keyoutcomes_commitments.doc.

4 Construction Best Practices, "Sustainable Construction," Watford, UK, March 2003, www.cbpp.org.uk.

5 The European Commission," Sustainable Construction," May 2001, http://europa.eu.int/comm/enterprise/construction/suscon/finrepsus/sucop1.htm.

6 The Global Reporting Initiative (GRI) is a UN-sponsored organization whose stated purpose is to build a consistent framework for reporting sustainable development performance. Its Web site can be found at www.globalreporting.org.

7 Kenneth R. Andrews, The Concept of Corporate Strategy (Irwin, IL: Homewood, 1987), 13.

8 George Sawyer, Business Policy and Strategic Management: Planning, Strategy and Action (New York: Harcourt Brace Jovanovich, 1990), 136-155.

9 Information technology and telecommunications could be consolidated under "Services and Technologies" or "Operations." However, given the growing importance of this technology area, I believe it deserves separate consideration.

10 Carla O'Dell, Stages of Implementation (Houston, TX: American Productivity and Quality Center,

2000), 30 - 32.

11 The World Business Council for Sustainable Development, for example, requires each member company to produce an environmental or sustainable development performance report as a condition of membership.

12 See Sustainablility-Reports. com's Web site at www. enviroreporting. com.

13 Sustainable Development Reporting: Striking the Balance, WBCSD, Geneva, Switzerland. June 2003.

14 The European Commission, "Sustainable Construction."

15 The Ceres Principles can be found at http: //ceres. org/our_ work/principles. htm.

16 The Hannover Principles can be found at http: //myhero. com/hero. asp? hero = w_ mcdonough.

17 The Natural Step principles can be found at http: //www. naturalstep. org/learn/principles. php.

18 The Earth Charter can be found at http: //www. earthcharter. org/

19 The UN Global Compact can be found at http: //www. unglobalcompact. org/Portal/Default. asp.

20 The Keidanren Global Environment Charter can be found at http: //www. keidanren. or. jp/english/speech/spe001/s01001/s01b. html.

21 An excellent discussion on corporate codes of conduct can be found in a paper by Rhys Jenkins, Corporate Codes of Conduct: Self-Regulation in Global Economy, Paper No. 2, United Nations Research Institute for Social Development, Technology, Business and Society Programme, April 2001, http: //www. natural-resources. org/minerals/CD/docs/other/jenkins. pdf.

22 International Federation of Consulting Engineers (FIDIC), Business Guidelines for Sustainable Development in Consultancy Services (Appendix3), (Geneva Switzerland, FIDIC, September 2002). Copies of these guidelines may be purchased through FIDIC, www. didic. org.

第五章

绿化工程公司

当一家公司称自己是“环保企业”时，你怎么辨别是否真是如此，或它们如何理解“环保企业”？我总倾向于积极的鼓励，而不是批评。我知道商界里有很多人真心地想做一些改变。另一方面，也有些公司想说服我们它们的可处理尿布更环保，或者如果你购买一款特定的产品，根据其广告，将会百鸟齐鸣，大自然母亲幸福微笑![1]

建立绿化项目

第五章旨在帮助工程类公司设计并实现公司绿色化项目。绿色化一家公司意味着建立一系列的项目，用于减少其对环境的破坏，改善它对社会的影响。这些项目包括如下领域：采购（少用纸，增加可回收材料的使用，或减少有害物质的使用）；差旅（减少搭乘飞机，增加合伙用车或电话办公）；节约能源（采用日光照明，自动电灯与热隔离）。这些项目也能整合进公司计划。

图 5 -2 是一些更多的绿色化公司的点子。尽管绿色化不是公司得以维持的最重要的因素，但这能对顾客、雇员及其他利益共持者就维持能力做出有说服力的说明。如果执行得当，绿色化公司在省钱的同时还能提升公司形象。另外，员工们也能将绿色化的点子和技术带回家，从公司项目中受益。

公司设立的绿色化项目必须完全支持公司的商业目标与战略。绿色化的机会是充足的，员工们也很容易迷上绿色化活动，有时以他们被指派的工作为代价。所以，建立起绿色化项目的控制、在倾力善举与做有生产力的、可负担的、符合战略的事之间达到平衡对公司来说很重要。同样的，将一家公司绿色化项目与它的可持续发展的整体商务事例联系起来是至关重要的一点。另外，公司需要知道其顾客对可持续发展的态度以及对其绿化项目的评价。

相反，公司在管理层和雇员都同意的基础上支持绿色化项目是必不可少的。往大了说，公司的绿色化项目对本地社区作了贡献。所以，公司对绿色化项目的支持在某种程度上是一份它对社区支持的公开声明，也就是可持续发展向员工传递了一份真诚的承诺。

图 5 -1：村民们、专业工程师们、新汉普大学的学生和“美国无国界”工程师部在泰国三涕撒可建立了一个过滤地。供图：美国无国界工程师。

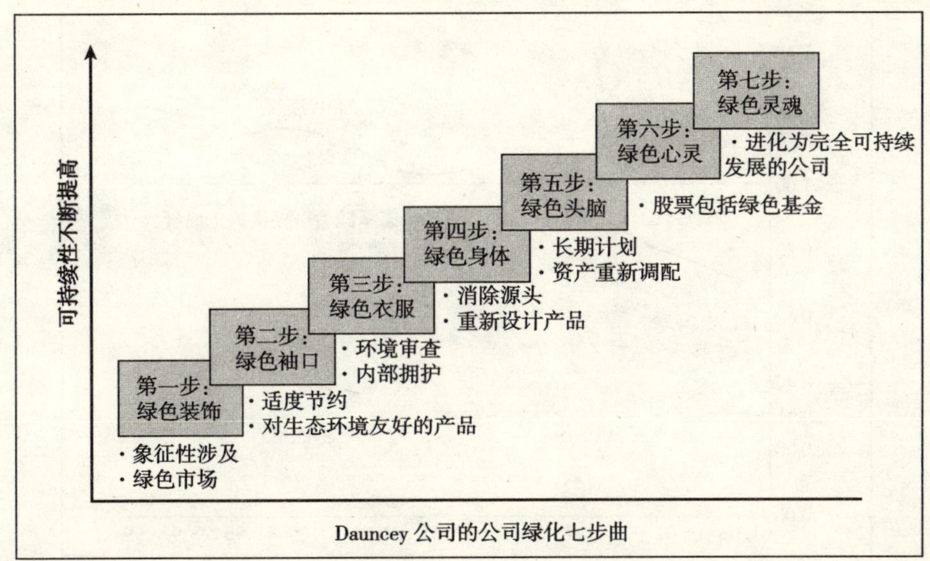

图 5－2：Dauncey 的公司绿化七步曲。来源：Guy Dauncey，可持续团体咨询公司，Conway 路 395 号，VictoriaBC V8X 3XI，加拿大；E-mail：guydauncy @ earthfuture. com；网站：www. earthfuture. com Guy 是《地球未来—来自可持续世界的故事》作者，新社会出版社 1999 年 11 月出版。

随着发展和促进绿色项目，企业应当仔细审视它们做出的关于绿色化项目表现的任何声明。关于可持续性表现的公开声明会吸引来自环境保护组织的学术性批评，如果声明没有足够的说服力或证据不足，它们将不遗余力地批评。咨询师盖依·多西（Guy Dauncey）指出地球之友——一个英国环境组织——给每年作出超过其实际环保行动的声明的公司颁发一项年度绿色谎言大奖。例如，该组织在 1999 年将奖颁给了英国能源节约信托。因为它允许能源公司声称它们的绿色能源产品来自于真正的可更新的资源，该组织指出此信托所谓的可更新能源原料其实是焚烧填埋垃圾，而这些垃圾（比如塑料和纸张）本是可以回收的。

Dauncey 公司提出了它的关于企业绿色化七步曲的观点。尽管这些观点看上去有些极端，但它的确提供了一条对付企业可能面对的环境提倡组织的想法的路。

> 在英国，“地球之友”组织设立了一项“年度绿色谎言”奖，他们将此奖（伴有尴尬）公开地颁给适合得到它的企业。它作用非凡，这一点使这一非盈利性公民组织倍感鼓舞。“我的建议是耐心点——并温柔地鼓励一家企业看看它能否再做得多一点。”[2]

企业绿色化活动要发展利益和冲突的挑战之一是“认识”。怎样才能使员工们认识到企业的这些活动——其实是他们自己的活动对环境的影响呢？马西斯·瓦克纳格尔（Mathis Wackerngel）和威廉·雷斯（William Rees）设计了一套有用的观念——生态足迹分析——将任何经济单元（国家、企业、个人）的能源和资源流转化成对应提供这些能源和资源流的陆地和水域。这种方法用来测量，以单位人口为标准，多少土地能产出满足他们需求的能源，并消耗其排放的废弃物。有一些计算个人和家庭生态足迹的工具。员工们可以用这些工具来得知他们每天的活动是怎样作用在环境上的。一个简单的生态足迹测试可以在互联网上找到。[3] 更详细的家庭生态足迹计算器可以在附赠的光盘上

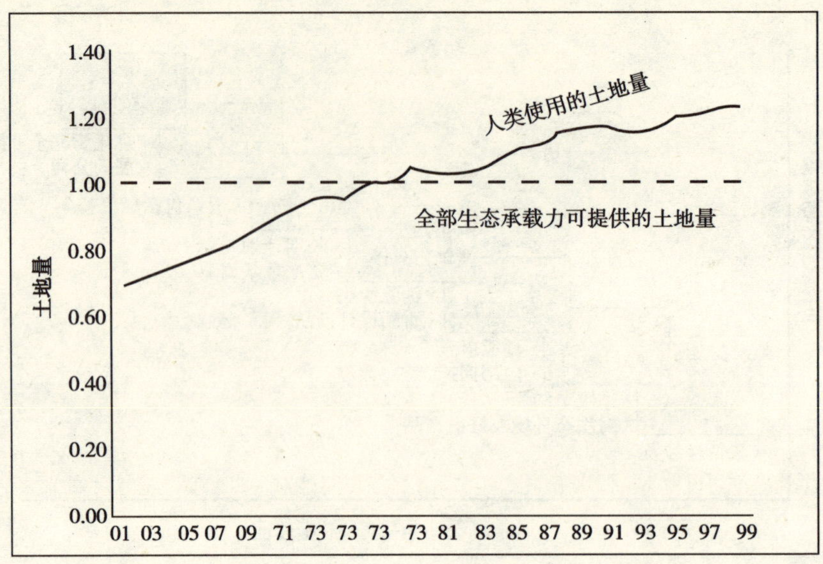

图5-3：生态足迹：地球的容纳力。来源：Mathis Wackernagel，et，al《追踪人类经济过高的生态定标》Proc Natl Acadsci USA。2002年7月9日；99（14）；9266-71。版权1999国家科学学院，美国。

或互联网上找到。[4]

利用可得到的最好的科学数据，精确的生态足迹计算已经做好。这些计算表明世界上平均每个人需要5.6英亩土地的生态产出，而平均每个美国人需要24英亩。推算到全球范围就更令人烦恼了。因为世界上每人可平摊得到4.7英亩，人类活动超出了世界容纳能力20%。[5]

客户基准

根据基准客户和他们做出可持续性承诺的组织，我们可得出一个有用的公司绿化前景。每个以下列出的组织多根据其自己的商业案例公开作出了可持续性承诺。

ST微电子

> 这份报告反映了我们的文化和信仰在建立一个对可持续发展有贡献的成功的公司过程中所扮演的角色。我们的文化基于我们的正直——这是我们的人民和我们的价值观中最重要的。[6]

ST微电子（STM）是世界上顶尖的五家半导体生产商之一，年收入达63.2亿美元。该公司为包含博世、DC、福特、H-P、IBM、诺基亚、索尼在内的1500多名客户，生产超过3000种产品。今天，STM拥有33000名分布在150多间生产、研发、销售的员工，在33个国家拥有自己的办公场所。

《商业周刊》评价了首席执行官帕斯夸莱·皮托里奥（Pasquale Pistorio）和该公司惊人的成功。皮托里奥领着这家在20世纪80年代后期由两家微电子公司合并而成的公司取得了市场份额第三的位置，只逊于东芝和英特尔。[8]

STM有很强的可持续性发展承诺，而它对环保的使命感带来了多种享誉盛名的奖项和持续的成本节约。节水节能措施每年为公司节约了5000万美元。[9]

对我们而言，尊重自然是一种准确的商业战略。有环保意识的公司从本质上更有竞争力、能为股东带来更高回报——这是经验之谈，我们多年来一直坚信这一点。

我们与环境的接近远远超过公司所在范围。我们向供应商展现持续性标准时，显著地扩大了我们的影响。[10]

ST 微电子环境十诫 **表 5-1**

十诫：ST 微电子的 10 条生态戒律[7]	
1 规定 1.1 尽最大可能满足我们所在任何国家的环境规定，完全符合我们所在当地的环境规定。 1.2 在所有我们所在地遵守所有国际协议，至少比官方的最后期限提前一年达到标准。	6 废料 6.1 填埋——到 2005 年将填埋废料减少到总量 5% 以下。 6.2 到 1999 年底重用或循环使用至少 80% 我们的制造和包装废料，到 2005 年底达到 95%。 6.3 将“阶梯观念”作为我们所有废料管理活动的指导方针。
2 节约 2.1 能源 - 通过工艺和设施最优化、节约与建筑设计，每年至少减少耗能总量（每美元耗能）5%。 2.2 耗水量 2.3 水循环 2.4 树木	7 产品与工艺 7.1 设计产品以减少能源消耗且能够搭配更多有效率的能源应用。 7.2 建立一个我们产品的生活圈评价数据库，为全球环境控制作贡献。 7.3 在我们的发展过程中系统地加入环境影响研究。 7.4 出版并更新我们产品的化学成分的信息。
3 温室气体排放 3.1 二氧化碳 3.2 可再生能源——增加其使用率（风能、光能、和太阳能）使其达到提供我们总耗能的 5%。 3.3 代替性能源——无论是否可能，采用代替性能源来源，如燃料电池。 3.4 碳扣留——补偿清除的 CO_2 排放利用各种方法旨在 2010 年达到环境中立。 3.5 PFC——在 2008 年减少至少 10% 的 PFC 排放量（与 1995 年相比）。	8 活动 8.1 在每一个我们操作的领域支持当地的环保计划。 8.2 赞助一个企业年度环境日，并鼓励在每个领域的类似活动。 8.3 鼓励我们的人领导/参与环境议会、讨论会与监督组织等等。 8.4 在 ST 大学的课程中包含一项“环境意识”训练课程，也对供应者和客户开放。 8.5 强烈鼓励我们的供应商分包合同商通过 EMAS 认证或 ISO14001 认证，在培训、支持和视听方面支援他们。 至 2001 年，我们至少 80% 的主要供应商得到认证。
4 污染 4.1 噪声——在任何地点、任何时间我们财产的周围应达到“临近噪声”低于 60 分贝的标准，或遵从当地最严格的规定。 4.2 污染物——在所有方面处理、贮存所有潜在的污染物与有害物质，在任何我们工作的社区以此种方式达到或超过最严格的环境标准。 4.3 ODS——在 2001 年底前分阶段进行所有余留的一类 ODS，同样在小型设备的封闭回路。	9 标准 9.1 连续的关注我们的工作过程，包括周期性审计全球范围的所有方面。 9.2 与国际组织合作规定与完善生态效率指示物。 9.3 以 1994 年为基准，测量进步与成就，在我们的年度企业环境报告中公布我们的结果。
5 化学物 5.1 减少 6 种最多的化学成分使用量，每年至少 5%（吨/百万美元），以过程最优化和循环使用的手段完成（以 1998 为基准）。	10 认证 10.1 在全球范围各方面维持 ISO14001 认证和 EMAS 认证。 10.2 在新领域启动运作的 18 个月内认证它们，包括局部性货仓。

STM采用国际贸易议院持续性发展商业宪章作为其运作指导方针。此外，该公司指出了它的“环境十诫”，即它看待环境管理和持续性发展的视角。在这里面STM列出了10条“环境十诫”，包括了规定、节约、温室气体排放、污染与废料等题目。每个区域有一系列供度量的环境与资源节约目标。该公司表明它竭力达到“环境中立”或零环境足迹的状态。[11]

美国空军

> 空军的政策在计划、设计、建筑、环境管理、保养与基础工程处理方面应用了可持续发展观念，与预算与任务要求一致。
>
> 根据联邦所得规定（FAR），计划、环境问题、设计和相关专业服务的咨询师的选择应部分基于他们的“工作要求形式的专业经验和技术胜任，包括能源节约、污染预防、废料减量和再生材料的使用方面的经验”。[12]

在空军高级计划师罗杰·布莱文斯（Roger Blevins）2001年3月美国规划会议的演示中，他提出听众心中明确的问题：为什么国防部（DOD）关心可持续性？正如所见，原因很多。首先，国防部管理着2400万英亩的土地，并坚信其有责任管理好这些土地。在这个位置上，国防部越来越关心资源流失对生态系统的破坏问题。另外，增长与发展——也可看作城市的扩张——正在危害环境的可容纳能力。

为履行国防部政策、更好地完成其使命与节约资源，空军将可持续原则引入它的决策与行动——规划、设计、建设、运作、维护与解除其设施。这导致了可持续性方针的发展、测试与使用可持续性技术与可持续性等级系统的使用。另外，空军也将那些原则带进了它的工程所得的设计原则和选择标准。

空军的可持续发展策略注意到在2004财政年的上半年，每个重要指令项目至少有20%应被像LEED飞行计划那样被挑选。在2009财政年最后的目标是让所有军队建设项目通过LEED保证才具有资格。[13]

得克萨斯的奥斯汀城

> 主要改善项目计划（CIP）必须与可持续团体体制和地域情况协调一致同时进行。这些主要的公共经费通过加强社区的意识来帮助激发可持续发展战略。这三个就是CIP计划的主要方面——当地的计划、财政和一个以可持续为基础的机制。[14]

或许像许多城市那样，得克萨斯的奥斯汀城面临着许多由人口和经济发展带来的挑战。为了处理这些挑战，这个城市创造了一个称作奥斯汀首创社区（SCI）项目。至1996年，这个项目指导奥斯汀城的决定，在这些区域中进行主要改善、可持续性建设、部分城市可持续性评估、邻里计划、洁净空气及合理发展。这个由奥斯汀城自己完成的可持续性发展计划的社区，使得这个城市发展了确定的可持续性指标。并且，也是社区一生的质量指标。

从可选择的选项中评估并选出其中应优先发展的事，这个城市已经创造了自己的主要改善计划的评估基质，称为CIP可持续基质。[15]像工具一样使用这些基质可帮助城市查明一个项目是否可以满足对社区所要求的可持续性行为做贡献。有些以现实基质为理由的目标和计划也随之出现。

- 投资于存在经济和社会缺点的地区

标准和影响指标	
• 公共健康/安全 ◦ 公共健康 ◦ 安全 ◦ 犯罪预防 • 保持 ◦ 保持 ◦ 保护不动产 • 社会经济影响 ◦ 创造当地工作岗位 ◦ 考虑长远（非建设） ◦ 考虑派生产品（非城市工作） ◦ 工作培训 ◦ 公私合营 • 邻里关系影响 ◦ 维护或增加传统价值 ◦ 增加或增长利用和使用 ◦ 增加适当的价值 ◦ 增加/增涨再创造机会 ◦ 增加/增涨受教育机会 • 社会评判 ◦ 公平 ◦ 分歧 ◦ 重视那些参与地计划团体的人 • 有选择的基金 ◦ 资助款 ◦ 救助 ◦ 可选择的保证金 • 与其他项目协调 ◦ 协调机构/计划 ◦ 协调服务机构 ◦ 协同作用（互相合作/连锁） ◦ 共享实施系统的优点	• 土地使用 ◦ 局部的可持续性 ◦ 保护敏感土地 ◦ 在节似的地区增加新的有用资源 ◦ 改变或步行到目的地 ◦ 改善/增加节似的地区的土地基层的承载能力 ◦ 在土地上猛烈的拍打节似的地区 • 空气 ◦ 零污染 ◦ 优化 • 水 ◦ 零污染 ◦ 优化 ◦ 维护 • 能量 ◦ 保护 ◦ 优化 ◦ 更新 • 生物 ◦ 多样 ◦ 保护 ◦ 恢复 ◦ 地点 • 其他环境因素

图 5－4：奥斯汀城的主要改善计划评价基本准则以及社区影响。来源：奥斯汀城改善计划（CIP）可持续性基质；http：//www. ci. austin. tx. us/sustainable/matrix. ntm.

- 维持并充分利用已经存在的设备
- 尽量减少对生态敏感地区的影响
- 减少蔓延并改善综合运输交通工具的增加和试用
- 减少热地的影响
- 减少或淘汰对人体、生态系统功能和气候稳定有害的材料
- 设计关于审美能力和传统价值观的计划[16]

Dana 的绿色化

如我们所认为的可以边修复边发展——这应该是一个环境责任感的原则，不仅仅是被提出来而且在社区中得到支持并证明。[17]

密歇根大学修复了已经有一百年历史的 S. T. Dana 大楼，保留了它的历史的同时使用了最高等级的绿色化建筑设计和技术。这是自然能源和环境学院的基地，学生们在这里学习环境的可持续性，工程进行得很顺利。这次修复是一个结合各个可持续性因素时长 4 年的项目，不仅在修复的设计方面更在设计行为上。承建者被要求遵从严格的建设构造和处理废品的策略，避免因掩埋销毁而可能增长的最高量。另外，在建设过程中用

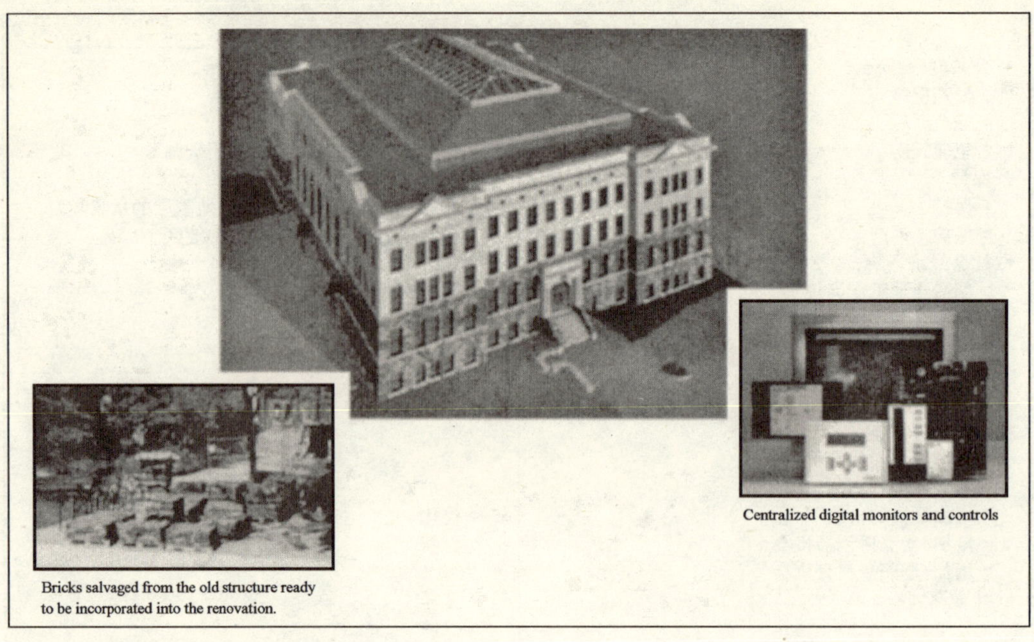

图 5－5：具有历史意义的密歇根大学 S. T. Dana 大楼的绿色化。大面积使用可回收的修复材料，可更新的能量及保护能量和水资源。中央电子系统控制着该大楼的资源和能量系统并经常对其进行检测。许多空间被整修用于特殊大需要。来源：密歇根大学，自然资源与环境学院。

密封通风管来阻止灰尘和挥发性有机物在此后年份里进入并污染通风装置。

建筑混合使用积极和消极的太阳能建筑板材、施肥厕所、直接节约用水装置、附加绝热功能的材料。

特别的，这个项目的设计团队包括 William McDonough and Partners 的绿色建筑公司，当地的 Quinn Evans Architects 建筑公司以及荷兰的 Ove Arup and Partners 绿色工程公司。

Alcoa

> 我们相信可持续发展是 Alcoa 的基础，对我们公司来说，我们有展望，价值观，力量，技术，人力，关系网和产品来实现未来。铝——我们商业的核心——是这世界上最有用最容易回收利用，最环保的可利用的材料之一。在它们挑战 Alcoa 来帮助他们在世界各地创造提高生活质量的办法的同时，我们的顾客提供我们成长的机会。[18]

Alcoa 是世界上最大的铝生产商，在 2002 年它的总收入达 203 亿美元。它的产品——铝——被认为具有内在的可持续性。从 1886 年产业开始产出的 68000 万吨的铝，其中有 44000 万吨的铝今天仍在使用。不管它的实用还是可回收利用，它的选取、精炼生材料将其转变成铝的过程与技术都是能源与资源密集型的。此外，Alcoa 生产过程中的放射物和废品体积大而且相对有毒。

作为回应，Alcoa 已经对可持续性作了一个正式的承诺。由于能源密集的过程，气候的变化都源于公司的产出，因此，Alcoa 决定解决科学上气候变化与利益共持者追求更多需要的冲突。

> 工业必须产出越来越多的产品来满足消费者的需要。同时综合社会和环境

> 的价值观实践也伴随在他们的经营活动中。虽然只有很少的社区能理解暗在的需求，包括协定，缺乏理解不会免除我们在管理竞争任务中的义务。[19]

由 Alcoa 的利益共持者断定 Alcoa 是世界上最好的公司。它已经建立了挑战自然的、健康的和安全的目标，包括在 2010 年降低 25% 的温室放射性气体，或者通过一个新的惰性正极技术减少 50%。这个或其他的目标都是部分的 Alcoa 在 2020 年关于可持续性的战略基准体系。

在你的公司中建立一个绿色计划

最成功的绿色计划建立在一系列的小步骤上，即以试点计划的形式在办公室、单位或其他组织内实现。任何规模的公司都可以从以下的绿色化建议中找到适合自己的方法。以让这项计划融入公司为开始，建立一系列关于小成功和学习经验的理论。因此，这项绿色计划在实现成就和学习经验的基础上顺利地发展。

为了建立绿色化项目，公司应遵循以下步骤。关于绿色化组织的方法在表 5－2 中给出。

1. *创造一个小型的绿色化任务部队*。建立一个由一名上级管理层（行政部门）人员和 3 至 5 人组成的任务部队代表这个组织的重要部分。任务部队的成员在公司内应被视作领导者。就是说遵从他们的建议并在公司中贡献。这个任务部队应能代表公司年龄、性别、技术背景及管理地位等方面。开头，这个任务部队应该对会议和通信材料做一个小预算。拥有一个预算同代表着公司实行绿色化确实的义务一样重要。
2. *挑选候选的组织机构来指导绿色化计划*。任务部队应调查并挑选候选的来指导试点计划的组织机构的内部。候选组织的管理者必须对项目感兴趣并且乐意建立用来运作试点计划的基金（至少含一部分）。另外，这个组织必须有过运作或尝试并从中获益，能向任务部队证明一个早期的成果。这个任务部队会从混合的候选组织中挑选，如一个办公室、一个业务、一个管理部门来做试点计划的指导。
3. *确认候选的试点绿色计划*。一旦候选组织确定，任务部队就该与这个组织一起来确认知道试点计划并且大致的对范围，预算和持续的时间进行限定。对一个典型的公司，5 至 7 个候选的试点计划是合理的，应从中挑选。一般来说，项目应该注重在运行当中改善生态功效：降低材料强度，降低能量强度，减少有毒物的散布，加强材料的可回收性，最大程度地使用更新材料，加强产品的耐久性并增加服务的饱和度。
4. *挑选要执行的试点计划*。任务部队应该从候选的试点计划中挑选出 2 到 3 个项目来落实。一旦选定，任务部队应确认一名领导人来实施这个计划并且在将来对工作范围、预算作限定。此外，计划的管理者还应该与任务部队一起制定衡量计划成果的方法。
5. *发展工作的计划范围*。精心计划的范围与组织部门的作用有重要关系。比如说，如果试点计划的范围定在绿色化局部的办公室和寻找来增加高回收材料的纸张的使用，试点计划的领导者就应该对负责购买纸张的人或部门进行确认来确定提供物的变动与公司市场和通信政策，设备，预算和其他方面保持和谐。
6. *落实试点计划*。一旦工作的范围、计划表、预算和衡量成果的方法都确定以后，计划就准备好进行了。在开头的时期，建议试点计划不要过多宣传或夸大声势。这些努力应实事求是地描述：试点计划是为检测团体绿色化项目的优点而设计的。

7. *衡量与评估成果*。当试点计划开始实施，试点计划的管理者与任务部队成员应该一起对计划的成果在预选决定的衡量成果的方法，尤其是节省费用上进行衡量与评估。

实施计划期间及对计划总结的时候，所有的计划管理者与任务部队的成员应会面来探讨从所有计划中得到的教训。在这里汇集的知识在指导将来的绿色化计划和项目的过程中是非常珍贵的。当达到了试点计划的第一集尾声时，任务部队就应与执行赞助人以及其他高管成员共同总结，决定下一步计划。如果此计划是成功的，管理层也许会想继续这个计划，可能是将这些扩大到组织的其他部分。除了这个，管理层也许想修改或终止基于得到的教训上的努力。

表 5－2　　功能区域组织的企业绿色化的点子[20]

- 市场和商业发展
  - 发展用再生纸产品制造的小册子、提议、资格证明（SOQs）
  - 生产可折叠可再用的市场与销售材料与显示
  - 从互联网上下载实时的市场与销售出版物
  - 取消不想要的、多余的和垃圾邮件
  - 扩大电子邮递的使用
- 会计与财政
  - 使用电子发票和账单
  - 用电子表格代替纸制表格
  - 修改获取过程
    - △ 购买内含大于等于30%、回收的、无氯并由可持续性管理的森林产出的纸张
    - △ 选择采用可持续性实践的卖主
    - △ 选用“能源之星”或其他认证的产品
    - △ 避免过度包装或不可回收包装的产品
    - △ 买耐用的东西
    - △ 避免购买一次性产品
    - △ 支持当地生产商
    - △ 寻找并购买可回归卖家或生产商以重用材料的产品
- 设备与运作
  - 修改打印与印刷的过程
    - △ 双面复印与打印
    - △ 使用更好的打印与草稿打印格式打印草稿文档
    - △ 减少硬印刷的准备工作
    - △ 内部使用或草稿用轻纸打印
    - △ 最大化的使用电子邮递
  - 重用与回收供应
    - △ 用陶瓷杯代替纸杯
    - △ 回收纸、玻璃、塑杯、纸板、电池、杂志、上色剂
    - △ 采用可回收成份高的供应品
    - △ 重用内部邮件信封
    - △ 设立回归与重新库存过剩办公用品的机制

功能区域组织的企业绿色化的点子（续表）

△ 充分使用产品至其使用寿命

△ 在遍布工区设立回收与废品收集区

◦ 修订设备购买与使用程序

△ 购买优质二手设备与回收的旧设备

△ 使用可有多用途的设备

△ 定制可回收成份高的与低 VOC 排放量的设备

◦ 评估工厂地址与方面的选择

△ 坐落在公共交通附近

△ 保留自然栖息地

△ 设计建筑以最优化使用自然荫影、太阳能加热、日光

△ 保护显要的湿地

△ 保留缓冲区域

△ 保留天然排水系统

△ 利用可使环境凉爽的风，用自然方式避免不利的风

△ 保留开放的空间，同时集中发展留下小足迹的影响

◦ 评估环境

△ 适当地选择植物：尽可能的采用本地植物

△ 考虑植物可能带来的过敏症

△ 仅在娱乐区采用草皮

△ 评估非本地植物，确保不会对本地生态造成侵犯

△ 尽可能采用干燥环境

△ 设计灌溉系统避免过量施水

△ 减少对有限的或不可再生的物质的依赖

△ 在设计中包含干旱计划

△ 采用集成的害虫管理技术

△ 采用电子感应器来判断需水情况

△ 尽可能使用回收水、雨水、灰水灌溉

△ 暴雨管理

——使用松结构的石头、大理石或可渗水材料铺路来改善排水

——减少不渗水表面的使用来控制暴雨流走

——考虑植被屋顶用于暴雨管理机楼内温度控制

——最少使用路盐和避免使用除草剂、杀虫剂、肥料以减少暴雨引起的污染

◦ 评估办公场所设计

△使用低 VOC 的粘合剂、涂料

△安装办公室照明的自动感应器

△最大限度利用日光照明

△设计建筑物以达到 LEED 认证

△采用窗外遮盖物，减少夏天的日晒热

△采用遮盖物百叶窗控制室内温度

△使空气记录器、散热器外无障碍物

△安装吊扇

△选用亮色的墙壁与屋顶来更好的反射日光

△封装加热与制冷管以减少泄露

△在 HVAC 系统中实施规律的保养

△采用雨水收集系统

功能区域组织的企业绿色化的点子（续表）

- △采用自然通风
- △采用亮色屋顶盖法减少温度干扰
- △采用减少能耗并加大舒适感的玻璃窗系统
- △基于生物圈成本分析应用生态
- △使用认证可持续性管理的森林砍伐下的木材
- △使用可以回收材料制成的毯子
- ◦ 建立器具使用程序
  - △每晚关闭不必需的设备
  - △每晚关闭或拔掉不需要的电器
  - △采用计划照明
  - △安装高效的照明系统
  - △为房间照明安装占有式感应器
  - △安装可编程的加热器
  - △调整温度设定以减少能源成本
  - △减少热水温度设定
  - △绝缘热水槽
  - △在水龙头上安装自动开关控制装置
  - △建立可报告泄露的龙头的程序以便修理
  - △考虑可供选择的能源形式，例如：风、太阳、生物、废热利用
  - △直接使用或以小容量或无水的便器翻新已有厕所
  - △直接使用或以小容量喷头翻新淋浴喷头
- ◦ 减少交通需求
  - △在机动车队中使用混合型车辆
  - △建立电信通讯程序
  - △鼓励步行或自行车
  - △鼓励合用车辆，使用公共交通工具
  - △减少搭乘飞机旅行
  - △以电讯视频会以代替出差
  - △提供从公共站点到办公室的往返服务
  - △提供利于步行至公共交通的路径
  - △ 提供安全方便的设施给骑自行车的人
- • 人力资源
  - ◦ 建立电讯的程序
  - ◦ 安排交错的工作时间以避免高峰时段
  - ◦ 鼓励或激励是用公共或其他交通方式的员工
  - ◦ 建立员工环保奖
  - ◦ 建立综合化建议项目
  - ◦ 建立绿色团队来开发改进减少企业生态足迹的方法
  - ◦ 提供绿色化培训与教育项目
  - ◦ 保养与发布资源材料
  - ◦ 给员工在家应用绿色实践提供材料、资源或工具
- • 信息技术与电信
  - ◦ 每晚关闭计算机与监视器
  - ◦ 与部门找出减少能源消耗的方法
  - ◦ 将使用双面打印机作为公司标准

功能区域组织的企业绿色化的点子（续表）

- ○ 为使用电子文档提供便利的方法
- ○ 发展电信、电话会议的过程与技术
- • 专业与社区服务
  - ○ 介入、赞助当地社区的可持续性发展相关的活动与计划
  - ○ 培训并与专业社区在可持续性发展上共享信息
- • 服务与技术
  - ○ 发展跟踪绿色化技术的应用方法，决定成本节约
  - ○ 内部发行公司与目标相悖的绿色表现与其他基准
  - ○ 跟踪可以节约钱并提升表现的新绿色化技术与系统的发展
  - ○ 设立试点计划来应用新技术与系统，评价表现
  - ○ 开发一个“最佳实践”项目来找到、评价在公司内推广最佳实践

根据 Dauncey 公司给出的七步曲，采用表 5－2 中的方法的企业会发现它们处于第二阶段，一个较低的水平。然而，对那些正处于可持续性发展项目起步阶段的企业来说，一个绿色化项目是一个发觉成为可持续性公司的成本与环境好处的好方法。同样也为公司做出一份可持续性发展的承诺，也是对其员工、外部利益共持者的承诺。

与其他组织的联盟

除了本章中的绿色化的点子与例子，企业应与推崇的工程组织接触，知道下一步应采取什么可持续性发展的相关活动。例如，美国工程公司协会（ACEC）、美国公民工程师团体（ASCE）、电气电子工程师学会（IEEE）、美国化学工程师学会（AICHE）、国际咨询工程师联邦（FIDIC）与美国机械工程师团体（ASME）已在可持续发展上有成文的策略，也已收集了相当多的与它们成员相关的信息。许多组织都在建立专门的委员会，使有相似想法的企业和个人分享知识和经验。其他组织出版了引导性文件和其他出版物，能使可持续能力的原则和工作连接起来。

其他没有工程专业的组织，就可持续能力的原则和经验提供了宝贵的信息。例如，社会责任商业组织帮助企业建立并表现它们的企业社会责任承诺[21]。它提供企业咨询和培训，以及出版物和网络协作的机会。另外，美国商业可持续发展议会[22]为发展与传递美国反映企业可持续性发展承诺的商业价值的计划而组织建立，这是一个地区性支持 WBCSD 的组织。

最终，一致性的人性化工程组织开始出现。于 2000 年初成立的工程师无国界—美国组织（EWB-USA）[23]给全世界发展中地区提供帮助满足人类基本需求的工程，包括：安全饮用水、卫生设施、健康、能源、庇护所、工作和教育场所，它是一个非营利性组织。这项工作是有生活在这些地区的人与他们的导师紧密工作着的工程学学生和专业工程师共同完成的。EWB－USA 的最首要的关键任务是改善生活在发展中地区的人的生活水平。然而，该组织也探索一种新的工程学学生与专业人员——掌握了国际化知识和文化敏感性、拥有真正在发展中国家工程实际经验的个人。企业、政府代理人与专业贸易组织认识到了它们组织的价值，都正在与 EWB-USA 建立联盟关系、为它们的计划和运作作贡献。它们认识到的价值有三层：（1）以劳动和工程技术知识的形式向发展中地区提供实际支持，（2）表现很坚决的可持续性能力承诺，（3）改

善工程教育的质量。

可持续发展报告

随着贵企业的绿色化项目的成熟，你或许考虑向撰写并出版一份环境或可持续性发展报告。这份报告通常以每年一份的形式展示贵企业对改善环境与经营领域的行动。此报告可以小册子的形式出版，表现贵公司积极的行动和所作的贡献。一种更严谨的版本也许还包含一份对环境和社会影响的系统的评价，并有回应和改进的承诺。对中小型企业，这报告可作为新闻信件的部分内容或网站上的规律特色。

现在人们并不期望工程公司作出严谨的环境与社会影响的分析。这种情况可能将来会因为本章中稍后提到的原因而改变。但现在来说，与那些大型资源密集型与高度规范的公司所带来的影响相比，这些工程公司带来的影响被认为是最小的。然而，发展一些对公司可持续性发展的承诺、活动和成就评价以及与客户、雇员和其他重要利益共持者沟通的方法是很有用的。若将此种报告整合进公司的市场与交流计划，可以提升公司的形象与声誉。

工程企业在考虑环境性发展或可持续发展报告时一定要谨慎。无论这是一个普通的小册子还是一份详细的声称对可持续发展的贡献的报告，都会招来绿色组织的批评，对于谁做了好的环境贡献与社会表现，这些组织有自己的评判。而奇怪的是，那些有着良好的环境记录和社会表现的公司发现自己是一些绿色组织的靶子，就因为它们留下了可供评查的表现纪录。然而，这些组织却忽略掉了那些不发出环境或可持续性报告的公司。

如上节所言，期望就它们环境或可持续性表现进行一些交流的企业应首先与它们的利益共持者协商重要的信息需求与议题。这样的安排会帮助交流策略框架化和指导报告的发展。

各种形式的环境报告于1980年开始出现，主要由大型、有严格规则的公司推出。这些公司对环境的影响都是持久的。这种报告的目的是缓解一些环境和公众宣传组织将它们的行为积极地表现出来，为了改善它们的环境表现所带来的压力。[24]最近，这种报告的范围扩大到了为了包含对社会的善行，它们交流的方式也由非正式的描述它们的好事转变为包含对它们环境和社会表现评价的详细报告。

这些报告由一份CEO的承诺开始，设法使公司对它的表现表示理解，已确定显著缺陷并建立了合理的目标和改善的项目。在许多报告中，企业作了相当的努力来提供详细的信息，也试图交流在某种程度上非技术性和非常可理解的信息。为扩大此报告的可信度，许多作出报告的企业都试图证实这些信息。由于一份可持续报告差不多是公司年度财政报告的额外版本，审计工作（与日增多的数据收集工作和可持续报告的自身评价）由公司外部的会计公司来完成。

可持续性报告现在在企业网站上发布，即为了节省出版纸质拷贝的花销、减少用纸量以避免可能带来的批评。一个公司节约大量印刷纸的承诺的故事对公司试图打动的听众来说显得很好笑。很多公司仍用纸来出版报告已扩大可达到的读者，他们没有因特网联接。最好的方法使二者结合，一份正常印刷的版本与一份实时更新企业表现的因特网版本。通常网站鼓励方可来回答调查问题，以得到反馈信息及报告遗漏的议题。

对了解个体企业对环境和社会的所为的真相的需求已经扩大。最近有公司管理丑闻影响的公司如 ENRON 和 WORLDCOM，收到那些维护环境和社会责任的团体发出的越来越多的要求可持续性原则的通知。这些要求常常增加公司在某些领域的透明度，而这些是对可持续发展至关重要的。此外，这些要求的信息是关于它们自己特殊的需要和安排，没有多少是关于帮助报道机构的。得到混乱不堪和令人泄气的结果的同时，公司们被要求对各种复杂的信息需求和框架结构做出回应。

全球首创报告机构报道基准体系

许多机构曾尝试从事可持续发展的报道。最值得注意的是美国环球首创报道机构(GRI)，它创造了一套规则和一个对报道和使用者都广泛适用的报道机制。自 2000 年 6 月以来，GRI 已经发布了可持续发展报告的指导方针。该方针的目的在于帮助组织和它们的坚守者向报道组织机构传达对可持续发展的贡献。GRI 注意“关注下一代”行动的出现，在这一行动中，如人类和环境的可容纳能力、联盟和合伙关系、商标和名誉这样的无形资产，都将像现在报道有形资产那样被报道出来。[25]在最新的草案中，GRI 指导方针涵盖了超过 100 个可持续发展行为的指标。并且，GRI 开始发表工业的草案，细节涉及清晰度、程序和衡量指标的技术。最后，它在对特定产业方面的报告上不断发展额外的指标。这些 GRI 报道机构文件详见图 5－6。

尽管公司把目标关注在可持续性发展对环境和社会的影响上，但是可持续发展报道可能会延伸到工程公司。根据 GRI 的指导方针，公司的可持续性行为超过了管理的公司责任界限，超出了它的供给量。正如 A&E 公司提供服务所作的，它被认为是可贵的公司链，它的可持续性行为和政策总的来说在全部的公司影响中举足轻重。因此，那些选

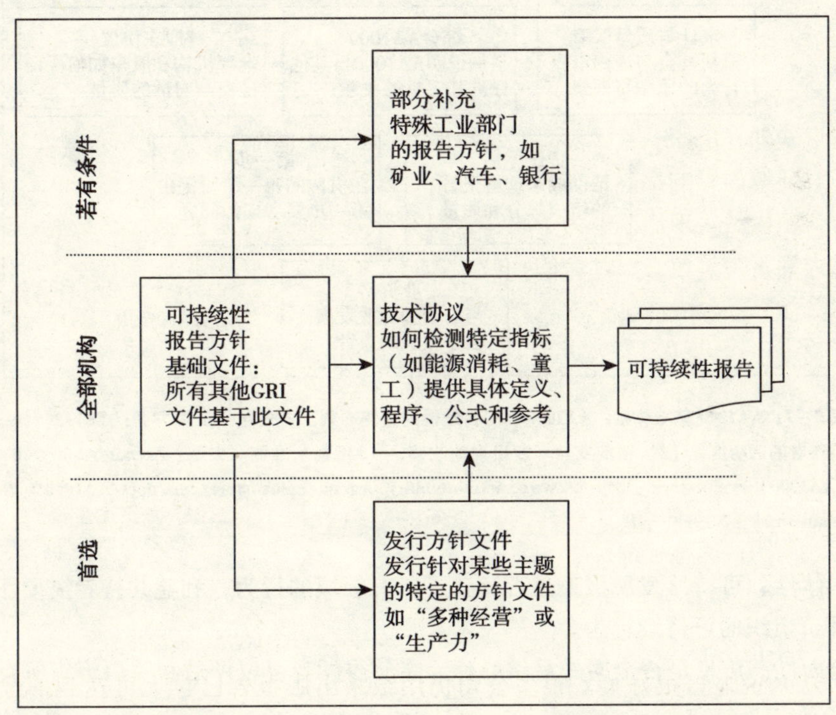

图 5－6：GRI 机构设置的文件。来源：Global Reporting Initiative. http：//www. globalreporting. org/guidelines /framework. asp.

择和 GRI 的指导方针保持一致的委托人可能需要他们的供给商，包括工程公司提供它们在可持续发展的作为上的资料，委托人也许会要求它们去做的事符合可持续发展政策并且也符合公司的政策。此外，可持续发展行为也许会扩大到超过 A&E 公司的运作。不仅能包括在它们运作当中使用的能量与能源，也包括如何运用可持续发展原则去运作计划，如材料的挑选、处理建筑肥料等。

除了吸引那些环境和社会的维护者外，可持续发展报道已经开始对经济圈产生重要影响了。一个不断扩大的投资群体认为公司的可持续发展行为是一个长期金融投资的好指标。现在有许许多多的可持续性指标，包括道琼斯可持续性指标、FTSE4Good 和 Innovest's EcoValue' 21，它们追踪那些承担可持续发展行为义务的公司。另外，有许多绿色基金开始出现，这些基金的管理者寻找可持续发展行为的信息来在公司中创造投资机会，它们相信这在很大程度上，在对可持续性发展的义务上，要比市场有更好的回归收益。

AA1000：发展可持续报道的过程

GRI 指导方针提供了报道内容的指导，AA1000 的一套确认标准提供了报道过程的指导。由社会伦理学院创造的指导指出公司如何综合它们的过程符合利益共持者的决定，来发展适合的可持续发展的指标、目标和报告。AA1000 指导消除了报道机构与使用者之间的隔离，它向用户保证报道机构所提供的信息是可信的并且是中立的。这个指导为系统的评价报道是否符合三个原则提供了程序。

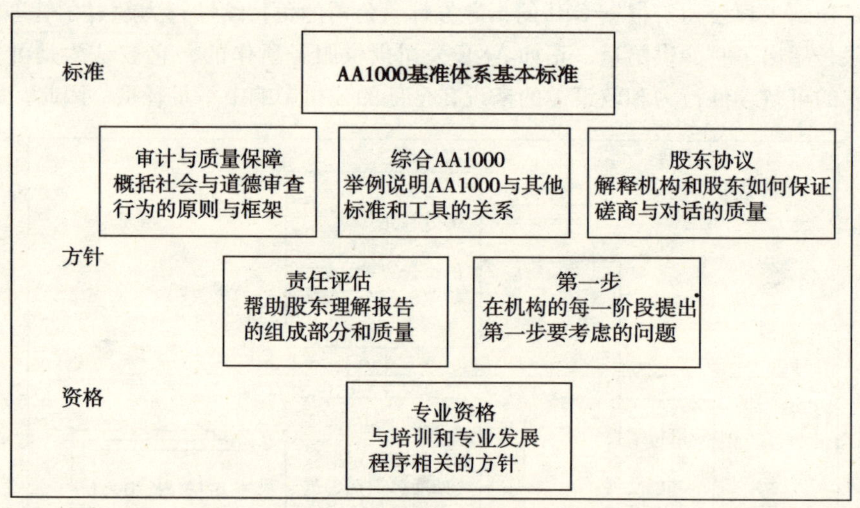

图 5-7：AA1000 基准体系：AA1000 时可持续性的责任准则。责任包括三个方面：（1）对利益共持者的透明度，（2）相应支持不断出现的改善，（3）遵从准则。来源：AccountAbility1000（AA1000）Framework. http：//www. accountability. org. uk/uploadstore/cms/docs/AA1000%20 Framework%201999. pdt。

- *具体性*：可持续发展报道是否涵盖了所有领域的行为，利益共持者需要用这些来评价组织的可持续行为。
- *全面性：信息是否全面并足够准确，能使得读者可以评估和明白组织所有领域的行为。*
- *响应度：对利益共持者所关心和感兴趣的事，组织是否有条理和可靠的回复。*[26]

AA1000 确认标准于 2003 年 3 月公布，于 AccountAbility 网页上启用。[27]

绿色化你的公司就是说，发展一套程序来减少你的公司的环境足迹并且对公司涉足的领域做出贡献，相较之下这样的小事却是重要的一步。这不仅显示出你对可持续性的兴趣和行为，而且运行过程中在许多方面节省了大量的开支。

---

1 Guy Dauncey, Earthfuture-Stories from a Sustainable World (Gabriola Island, British Columbia, Canada: New Society Publishers, November 1999).

2 Guy Dauncey, Earthfuture consultancy, 395 Conway Road, Victoria, British Columbia. V9E 2B9, Canada, http: //www. globalideasbank. org/socinv/SIC - 84. HTML.

3 See Earthday Network, Redefining Progress http: //www. earthday. net/footprint/index. asp.

4 See Redefining Progress: http: //www. rprogress. org/programs/sustainability/ef/ef_household_0203. xls.

5 Ecological Footprint Accounts (brochure from Redefining Progress, Oakland, CA).

6 STMicroelectronics, Social and Environmental Report 2002 (Agrate Brianza, Italy May 2003).

7 The 10 environmental commandments of STMicroelectronics, http: //eu. st. com/stonline/company/environm/decalog. htm.

8 Business Week Online, "The Stars Of Europe-Managers, Pasquale Pistorio, Chief Executive, STMicroelectronics," http: //www. businessweek. com/magazine/content/02_24/b3787606. htm.

9 Ibid.

10 STMicroelectronics Company, "STMicroelectronics: Company Presentation," July 24, 2003, http: // us. st. com/stonline/company/identity/slides/us. pdf.

11 STMicroelectronics, "Environmental Decalogue," http: //us. st. com/stonline/company/environm/decalog. htm.

12 Earnest O. Robbins II, "Sustainable Development Policy."

13 Earnest O. Robbins II, "Sustainable Development Policy."

14 City of Austin, Capital Improvements Plan (Texas).

15 The matrix can be found at http: //www. ci. austin. tx. us/sustainable/matrix. htm

16 W. Laurence Doxsey, "Case Study of Integrating Sustainability Evaluation into Public Building Projects" (paper presented at the Green Building Challenge, Vancouver, BC, 1998).

17 Marie Logan, assistant to the School of Natural Resources and the Environment, University of Michigan.

18 Alcoa, 2002 Sustainability Report, (Pittsburg, PA: Alcoa, 2003).

19 These remarks were made by John Pizzey, executive vice president of Alcoa, at the annual meeting of the Aluminum Association in Nemacolin, Pennsylvania, on September 30, 2002.

20 These ideas for greening were compiled from various sources including CH2M HILL, GreenBiz, and Global Environmental Management Initiative.

21 Business for Social Responsibility's Web site can be found at http: //www. bsr. org/index. cfm.

22 The U. S. Business Council for Sustainable Development's Web site can be found at http: //www. usbcsd. org/

23 Engineers Without Borders-USA's Web site can be found at http: //www. ewb-usa. org/index. htm.

24 GreenBiz. com, "Corporate Reporting," http: //www. greenbiz. com/toolbox/essentials_ third. cfm? LinkAdvID = 25026.

25 Sustainability Reporting Guidelines (Boston: Global Reporting Initiative, 2002), 3.

26 Institute of Social and Ethical AccountAbility, "The AA1000 Assurance Standard," http://www.accountability.org.uk/aa1000/default.asp?pageid=52.

27 Available at the Institute of Social and Ethical AccountAbility's Web site: http://www.accountability.org.uk/aa1000/default.asp.

第六章

发表可持续项目

建设可持续建筑对承包商是一项挑战，因为它要求他们为我们改变其经营方式。[1]

以模式育人的学校是合法建造的最坏的设施。[2]

挑战

想想这情景：客户有一个庞大的具有挑战性的项目给你。你需要设计和建设任务，相当多的设施连同相关的基础。该设施不但要有高度生产力，而是要实现某种程度的可持续性，建造水平大大超出使用常规技术的状况。客户的组织做出公开承诺，要使客户的设计和设施对建立一种真正的可持续发展做出贡献。

图 6－1：运用设计出的湿地每天可循环利用 7 加仑的工业废水。图片由 Jarry Jackson 提供。

设计可持续项目包含了一些重要的假设和业务问题：

- 你如何使这项工程设计和建设符合可持续发展的原则？你怎能证明文件和项目对可持续性做出贡献？
- 交付客户时，什么是最好的纳入可持续发展的原则进程的工程？
- 由于可持续发展是一个很长的过程，怎样才能把科技发展纳入计划，在实践中进步，接近可持续性条件？
- 在交付工程时，哪些关于评价成功非常规（可持续）技术和系统的参考量是必须的？

真正促进可持续发展的项目，项目设计采用不同于常规技术的几个重要方面。

第一，要持续项目必须拿出改善表现（经营表现明显高于常规）横跨一个或多个层面的可持续性。这就需要一套关于该项目可以设计及其性能测量的全面的目标和可持续性度量尺度。

第二，改善绩效表现，必须使可持续利用项目以其他项目成绩作为基准。由于可持续发展是一个很长的过程，进步只能通过观察这些成果，然后达到新的更高层次的绩效目标来实现。这需要查阅有关成果以及其他有关资料，提供新技术以许诺更好的表现。值得注意的是，新的水平表现可能无法对每一个项目有效。然而，传统的项目表现，虽然不超过可持续性基准但依然有作用。它们的业绩贡献可以加入知识库，从而推进执业水平。

第三，促进可持续发展的项目，有时候可把新奇的技术更新。此外，为了达到整体提高的表现，这些技术将很可能作为一个更大系统相互作用。这更增加了复杂性，增加系统整体控制系统的要求。特别要注意在实施项目时的互动和了解，以达到规格，并调整以达到最高规格的表现。为了使项目绩效目标实现，特此推荐一些新的项目投产水平。

总的来说，这些分歧在这些不同形式的常规工程中不可避免。常规工程，一般由专业人员自主，当需要时提供各学科知识。这种分化过程彼此学科孤立，使创造性和新技术体系的互动更加困难。此外，每一学科都带有一套从业人员信任的假设、标准、程序、制度、技术。他们的办法还要考虑安全系数和舒适性。他们知道遵照他们的办法将导致不同状况和不确定性，这是由于其他学科的方法和做法混杂其中。

为了达到高水准的表现，需要新形式的项目交付、协作形式，在项目组成员中创造一个更加团结的气氛。一个叫做 design charrett[3] 的办法受到了重视。这是在比较短的时间内创造出来的一种激烈的严峻的规划和设计过程。它使一组工程学科专业同心协力创造设计一个可行的协作过程。公开性和投资人的参与是必不可少的。跨学科的工作团队为解决产品与相关产品设计提供多种意见和经验。压缩时间表来激发创造力和劝阻辩论不是重点。运行良好的 design charrett 可以带来真正的改变，因为它在了解项目所涉及的问题上提供了新的方向。

一个可持续工程交付的先决条件

为实现可持续发展，几个重要条件是实现项目所必须的：

- *知性和项目业主承担*。该项目获得成功，项目业主必须致力于可持续发展，做出实质性贡献。他或她还必须是有识买方：知道什么是可行的，并知道别人是如何成功的以及每种材料、设备、系统性能是如何的。项目业主应得到决策层的支持，组织内身处高处的人在必要时可以强化该组织致力于可持续发展。
- *高性能工程团队*。项目组不仅要有综合的跨学科知识理论，而且要有能力团结协作项目的目标。个人对团队必须愿意抛开自己传统的想法和做法，原则上共同想出解决办法，通过改进整合的设计，共同利益者的参与机制是必要的。应邀者不仅应包括公共利益集团，但不包括实用主义团体、用户团体和其他技术专家。
- *另类采购和承包机制*。项目组选择不仅要立足于自身的经验和资历总结，而且要经证明有能力共同谋求改进传统业绩表现。应当使用以业绩为基础的合同形式。即只有当业绩超过了共同确定的标准时，才会有奖励。
- *能实现的可持续发展的目标*。项目业主与工程队要实现既定目标，可衡量的业绩目标，实质上高于常规水平。要实现这些目标必须建立在了解别人的知识和业绩必要的过程，体制创新、科技创新的基础上。有足够的知识，项目业主可尝试在一个或者多个方面提高可持续发展的水平。最后，该项目的宗旨和目标一定要与整个社会的可持续发展目标一致。那就是他们必须优先解决的问题和可持续发展问题得到社会的认可。
- *获得并愿意分享知识和成就*。为可持续发展设定较高但是能达到的目标，但必须获得关于此工程的材料、装备、体制创新、科技创新的可靠信息。为了实现可持续性，从业人员必须能够吸取别人的经验，而且不拘泥于前人的基准上。

项目的目标是实现可持续

列出项目可持续目标是一回事；实现这些目标是另一回事。在执行合同时，为了达到要求，常常遇到意想不到的问题，由于采取的技术和系统相对较新，而且小组成员从事不同领域的工作，因此为了弥补这一不足，部分或整个小组成员会选择降低工程目标。由于系统和技术，并可能在未知领域采用新的团队比较，往往有一个愿望，对部分队员或班子自身降低工程目标。毕竟，他们说，在这个新领域，可持续发展可能无法达到我们所订的目标。达到80%，差不多就不错了吧！

这个问题的答案应该是否定的。如果小组认为这工程目标是可以实现的，那么他们就有责任一起来解决问题。比尔·弗兰森，作为 Poudre 学区北科罗拉多区北部的执行总裁 时有过这样的经历。他指出，有的队在面对这类问题的项目，一旦犯毛病就责怪新的工程技术或其他学科未能达到承诺。他作为工程业主的责任就是要求技术团队按照事先所承诺的目标来解决问题。弗兰森还建议新项目应尽快投入使用，以确保指定材料和设备安装和系统性能达到预期水平。[4]

项目执行[5] 方法

在背景下，你如何成功地交付一个可持续发展的项目？表6－1列出要点，并讨论项目执行与可持续发展相关的特殊考量。

可持续发展的项目目标和度量

如上序文征程可持续性将逐步完成，一个项目一个项目地来。如果我们要有效进展，然后每个项目应该有一套完备的涉及各方面的可持续性衡量标准。一个项目如果想为促进可持续发展必须保证其某一方面的进步不会被另一方面的不足抹杀。换言之，当各层面汇总可持续性，必须有净收益。

在某些地方可持续发展指标体系及度量项目已经出现了。在美国，在美国绿色建筑理事会的领导下，制定了能源和环境设计（低能电子衍射）认证制度，根据建筑物对可持续性的贡献程度评定其等级。使用方式略有不同，总部在荷兰的奥雅纳集团有限公司已制定了一套所谓的可持续性项目评估模型（SPeAR)。这个模型提供了一个展示丰富多彩的可持续性度量项目，只以价值为评定标准。此外，设在瑞士日内瓦的国际顾问工程师联合会（FIDIC）已形成了一个框架和进程设置综合项目来衡量可持续性进程。体现在 FIDIC 合同条件项目可持续性管理指南（PSM）中，框架的目的是确保项目的可持续性目标是一致认同和接受，并追查到全社会目标和优先次序。允许定制的掩模进程可持续发展目标的项目，以适应当地的条件和优先次序。

工程复杂性：一分耕耘，一分收获

工程复杂性，无论是技术性或非技术性的一个方面，都是可持续发展资源保护。设计师寻求把可持续发展原则纳入现行项目，并推动项目的发展的一般做法如下：物资回收，保护资源，使用可再生能源等。这些特点常常需要将额外系统纳入整体设计并集合其他系统。此外，还有其他特点，比如运用工程师比较陌生的技术等。

虽然出发点是为了提高整体可持续业绩。另外，新的技术加上复杂系统可能使整个设计更复杂，并可能降低可靠性，增加工程总体设计及建造成本。所有这一切表明，对管理一个可持续项目的经历比一个传统的项目要大得多。因为利害关系方的参与，可持续项目的复杂性又提升了。顾名思义，促进可持续发展的项目较之传统的工程，其范围更广。这些集团将有新政纲及期望，所有这些都需要努力完成。

按项目实现可持续发展

如果是要实现可持续性的进展，双方有必要制定一个框架，并制定了项目的可持续性目标和进程衡量过程。要建成一个框架，以确保项目的可持续性目标是一致的，而且符合全社会的目标和优先事项，即联合国制造的《21 世纪议程》和《千年发展目标》。此外，还需要有一个过程，引导项目策划和实施。必须完成下列程序：

- 项目业主与工程师协助开发应用项目的可持续发展目标，平衡项目业主的意愿及费用等问题以及实现性和投资人的意愿。
- 在整个项目的生命周期要求重要利益共享者参与，确保所有实质性问题的解决。
- 要有公开、透明的目标，利益共享者的参与、项目业绩预期。
- 提供反馈机制、评价结果、可持续性业绩基准、知识共享。

这个过程是不可或缺的一整套计划可持续发展目标和指标。要涵盖所有这些问题和可持续性的具体措施，使实施者评定此项目对可持续发展的贡献，所有这些都可追溯到《21 世纪议程》的目标和《千年发展目标》。

项目交付和相应的可持续发展考虑要素 **表 6－1**

Ⅰ. 项目管理者的任务和责任		
分支	**具体项目**	**可持续发展**
帮助客户解决其关注的问题	了解客户的需要和期望。	在尊重可持续发展原则贯彻程序的条件下，委托人可能有很多期待。
对项目做出预见	预见项目完成的预期目标。	和客户紧密合作来塑造一个可持续的视角。设立高但可实现的目标。
组建和维持项目队伍	为任务选择合适的队员，定义任务和责任。	设定一个所有队员共同工作来实现项目观点的综合队伍。投资人是队伍的必要部分。
计划项目	设定一个满足客户视角的计划，随时准备应对可能出现的变化。	在一个可实现的可持续的发展表现目标和度量尺度上达成共识。
管理资源	处理时间和金钱。	认识到以灵活的计划来测试和证实技术的表现。在计划和构思阶段需要更多时间。
确保质量	达到或超过客户和投资人的期望。	达到或超过客户和投资人的期望。在项目的开始阶段和投资人一同工作。
Ⅱ. 租用，建造和维持项目队伍		
定义队伍	设定目的，范围，目标，表现，角色和责任。	在达到整个项目的可持续目标的前提下强调队伍的结合。
建立队伍	提升技巧：解决问题，人际关系和决策技巧。	强调队伍综合能力。培养一个要求和能力去解决科技和系统的综合问题。
保持队伍	使队伍的科技和表现方面最优化。	努力以达到可持续的延伸目标。强调达到目标完成了 80％是不够的。
Ⅲ. 发展工作计划		
确认项目	设定项目目标，范围和项目分解结构。	系统综合需求中的因素。合并项目任务。

续表

确定项目资源计划和预算	选定项目人选，确认计划，预算开支。	选择可以达到目标的人员。
确认项目指导	确认客户需求，公众参与程度及项目控制方法。	为投资人需求、公共审查提供附加决定。
设定质量保证	设定如何及时和在预算内达到客户需求。	包含项目委托来确认所有设备和系统被设置为指导，已达到在指导项目下要求的业绩。
发展客户服务计划	在咨询者和客户间建立联系。	设立一个可以达到期望并应对变化的项目。
设定后备计划	做出操作变更框架的计划。	以其他人的成就和客户目标作为基准。如果计划无法达到，客户和顾问需要变更计划。
发展中止计划	发展结束计划的程序。	纪录表现和对比目标。项目委托特别重要。
Ⅳ. 确认项目		
提交背书	描述背书的利益并使股东和客户接受。	确定项目小组及股东（不同的股东除外）。
背书变动	正式同意项目章程和工作计划。	确认章程和计划被所有的投资人同意。
确认变化	让所有投资人就变化达成共识。	在提供新的和有关联的科技时设立变化，不能因此错失项目目标。
Ⅴ. 驾驭变化		
定义变化	简历程序定义识别变化确定其类型，来源及影响。	为项目的潜在变化做定义。
分析效果	区分变化影响及价值。	期望系统间的相互关联。改变那些可以作用于其他部分并导致计划失败的部分。效果可能很难确认。
设立策略反应机制	提问需要做什么在什么时间需要多少成本来做。	避免产生“完成80%”“我很好”的想法，努力圆满完成任务。
建立沟通机制并达到确认	将变化和必要，反应给委托人并得到确认。	和队员包括投资人一同寻求解决。
修订工作计划并监控效果	确认工作计划被修订，监控变化的效果。	为未来的可持续性标志做监督并纪录。
Ⅵ. 结束项目		
为项目划分阶段	结束独立的项目。	如果管理不具系统性将会导致工期延长。
遣散	如果项目结束系统遣散计划人员。	在项目综合时预期无法预料的要求。
推荐员工培训	在已学习的课程基础上进行更长远的培训。	提供机会让员工学习应用软件和集成新系统和技术。
终止表现技术的应用	总结成果技术的应用；并将技术转化到其他领域。	详细叙述科技运用及业绩表现。

关键组件的创新环境

实现可持续性的条件，成功的先决条件是建立一个创新环境：一个鼓励和支持学习及创新的环境。在这种环境下，项目业主会在他人成就的鼓舞下谋求建立新的更高的基准可持续性业绩。在此同时，工程师免费试用新办法、新技术的试验，并以新的、更加可持续的选择取代旧的。

公开性和透明度是这一环境的重要因素。项目业主和工程师要进行对话，讨论项目开发、设计、交会过程，以确保他们的考虑得到足够的重视。利害关系在两个方向运转，利益方要表达自己的利益并关切本项工程，使工程业主和工程师可以将这些问题在整个项目生命周期中协作。在另一方面，项目业主与工程师必须告知股东目前的实践和局限性，知道什么是可以实现的。为得到这个过程的效率和效益，这些团体要建立信任和合作的气氛。

工程的进度一如既往地会受到工程师创新能力的左右：想像、发明、发展、试验、应用新的工艺、系统和技术来解决面临的问题。不过，在可持续发展案例中，问题就很难定义，它既被公众看法影响，又受工程技术限定。在这些变化的条件下，项目过程要进行一系列的调整和启动，被一些事件、政策、投资和成就所影响。这里的关键是工程师的角色，它决定着逻辑结构是明朗还是混乱。

工程可持续发展目标、目的和指标的作用

当项目目标确定了方向，可持续发展项目提供了手段，进步的指标是可以衡量的。这些指标的目的是使业主、工程师通过将项目中实际做到的可持续行为与可持续目标进行比较，来评估达到可持续发展的程序。为达到这些目的，一套完整的可持续发展指标项目是测量实际成绩的不可或缺的工具，向股东展示透明性，建立实践的知识基础。

优良的动作必须基于这一套指标的总体方针、目标和可持续发展的优先项目。此外，它必须足够全面，以涵盖所有相关方面的可持续性，但是要有一个尺度以便管理和有效沟通。同时，要确定指标，使符合当地的要求和条件。最后，这些调整的过程必须公开和透明。

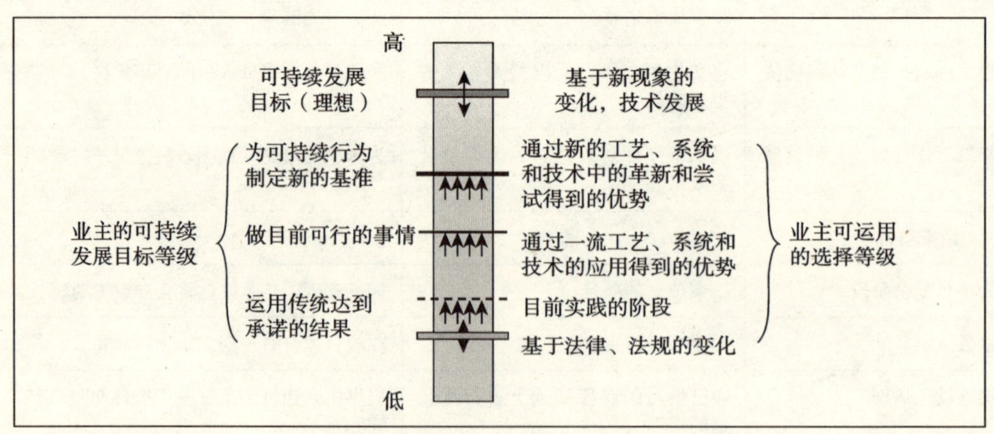

图 6-2：可持续发展的目标与指标概念模型。来源：国际顾问工程师联合会，可持续发展专责小组，项目可持续性管理指南。

图6－2的一个概念模型给出了可持续发展的项目指标图。在这个模型中，可持续活动的等级大体上按从高到低的程度列出。可持续性的条件有时在高等级中达到，但这种可能性要根据当地条件、资源和承载力，以及能改变该指标的可持续性定义的技术发展。例如，生态承载力极限的新知识可以将可持续发展目标提高。相反，低成本、高能效的去盐技术革新可以极大地改变淡水可得性，从而停止相应的可持续策略。

制定可持续发展的项目目标，业主拥有多项选择。在低端可持续性规模，他或她更可能采用传统技术，指导工程师实施现行的做法。现行的做法，是指工程专业人员在实践中通常采用的程序和技术。在模型中，假定在描述的可持续规模中，现行的做法确实高于一些地方或国家的法律、法规或国际公约。即使不是大多数，也是在许多实例中，可能不存在与可持续发展项目指标有关的法律、法规或国际公约。

此外，项目业主可以决定用工艺、系统或有希望比传统上更可持续的技术来为可持续发展做出贡献。在这个实例中，项目业主和工程师可以估计别人在类似项目中获得了什么。同时，他们还可以发现有希望确定新实践水平的工艺、系统和技术。这个评估一旦完成，业主和工程师就可以在可持续性的一个或多个方面设定可持续行为目标，由相应的指标来检测。这样，他们可以决定同别人在运用以前的方法达到的其他目标中的哪些进行比较。

在适当的情况下，项目业主可以尝试运用新的未尝试过的方法来设定新的行为水平。当项目进行时，可持续项目行为指标使工程师能够检测和记录行为。

总的来说，每次更加可持续的工艺、系统和技术的应用能迅速提高“最高级”定义的成功。它们在项目中反复使用，曾经被考虑过的运用最终会被列为国家的规定做法，扩大传统的定义。只要有适当的环境并随着时间的推移，运用选择的等级可以向着高层次发展，最终达到可持续发展的条件。

可持续发展指标与全社会目标的关系

《21世纪议程》完整地记载了我们整个社会可持续发展的原则、目标和重点。地球峰会之后，联合国授权可持续发展委员会制定了一套可持续发展衡量和核准走向可持续发展目标的过程的指导，全部基于《21世纪议程》所提出的问题、目标和重点之上。据此，可持续发展委员会列出了一个以可持续发展专题、分专题的框架组成的可持续发展指导名单，全部来自于《21世纪议程》中提出的全社会问题、目标和重点。可持续发展委员会指导的目的是将全社会的目标转化为一种方便国家一级的决策者用来指导决策的关键。它们被认为是重要的沟通工具、思想和价值观，可以帮助国家的可持续发展做出明智的决定。

如果要实现可持续发展必须通过个别项目来实现，那么可持续发展委员会的全社会指导就必须转化成项目级别的指导。此外，这些项目级别的措施必须是全面的，所有的关键部分都具有可持续性。这些部分的任何遗漏将歪曲和置疑项目的价值和贡献。例如，一个目标是减少用水量的项目为了达到这个目标可能会额外增加能源用量或使用有毒材料。不能使全部要素达到可持续性会以其他方面为代价来实现一个方面的可持续性，造成进步量极小，甚至退步。

最后，项目可持续性指导作为指标和基准，有助于确保一个方面的进步不以其他方面为代价。重要的是，它们展示其他项目的成就，鼓舞每个人制定新的更高的可持续发展行为水平。

其他可持续性指标体系

根据里约首脑会议的和《21 世纪议程》的发表，不同的组织出于各种目的提出了无数套可持续发展指标。其中一些指标根据其目的分类，列于表 6－2 中。

可持续发展指标分类　　表 6－2

名称	描述	举例
全社会指标：持续发展的一个特定的地理或政治边界		
全球	根据《21 世纪议程》，全面评价世界现状	联合国可持续委员会，全球生态系统分析指导，千年生态系统评估，生态足迹
区域和地方	相应的当地《21 世纪议程》；对当地人民重要的可持续因素评估	Psatille，可持续的西雅图，圣莫尼卡，NRTEE
针对组织的指标：一个组织的持续发展的业务		
工业、政府或非政府组织	一个组织如何执行一套可持续发展指标	全球报告倡议
针对投资者的指标：公司的可持续发展与资金运行的关系		
项目风险评估	管理项目风险的原则、程序和指标	赤道原则
财务表现指标	追踪致力于可持续发展的公司业绩的一切公布的指数	道－琼斯可持续发展指数，FTSE4Good，投资：生态价值，21
绿色基金	致力于可持续发展而获得高于市场的回报的公司的投资基金	多米尼社会股权基金，环保型银行（Triodos Bank）
针对项目的指标：评估一个项目对可持续发展的贡献		
项目筛选	用指标筛选项目以确定它们可能实现的可持续性的结果	世界银行、赤道原则
项目业绩	一个项目对可持续发展的实际贡献；包括建设阶段的影响	FIDIC 可持续管理项目，SPeAR，CRISP，BEQUEST，CH2M HILL4 步筛选程序，LEED

包括联合国、标准制定机构、跨国协会、国家和地方政府、当地机构、金融组织和公共利益集团在内的组织已经意识到，如果走上社会是一个走向可持续发展的过程，就要求有新的措施和标准来衡量目前的状况和进度。许多不同的可持续发展指标反映出各自的需要和观念。其中的一些是用来量度全社会的可持续性条件。另一些作为投资工具使用，可持续发展的承诺与业绩之间的关系被视为未来资金业绩的主要指标。还有一些用于衡量与可持续发展相悖的公司业绩。最后，有些集团制定了建成环境中的可持续发展指标，评估项目性质，强调突出业绩，找出需要改善之处。所有的这些指标都有适当领域来运用。不过，它们并不能清楚完整地将项目与最初在里约峰会上提出的可持续发展的问题、目标和重点联系起来。

项目可持续管理（PSM）——FIDIC 方法

FIDIC 将全社会可持续指标转化为项目层次的指标，提出以下几条[6]：

- *可持续发展是整个社会的观念。*任何对于项目对可持续发展的贡献的评价必须基于完整和被广泛接受的可持续发展原则。

- *可持续发展是一个变化的目标*。目前对于可持续发展问题的概念会随着事情的进展和新知识的产生而不断变化。
- *与可持续发展相关的问题和影响往往与地域和文化有关*。许多在世界一个地方非常重大的可持续发展的问题和影响可能对另一个地方无关紧要。其他的影响如气候变化、臭氧层破坏和森林砍伐则是共同的问题。在世界许多发展中地区，淡水、卫生、健康和就业才是关键问题。
- *走向进步的一个先决条件是建立一个可持续发展的创新环境*。只有实践者们自由地进行探索、发明、检测和应用，并评估有希望带来更好的可持续发展的工艺、系统和技术，才能取得进步。这要求高度的开放性和透明性，以促进各利害关系方之间的理解、知识的发展和分享。

FIDIC 项目可持续管理方针描述了项目业主和工程师如何将可持续发展原则与个别工程联系在一起。这个系统有两个部分：

1. 可持续发展的基本框架和相应的指标，二者都基于《21 世纪议程》提出的全社会问题、目标和重点和联合国可持续发展委员会提出的相关可持续发展指标。

2. 制定和修改可持续发展项目目标和指标的程序，使它们符合项目业主的期望和目标，遵守《21 世纪议程》，针对地方问题、重点和股东关注的方面。

FIDIC 发展了一套核心的可持续发展项目目标和指标，组织在与《21 世纪议程》提出的全社会问题、目标和重点的框架中。FIDIC 还制定了修改这些目标和指标的程序，使它们在全社会范围内可以适应真实的项目条件。另外，程序提出全生命周期的项目，从概念发展到设计、建造、运行、拆除和处理。在这个意义上，项目可持续性目标和指标成为整个项目交付过程的一部分。

PSM 可持续发展项目目标和指标框架的概念模型见图 6－3。可持续发展的类别分为：环境、经济和社会。下面每个类别分为主题和可次主题。每个次主题与一个或多个可持续发展指标相关。如表 6－2 所示，每个指标的特征可由与现在运行阶段相关的可持续业绩、法律法规的运用以及可持续目标的范围表现出来。

PSM 提供的方法在以下几个方面不同于其他的方法。首先，它使用户定制了一套基

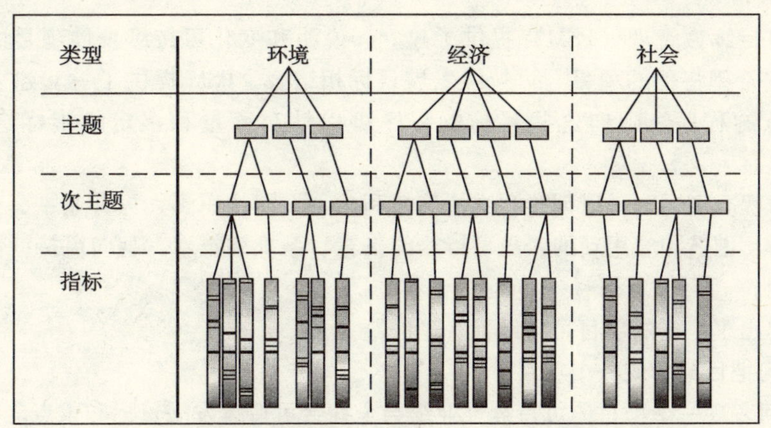

图 6－3：PSM 项目目标和指标框架概念模型。来源：国际顾问工程师联合会，可持续发展专责小组，项目可持续性管理指南。

于项目范围相关性、条件和背景的项目指标，同时保持了与全社会可持续发展问题、目标和重点的密切联系。其次，它考虑了改变工艺、系统和技术的能力。在向着可持续发展的路途中，新工艺、系统和技术的发明和应用会提高实践的阶段，为可持续业绩设定新的基准。当实践进步了，曾经最先进的会变成常规做法，又有新的更好的方法出现。第三，这个程序提供了建立业绩基准的机制，与其他的成就作一比较，为可持续业绩制定更高标准的目标。尽管全社会可持续发展问题已经确立，解决这些问题的方法和可用来处理它们的技术却在不断迅速地变化。

PSM 超越其他指标的优势

一个项目要对可持续发展做出有效的、可核实的贡献，必须以在整个可持续发展范围中产生可衡量的积极影响的方式进行设计和交付——环境、经济和社会——贯穿整个项目生命周期。这不是件容易的事。由于缺乏全面指导，政府、非政府组织、公共利益集团等提出了基于它们各自利益和议程的可持续发展测量系统。基于这种片面重点的指标系统很难与实际项目发生的改变相平衡，甚至会造成矛盾的目标。相比之下，PSM 始于广泛的目标和指标，基于被普遍接受的全社会可持续发展原则。利用这些程序，项目业主和工程师可以将它们修改为反映当地条件以及各种潜在的解决办法。

PSM 对于业主的价值是可持续的。它的起点、目标和指标核心在价值上无懈可击，因为它是以最初的可持续发展概念为基础的。而且，它认识到现实的可持续发展：持续进步但未必尽善尽美的事实。它着重于改善基于知识和以经验的积累以及通过革新来提高进步量。最后，它使项目业主能用透明的、可核实的方法证明他/她的企业为可持续发展做出的贡献。

PSM 对于工程业的价值也是可持续的。为有效地应对可持续发展的挑战和满足项目业主的要求，工程师要深入了解业主在整个项目生命周期中的目标和业绩。这造成了一种创新的环境和密切的客户关系，使顾问能够提供基于质量和可持续发展实践与技术的专门知识的服务。PSM 还增加了新的项目管理层面，并建立了成本、时间、范围、人力资源、风险、采购、通讯和质量管理领域。它扩大了工程师服务的范围，使他们为客户提供的服务项目中增加了可持续发展一项。

PSM 程序

项目可持续性管理（PSM）提供了建立、说明和变化可持续发展项目的程序。如果项目业主希望将他的项目与可持续发展目标相结合，PSM 提供了一套建立于全社会目标和重点的程序。朝向这些目标的程序可以针对衡量和议定的指标进行衡量和验证。

设计过程高度透明，以创造和维持信托利益。人们认识到，只有业主、工程师和股东共同努力，创造和应用新的、更可持续的工艺、系统和技术，朝向可持续性发展的目标才能实现。

PSM 提出了广泛的项目可持续性管理问题：

- 如何把目标变成一个项目
- 如何表现一个项目的可持续性业绩与全社会可持续发展目标和重点之间的关系
- 如何创造和保持可持续发展目标和相应项目可持续发展指标的透明性
- 如何协调大范围股东的目标与需求的关系

- 项目可持续目标和指标如何影响项目目标和设计

项目指标的核心

PSM 的起点是一套“核心”可持续发展指标，从国家和国际可持续发展目标与策略发展而来。因此，它们与《21 世纪议程》的全社会目标联系在一起，调整适用于每个项目。

指标是观察或计算的参数，显示条件或趋势的存在或阶段。它们是衡量和监测向目标迈进的工具，提供对进步程度和采用什么修正做法的判断。它们还是交流理念、思想和价值的重要的管理工具。如联合国可持续发展委员会所说，“我们衡量我们所重视的，我们重视我们所衡量的。”[7]

在典型的项目管理系统中，指标是用来衡量重要项目业绩的参数。衡量与预期结果作比较，如果衡量在预期结果之外，就要采取修正措施。对 PSM 来说，重点并不是在于修正措施，而是在于衡量业绩和对可持续发展知识基础的贡献。项目可持续指标的首要价值在于衡量和学习怎样的应用会成功，而不是它怎样被控制。

指标通常建立于两部分过程。第一部分是一个框架，将指标和全球背景下的全面目标联系在一起。框架还有助于激发关于什么应该衡量的建议——分类问题、组织观念，以及建立共同语言。

指标建立过程的第二部分涉及一系列概念模型，描述表现在每个项目框架内的可测量参数。这些参数描述项目中的因果关系，保证选择的指标能够用于衡量项目业绩。如果指标能影响结果并对变化的外部因素有反应，就可用来衡量特定的项目。

例如，全球提高社会健康的目标框架可包括再分配饮用水、如果有一个为更高比例人口提供安全饮用水的模型，全球健康可能得到改善。指标便成为获得安全饮用水人口的一个比例。发达国家获得安全饮用水项目可能涉及保持流出每个水龙头的水的质量。在发展中国家，水平的提高可能更为简单，涉及为社区提供集中、安全的饮用水资源。以具体项目的方式，它有助于与受影响的当地社区就传送安全饮用水的系统和方法的可行性和适用性进行对话，并能用于描述项目的结果。

为发展指标推荐的方法可以运用这个两步的程序。首先，框架用来使整体可持续目标的具体问题得到解决。其次，概念模型是用来发展标示问题的指标。这个过程确保指标为标定全球目标阐明细节。

CSD 是受 1992 年地球峰会和《21 世纪议程》的指定开发的，它将《21 世纪议程》列出的可持续发展条件和重点转化为可持续性指标。CSD 使用了一个围绕四个大类可持续发展主题框架：社会、环境、经济和体制。每一个大类分成涵盖重要可持续性问题的主题和次主题，与《21 世纪议程》的章节对应。CSD 运用这个框架作为分类和选择相关可持续指标的基础。运用这个程序，CSD 阐述了涵盖 15 个主题和 38 个次主题的 65 个指标。

PSM 核心指标是从 CSD 框架中导出的。在 FIDIC PSM 模型中，从 65 个 CSD 指标中根据它们同项目的关系导出了一套 42 个指标（14 个主题、30 个次主题）。体制类不在 PSM 范围之内，与体制相关的主题和次主题便不视为与项目有关。

每一个指标都进行了调整，使之与项目的活动相关。例如，CSD 指标“贫困线以下的人口比例”转化为一个合适的 PSM 指标“项目从当地雇用的工人或员工人数”。在这个例子中，假定项目业主和工程师不能从本质上影响生活在贫困下的人口比例。不过，他们可以通过雇用当地工人来帮助减轻贫困。

在 PSM 程序中，核心指标表可以运用当地可持续发展指标和股东的投资由一系列步骤进行修改和扩展。不过，如果指标与项目可持续性关系密切，程序就不能将其删除或进行实质上的修改。

FIDIC PSM 核心可持续发展项目指标[8] **表 6-3**

主题	次主题	PSM 的核心指标
社会		
公正	贫穷（3）	SO-1：项目从当地雇用的工人或员工人数
公正	性别平等（24）	SO-2：与少数民族和女性相关的雇用政策和工资政策
		SO-3：少数民族和女性雇用比例
		SO-4：少数民族和女性工资与标准工资的比较
健康（6）	卫生	SO-5：有充足污水处理系统的人口比例
健康（6）	饮用水	SO-6：获得安全饮用水的人口比例
健康（6）	保健服务	SO-7：享有初级医疗保健设施的人口比例
健康（6）	职业安全及健康	SO-8：建设期间的施工安全记录
人权	童工	SO-9：项目建设期间使用劳务记录
住宅（7）	居住条件	SO-10：人均居住面积足够的人口比例
人口（6）	人口变化	SO-11：受项目正式和临时住区影响的人口数量和比例的变化
文化	文化遗产	SO-12：对当地文化、历史建筑的影响评估
文化	非自愿移民	SO-13：项目移动当地人口的程度
诚信	贿赂和腐败	SO-14：努力监测和报告贿赂和腐败
环境		
大气（9）	气候变化	EN-1：在项目各阶段测量气体（温室气体）的排放量
大气（9）	臭氧层损耗	EN-2：在项目各阶段对臭氧物质的使用量
大气（9）	空气质量	EN-3：在项目各阶段测量主要空气污染物排放量
大气（9）	室内空气质量	EN-4：室内空气污染物数量
土地（10）	农业（14）	EN-5：受项目影响的耕地和永久作物土地的比例
土地（10）	农业（14）	EN-6：与正常相比化肥的使用量
土地（10）	农业（14）	EN-7：与正常相比杀虫剂的使用量
土地（10）	森林（11）	EN-8：在项目的开发、设计和交付过程中，森林被使用和影响的程度
土地（10）	森林（11）	EN-9：在项目各阶段木材的用量
土地（10）	荒漠化（12）	EN-10：被项目占用的土地被荒漠化的程度

续表

主题	次主题	PSM 的核心指标
海洋与海岸（17）	沿海地区	EN－11：测量海藻浓度变化
海洋与海岸（17）	沿海地区	EN－12：沿海地区人口变动
淡水（18）	水量	EN－13：测量项目各阶段用水量
淡水（18）	水质	EN－14：测量被项目各阶段影响的水体中的生物需氧量（BOD）
淡水（18）	水质	EN－15：测量被项目各阶段影响的淡水中粪大肠菌的数量
生物多样性（15）	生态系统	EN－16：受含有重要生态系统区的项目影响的地区的比例
生物多样性（15）	物种	EN－17：测量在项目对重要物种数量的影响
经济		
经济结构（2）	经济表现	EC－1：项目为当地带来经济效益的程度
消费与生产模式（4）	原料消耗	EC－2：与规范和其他活动相比消耗原料的程度
消费与生产模式（4）	能源消耗	EC－3：与规范和其他活动相比消耗能源的程度
消费与生产模式（4）	能源消耗	EC－4：与规范和其他活动相比使用可再生能源的程度
消费与生产模式（4）	废物的产生和管理（19－22）	EC－5：与规范和其他活动相比，工业和市政废物产生量
		EC－6：与规范和其他活动相比，工业和市政废物的处理程度
消费与生产模式（4）	废物的产生和管理（19－22）	EC－7：与规范和其他活动相比，有害废物的产生量
		EC－8：与规范和其他活动相比，有害废物的处理程度
消费与生产模式（4）	废物的产生和管理（19－22）	EC－9：与规范和其他活动相比，放射性废物的产生量
		EC－10：与规范和其他活动相比，放射性废物的产生量
消费与生产模式（4）	废物的产生和管理（19－22）	EC－11：与规范和其他活动相比，项目各阶段废物循环和再利用的程度
消费与生产模式（4）	交通	EC－12：测量项目各阶段人们的交通方式和距离；与规范和其他活动相比较
消费与生产模式（4）	耐久性（使用寿命）	EC－13：特别指定使用耐久材料的程度；设计延长材料使用寿命
消费与生产模式（4）	维护，便于保养和维修	EC－14：与规范相比，设施需要维护和保养的程度

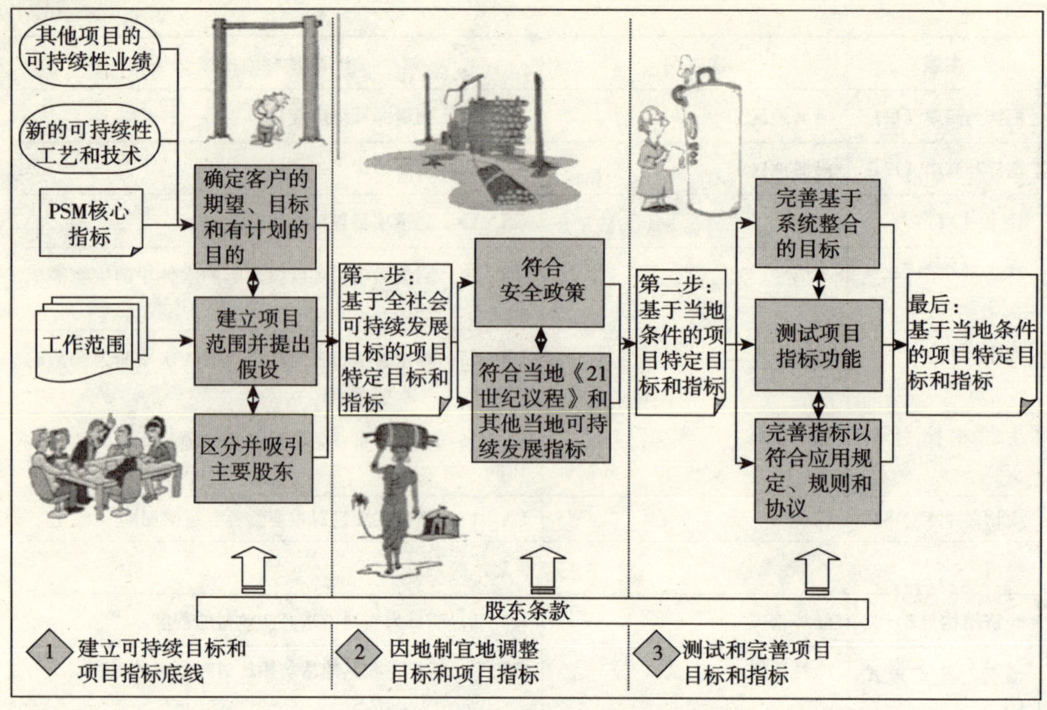

图 6 -4：项目可持续性管理（PSM）的过程。来源：国际顾问工程师联合会，可持续发展专责小组，项目可持续性管理指南。

创建可持续发展项目特定目标与指标

创建和运用可持续发展目标和项目指标的 PSM 程序详见图 6 -4，概述如下：

- *第一阶段*。建立可持续的目标和项目指标底线：
  - 确定客户的期望、目标和有计划的目的。
  - 确定项目范围并提出假设。
  - 区分并吸引主要股东。
- *第二阶段*。因地制宜地调整目标和项目指标：
  - 符合可应用的安全政策。
  - 符合当地《21 世纪议程》和其他当地可持续发展指标。
- *第三阶段*。测试和完善项目目标和指标：
  - 完善基于系统整合的目标。
  - 测试项目指标功能。
  - 完善指标以符合应用规定、规则和协议。

下面是对每一阶段的描述：

第一阶段：建立可持续的目标和项目指标底线

第一阶段涵盖项目初期规划设计。项目业主和工程师一起把可持续发展目标纳入调整范围和项目，并把这些并入业主对项目的整体构想之中。在这一点上区分并吸引主要客户。此外，项目业主和工程师也可以听取在别人取得的可持续发展的各项指标中涌现出的新工艺、体制创新和科技创新等。

确定项目范围并提出假设

该过程的第一步是要获取这个项目的详细情况：范围、设置、有目的的使用等。这一步骤的目的是了解该项目的性质及潜在的环境、经济和社会影响。它假定项目业主进行项目风险分析和认定时没有或在有已知或预期的条件下，可以停止该项目。

在这一步，项目经理把可持续发展的PSM核心主题和指标当成一个清单来使该项目更加明确，以评估各项工程的可持续性。其中的一些关系到工程的质量，例如，已经完成的工作，包括预期的寿命和保养，以及对报废了的工程的处理。有的关系到原料和能源的流向。有的关系到用户的行为。这些相关的信息部分罗列如下：

- 详细的项目范围
- 系统的限度，包括物质的和时间的（周期）
- 环境影响、生活习惯或周边的一些敏感区域
- 影响群体（积极和消极影响，如自愿被迫流离失所或重新安置、重新就业）
- 受影响的文化遗产
- 修建工程的使用寿命
- 所需服务、维修和翻新
- 拆迁、拆除、恢复、回收和处理
- 能源消耗和温室气体排放等相关影响
- 原料消耗
- 能量变化和能源链的发展
- 预计设备使用
- 交通使用[9]

确定客户的期望、目标和有计划的目的

项目业主怎样才能做到可持续发展呢？要回答这个问题，工程师应与业主确定项目的环境、经济和社会目标。项目业主可以拥有具体的可持续发展计划诸如节约用水、提供多样化的灵活性，或者使用替代能源。

在这一步，项目业主的期望、目标和有计划的目的应该与PSM可持续发展的核心目的和指标相比较，以确保业主追求的可持续性要素可以符合规定。必须认识到规划设计在这一阶段将通过兴建、经营、拆除与处理来影响整个项目的生命周期。

影响规划设计可持续性的决定的例子　　表6-4

项目生命周期阶段	决定	影响
开发	定位、功能、合伙人、资金、成本	准入、质量、效率享有者、便利享有者、对社区的贡献
规划、选址、设计	循环使用材料、开放式设计、使用自然光、交通使用	材料强度、能源效率、效率享有者、便利享有者
建造	建筑垃圾的处理和回收	建筑环境足迹、使用可循环材料
运行	能源效率、室内空气质量、材料使用	效率和生产率占有者
拆除、处理	循环使用建筑材料的能力、建筑重新使用	转售价值、再开发潜力

附加的革新机会指导见本章后面的内容。

区分并吸引主要股东

在过去，公司只认识到少数群体——股东、员工、监管机构、金融团体和少数其他团体——的合法利益。今天的情况已大有不同。拜信息技术及电讯科技所赐，许多民间组织和激进团体层出不穷，有着获取新信息和通讯的权力。如果合适，这些组织可以利用媒体和互联网的力量来与任何它们认为行动有误的组织沟通。因此，这些组织实际上为政府和非政府组织的活动设定了标准。它们可以对组织的声誉施加影响，并对其财政业绩施加相关影响。

项目的情况也是如此。业主的组织行为部分是由他/她设计、建筑和运行的项目来获得评价，并成为股东们调查的对象。因此，业主和工程师为项目区分和吸引主要股东，理解他们的问题和信息需求，并建立一套项目指标来满足这些需求。这是一个已被认识到的可持续发展矛盾的来源，即本地股东利益与全社会所理解的利益相悖。

第二阶段：因地制宜地调整目标和项目指标

在 PSM 程序的第二部分，把在第一阶段建立的目标和指标进行修改以适应当地条件，特别是当项目地处低—中收入国家时。

符合可应用的安全政策

当项目地处世界银行发展指数数据库[10]定义的低—中收入国家时，要使用附加指标来反应特别的可持续发展问题以及应用于发展中国家的安全政策。这些问题包括自然栖息地、害虫控制、林业、大坝安全、土著民族、被迫移民、文化产权、儿童和强迫劳动，以及国际水道。[11]

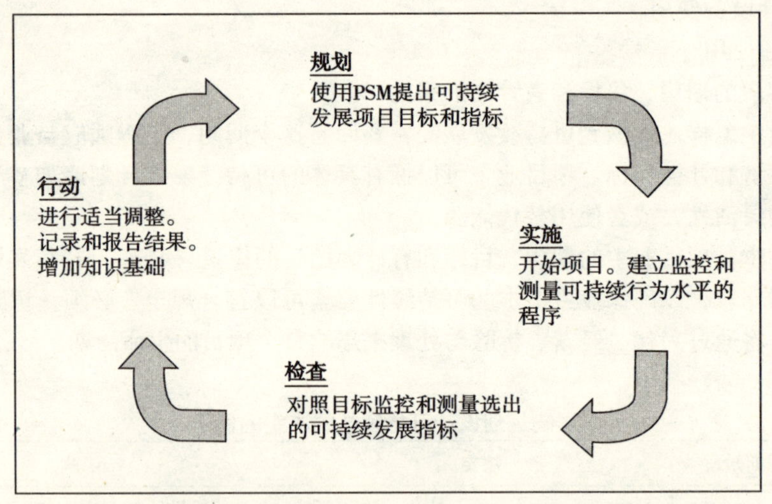

图 6-5：将项目可持续管理纳入项目质量管理体系。来源：国际顾问工程师联合会，可持续发展专责小组，项目可持续性管理指南。

除了政策保障，还要考虑到当地的资源和政策的认识和运用能力。没有这种理解，一些类型的问题可能就会主导股东的商讨，可能就会排除掉一些问题，不管它们对可持续发展是多么重要。例如在南美洲，即使不是全部，也有不少项目业主和工程师还没有形成可持续发展观念。目前，社会和经济问题得到了相当的重视，而不是环境问题。因此，在低—中收入的国家工作时，项目从事者应当仔细理解其背景，运用 PSM 确保当地的重点问题被解决，但又要满足可持续发展项目核心指标。

符合当地《21世纪议程》和其他当地可持续发展指标

项目所在地可能形成了符合《21世纪议程》第40章的一套当地自己的全社会指标。在这种情况下，工程师应该将当地指标运用于项目开发特殊指标中。工程师应将当地可持续发展指标与PSM核心指标进行比较，还应当加入一切核心指标中没有提供的当地指标来设定和修改核心指标以获得当地领导人更大的支持。[12]即使当地没有《21世纪议程》，工程师仍应与当地政府官员和环境组织联系，取得其他可持续发展指标之类的行动指导。

这一步的结果是一套基于PSM核心指标的可持续发展指标，但对它们进行了修改使其符合当地条件。指导者必须获得当地政府官员或重要利益团体的持续支持。

第三阶段：测试和完善项目目标和指标

进入第三阶段后，项目业主和工程师已经建立了一套可持续发展项目目标和相应的可持续发展项目指标，反映出业主对项目的远见并针对当地可持续发展目标做出的修改。在这一最终阶段，业主和工程师对这些目标和指标又进行了三个改进。

完善基于系统整合的目标

在项目将可持续发展提高了好几个层次的设计和交付中，工程师运用了许多工艺、系统和技术来达到预期的结果。在这一阶段，对设计者来说，考虑这些单个因素如何一起作用来达到预期结果是非常重要的。在这里，这些因素被交叉检查以确保干扰被减到最小。改变先前建立的可持续发展目标来适应这些整合的原因可能是很有必要的。

测试项目指标功能

一旦完成指标清单，项目业主和工程师应当审查和测试指标清单，以保证进程产生一套合理而可行的指标。Pastille财团提出了一个包含三部分的测试，声称它能帮助实践者激发不同的思考方式，产生对项目所在地背景更好的理解，并且最终确定指标的长处和不足。

以下为Pastille测试的概述。[13]详情可见相关参考指南。

- *表示出指标概况*。项目指标在何种程序上应用：战略、程序还是项目？使用什么指标动作工具？指标类型是什么？指标系统的目的是什么？谁是项目指标系统获益者？他们的作用是什么？他们是支持、中立还是反对？如何使他们更支持项目指标？
- *进入行动竞赛场*。这一部分的目的是帮助实践者明确竞争行为的状况，更好地理解影响指导者的积极和消极的因素。这包括利益方的区分、保证、沟通、信任和合作等问题；易于收集数据；指标与目标和起点的联系，以及如何用指标来作出决定。
- *描述行动竞赛场*。诠释和表达分析的结果。作者建议在雷达图上标出结果，来比较每一个层面的价值。

运用这些测试可以发现指标选择中的问题。工程师和项目业主应对指标进行最终检查，进行一切必要的修改。

完善指标以符合应用规定、规则和协议

对某些项目来说，客户组织、社团、地方当局或其他机构可能会要求应用与可持续相当的现有项目指标体系。而且，出于整体形象和信誉管理、竞争力，或作业整体企业战略的一部分考虑，项目业主可能希望将其他指标草案运用到项目中。下面提供了一些例子：

- *根据全球报告倡议（GRI）可持续发展报告指南进行报告*。有的客户组织制定了政策来根据 GRI 指南来报告他们的可持续发展业绩。
- *获得 LEED 认证*。项目业主可能希望项目中的一个或几个建筑或设施获得一定水平的认证。在这种情况下，项目业主可能需要增加或修改一些项目指标以符合 LEED 系统。例如，美国国防部曾发表直接声明称它们的新设备将符合一定的 LEED 认证。
- *用 SpeAR 对项目进行评价*。项目业主可能希望增加或修改项目指标以符合 SpeAR 的评价模式。

如果需要，用 PSM 发展而来的指标可以调整以符合评价或报告协议。

最终可持续发展目标和项目指标

完成这些 PSM 可持续发展阶段的创业者将为他们的项目形成一系列可持续发展目标和相应指标。

可持续性项目例行评价（SPeAR）

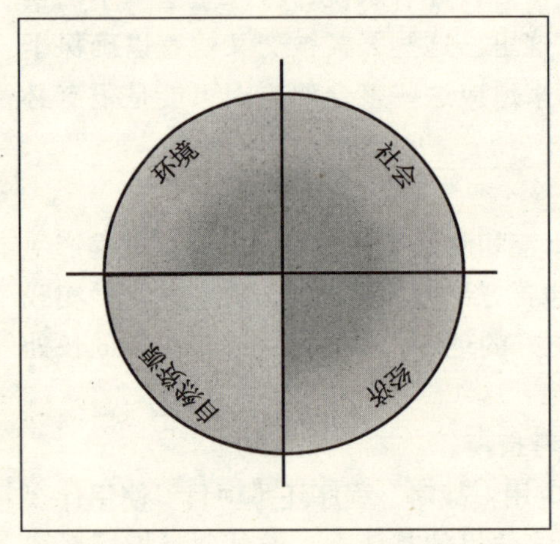

图 6－6：SpeAR® 4－扇形模型。来源：奥雅纳公司授权重印。

可持续性项目例行评价是基于一个既可用来作为一种管理性的信息工具也可当作一个设计过程的一部分的由四块代表可持续性问题的扇形的框架。由奥雅纳公司创造的可持续性项目例行评估通过四个要素将可持续性引入决策过程：环境保护、社会公理、经济的存活力度以及对资源的有效利用。

在奥雅纳公司看来，这些信息产生自设计和研发各个阶段对创新思维和有远见的决定的及时准确的评价。这将允许在可持续发展的过程中不断地升级而更好地为实现可持续发展的目标服务。

与约翰·埃尔金顿在第二章谈到的一些片断一样，SPeAR 模型熟知环境、社会、经济和自然资源系统之间的联系。这些系统在各自为政时不会起任何作用。但处于环境与社会系统、环境与经济系统，以及社会与经济之间的交点就决定了生活的质量、社会经济状况以及各自的生态效益。而可持续性就存在于这些系统之中。

这种常例就是基于在最好与最坏之间表现出来的每一项指标。每一个设想的指标都被汇集进一个相关的小扇形里。而那些扇形的平均表现又被置于 SPeAR 图表里。SPeAR 图表透露的这种有条理且显而易见的方法确保了每一个标识出来的决定是完全能被追踪核查的，并且强调出在可持续性前景中出现的优缺点，为可持续业绩提供了一份独一无二的统计数据。SPeAR 扇形及其内在的意义是无法估量的，这可以假定一些图示相对于其他一些为可持续发展做出了更大的贡献。

这些评价在同一个时间执行，但是，可持续发展并不是静态的，而且，随着可持续性驱动力的改变，那些在环境保护、经济存活力、社会公理和资源效用方面的长远利益也将获得巨大潜力。

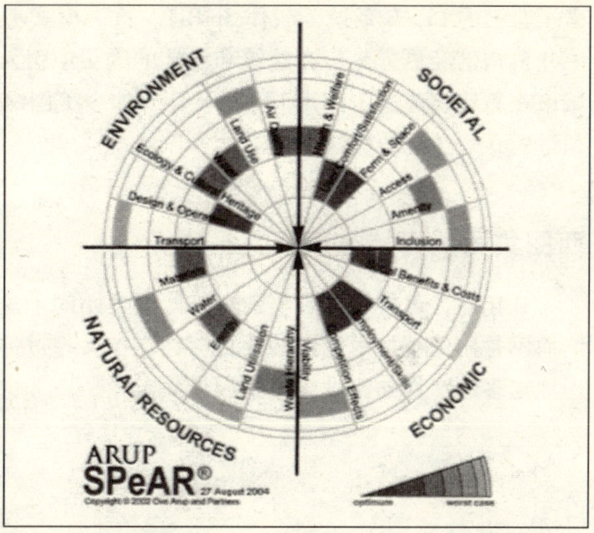

LEED 绿色建筑物评级系统

LEED 绿色建筑物评级系统是一项应用和评价那些给予可持续性指标的建筑过程。它由美国研发和管理。绿色建筑委员会提供了现代框架和步骤来全面地评估那些基于可持续发展原理建造的建筑物。建筑将会被评为 0－69 分，而且会分成四个等级。

图 6－7：SPeAR ® 4-Quadrant Model with hypothetical scoring. 来源：Arup Group Ltd.

- LEED 级别：26－32 分
- 银奖级别：　33－38 分
- 金奖级别：　39－51 分
- 铂金级别：　51 分以上（最高可达 69 分）

LEED 是由美国绿色委员会提出，以使绿色建筑的定义标准化，并促使建筑设计在更具有生产力的同时向着良性环境方向发展——这可是很多设计人员、建筑师和工程师都曾遇到的矛盾。从绿色建筑委员会的数据来看，商业和居住建筑占了美国超过 65% 的电力供应、36% 的燃气供应、12% 的包装水供应。每年建筑物的建造和拆除都会产生 1.36 亿吨的垃圾。从世界范围看，建筑业占用了 40% 的原材料——大约每年 30 亿吨。[14] 因此，设计和建造能节省能源和原材料的建筑将为可持续发展做出巨大贡献。

尽管该评价系统提供了一种过于简单的且无止境地对可持续性贡献的评价，LEED 似乎改变了房地产业。首先，在一幢绿色建筑里对建筑寿命的分析和对建筑整体设计的购买决定将提升知情利益人的收益。在过去，对房屋的购买决定于首付房款而不是所有支付价格。现在，通过 LEED，所有者可以看到在设计和建筑阶段投资的利益，以便更好地对自己的付出进行最大程度的操控。

第二，LEED 评价系统和它的四个等级通过竞争从而刺激了房屋完工情况的进步。这种竞争不仅牵涉到建筑师、工人和业主，而且也关系到那些苦苦寻觅开发和出售高绩效建筑技术的公司。

第三，LEED 证书常常能通过那些不仅环境好，而且具有经济、舒适等益处的绿色建筑的市场知情度的方式来提升这些房屋的价值。那些具有更大生产力且更具易用性的建筑物对业主来说会更加值钱。

第四，LEED 证书有助于提供一种“绿色清理”的观念。通过对证书的发放程序设置一个更具可信度的评价标准，那些未获认证的“绿色产品”将被认为是不可信且应该贬值的。

LEED 已在美国各地得到迅速普及。联邦政府机构，包括司务总长、国防部（美国陆军、海军、空军）、能源部和美国环保局已经签署了 LEED。美国陆军工程兵团已经探索了自己的 LEED 系统，叫作 SpiRiT。这一模式考虑了国防部装置的特殊需要。其中有一些机构已经更进一步在建筑和设施的购买中引入了 LEED 认证。现在有 6 个州和 10 个城市在新建筑建造中使用 LEED 认证。如今美国绿色建筑评级系统已登记了 62 个认证和超过 850 个登记的在建项目。

西图集团的可持续项目路线图

几年前，可持续发展实践组在西图集团问了这样一些问题：你如何交付一个更可持续而不是用传统技术完成的项目？你在扩大超过传统方法所获得的可持续绩效方面能合理地走多远？你如何做出这些设计决定？

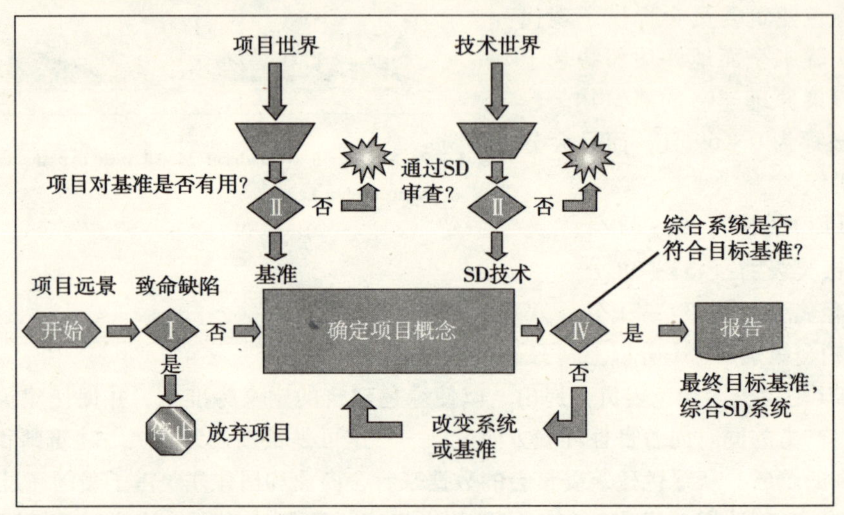

图 6-8：西图集团可持续发展项目审查程序。来源：琳达·莫斯（Linda Morse），西图集团，提交给美国工程公司协会，环境企业活动联合可持续发展会议，2000 年 1 月。

对此，可持续发展建筑师保罗·比尔曼-莱特尔（Paul Bierman-Lytle）和西图集团设计团队开发了一种构架和方法，把可持续发展原则纳入设施和基础设施项目。[15] 方法包括一系列的 5 个评估步骤，最后用一个设计报告来指导设计和交付的细节。这个方法是为了制订新的更可持续的技术并根据可持续设计准则来评估它们，了解技术绩效、系统整合、经济和客户目标。这 5 个步骤见图 6-8。

程序是为了在南加利福尼亚州一块 1900 亩的土地上重建酒店、学校、宿舍和住宅而开发的。项目的主要目标之一是将可持续发展原则与扩大实践相结合。

程序基于 5 个基本问题：

1. *我们想要完成的可持续性是什么*？通过转移到可持续发展的方向能得到什么？我们的项目远景和目标是什么？
2. *是否有致命的缺陷*？关于所提出的项目的定位、设计，或运行问题哪些会引起项目终止？
3. *其他项目取得了何种程度的可持续发展*？别的项目获得了什么及什么可以运用到这个项目中？
4. *我们提出的技术和体系能否符合可持续发展标准*？这些又如何叠加起来有悖于可

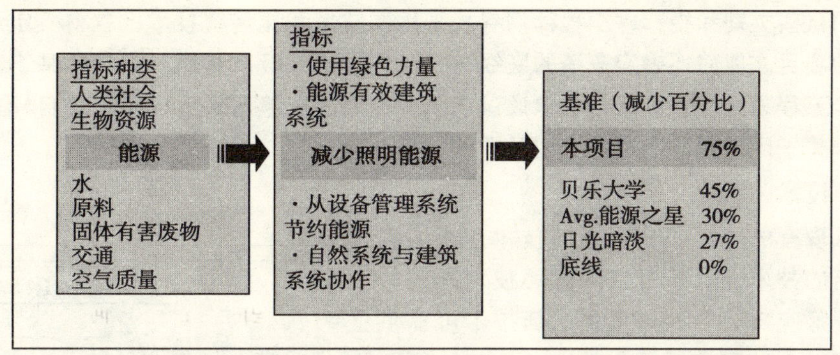

图 6-9：基准和“提升”。来源：西图集团，提交给美国工程公司协会，环境企业活动联合可持续发展会议，2000 年 1 月。

持续原则？

5. *技术和体系一起作用会不会满足可持续成本和绩效目标？*技术和体系能相容吗？我们能否满足成本绩效目标还是需要重设它们？

步骤 1：项目远景

第一步是决定一个项目的远景。在这一步，客户与工程师共同发展客户想要用这个项目达到的可持续目标。琳达·莫斯提供了一些可持续发展项目目标的例子：

- *水——水的消耗与传统一切相比要可持续性地减少。*
- *能源——与开发设备相比，耗能大幅减少，使用绿色建筑设计、设备管理、减少需求、高效建造系统和其他方法。*
- *生态资源——在将会改变自然群落的地区，用最好的管理工作加强和保护生态特征。*
- *人类社会——设计项目来推动地域感的产生并为居民、参观者和职员频繁轻松地交往提供机会。*[16]

这些首要目标提供了具体的设计和技术指导。

步骤 2：致命缺陷分析

在第二步中，我们认为项目中任何严重或致命的缺陷都会阻碍项目的发展。例如文化资源、地质、空气质量和交通。

步骤 3：基准

第三步的目的是学习别人的做法，取得导致向着可持续性过程中的技术、工艺、设备或方法的改进。在这里，工程师用一些可持续发展项目指标来追踪绩效。这些指标是由一套涵盖了可持续性全部方面的指标中选择出来的。

系统条件自然步骤	特定次标准举例
1. 自然中的来自地壳的物质不是可持续的	行为是否使用和减少了来自地壳的对动植物有害的材料？
2. 社会减少的物质不能在自然中系统地增加	行为是否向大气中散发了人造物质？
3. 自然生产和多样的物质基础不能被系统地破坏	行为是否影响了土地补充地表水和地下水的能力？
4A. 满足人类基本需要的公平性	支持生物多样性的环境的方法达到了什么程度？
4B. 满足人类基本需要的有效性	能耗减少的程度是多少？

图 6-10：自然步骤系统条件和基准举例。来源：琳达·莫斯，西图集团，美国开发公司，保罗·比尔曼-莱特尔，个人会谈，2003 年。

利用这些类别和指标，工程师们寻找采用新技术和比传统技术已取得一定水平进步的技术的项目。他们还确定业绩的底线——传统技术达到的业绩。最后，基于客户的项目目标，工程师可能性被客户要求通过在新的更高的业绩水平上设定新的目标来提升业绩。一个关于用水指标的抽样运用见图 6－11。

步骤 4：技术筛选

除了现有的已用于项目中的技术，必须确认和筛选新的技术。随着可持续发展技术兴趣的上升，工程师应期望看到一系列的新技术可提供更佳的表现。本过程的目的就是用可持续的原则筛选这些技术，以及步骤 3 确认的技术。西图集团选择用自然步骤的系统条件作为筛选的基础，并且发展了相应的评价标准。图 6－10 提供了如何用自然步骤的系统条件开发次级标准的例子。

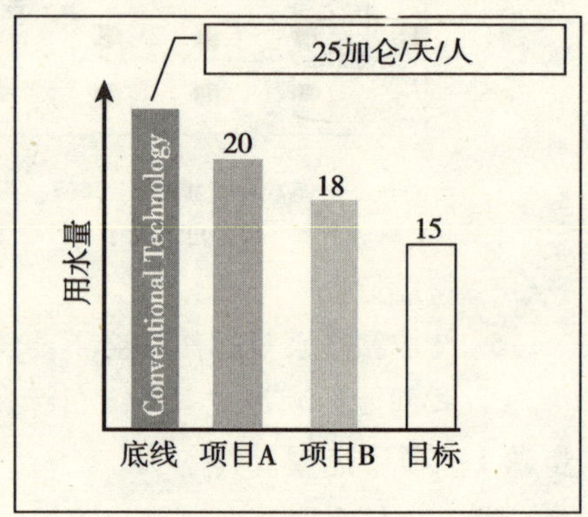

图 6－11：提升保护水资源标准。来源：琳达·莫斯，西图集团，保罗·比尔曼－莱特尔，个人会谈，2003 年。

步骤 5：系统整合

最后，也许是最重要的步骤是将项目中所有系统的整合。在这一步有一个问题，系统和技术功能是否协调？虽然技术可能实现它本身高水平的业绩，但与其他项目系统整合在一起就未必如此。例如，如果选择的水处理技术必定要消耗很大的能量，这就与减少能耗的目标相矛盾。在每一项整合中，团队都会评估指标目标，并可能根据如何解决矛盾对它们进行重新设置。有希望的是，最终结果将是一个比传统技术明显改进的项目。

结合了可持续原则并寻求提升一个或多个可持续参数的项目一般包括大量必须整合的系统。

作为创新来源的生态效率

企业发现生态效率原则是一个走向可持续发展的有效起点。这些原则提供了新的观点以及思考如何生产或服务如何提供的新思路。表 6－5 提供了基于 7 项生态效率原则的革新理念。

生态效率检验表[17] **表 6－5**

减少产品和服务的材料消耗强度
• 水的消耗量能否减少？ • 在项目后几个阶段使用高性能材料能否产生更少浪费？ • 废物能否在现场再利用或运到其他地方再利用？ • 产品或服务能否与整体上减少材料消耗强度结合起来？ • 包装能否减少或免掉？
减少产品和服务的能源消耗强度
• 我们能否找到使用可再生能源的方法？ • 使用不同材料能否减少能源消耗？ • 能否将一项工艺产生的废能用于另一项工艺？

续表

• 建筑能源消耗能否被监测和控制？ • 能否减少交通或使其更高效？
减少有毒排放
• 能否在工艺和产品中完全消除有毒物质？ • 能否在项目建造阶段减少废物量和排放量？ • 在建造阶段是否有处理废物的方法？ • 能否对含有微量有毒有害成份的产品作详细说明？
加强材料循环使用
• 废物能否被重新加工、使用和循环？ • 能否对含有可循环使用成份的产品作详细说明？ • 能否设计考虑到重新利用、灵活性或循环使用的设备和设施？ • 能否设计考虑到简便拆除和复原材料的设备和设施？
可再生资源的可持续使用最大化
• 能否对用认证过的可持续的可再生资源制造的产品作详细说明？ • 能否设计最大程度地利用主动热能和制冷的设备和设施？ • 能否在设计中采用可再生能源？
提高产品耐久性
• 能否将耐久性问题结合到设计中？ • 能否设计易于保养的设备和设施？ • 能否使设计具有高度灵活性？
提高产品的服务强度
• 能否与客户共同努力为其企业模式提高服务强度，如，找到销售更多与产品相关的服务而不仅是产品本身？ • 能否在销售的服务中增加更多知识含量？ • 能否用你的知识影响客户的企业以降低客户的成本或减少浪费？ • 能否扩大我们的服务范围来满足增长的利益方需求？

主要的公司已转而将生态效率作为生产开发的筛选工具。例如，BASF用生态效率分析作为目标工具来生产更有利于生态和环境的产品。它开发了一个名为“Ecologistics”的专利软件，用于比较生态数据、环境影响和相应管理，以为顾客和产品找到最好的解决办法。使用这个工具，BASF产品和程序的经济和生态方面的优势和劣势可以被直接互相比较。在卡尔斯鲁厄大学和Öko研究所试用之后，这个工具现在被扩展成比较环境影响、社会影响和成本的三维图形。[18]宝洁公司项目团队使用产品可持续评价工具（PSAT）来决定一个项目是否坚持可持续性原则。通过一系列的问题，这个工具绘出了可持续性曲线图，团队可以用它来强化可持续性特征并改进缺点。

穿越成本壁垒

许多被可持续发展催化的革新涉及整体系统工程，即，不仅优化系统的一部分，而是整个系统。阿莫里·洛文斯（Amory Lovins）的落基山研究所（Rocky Mountain Institute，RMI）曾对这个问题进行过研究，并且提出传统的优化能源效率的知识过于狭隘，常常错过节约能源和成本的巨大机会。

用传统的方法，企业通过独立地分析每笔投资来节约能源投资，如果成本超过收益就停止投资。但是，RMI成员指出这种孤立的思考忽略了系统其他部分之间的相互作用，

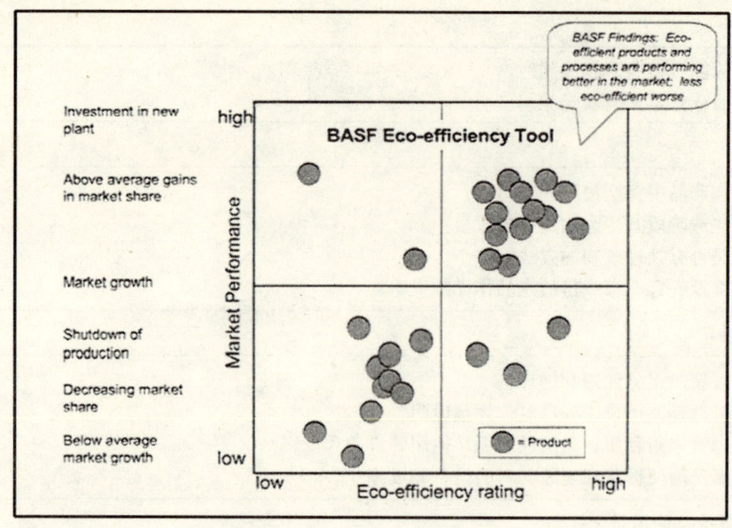

图 6－12：BASF 与可持续发展。

可能使分析遗漏巨大的收益。1997 年夏，《RMI 通讯》[19]（RMI Newsletter）发表了一篇文章，作者举出一个家用空调的例子。通过分别地分析各部分和分系统，可以减少 66% 的空调需求。但是，由于要花费与能源节约相关的额外成本，这个方法不能用，因为节省的能源成本都不足以支付它，于是设计者只有引入能从实质上减少整体资金成本的方法才能消除空调的使用。

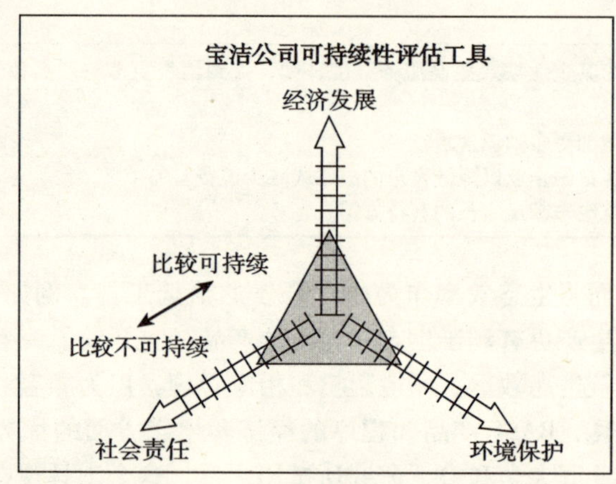

图 6－13：宝洁公司产品可持续性评估工具。来源：宝洁公司。

RMI 确定了穿越成本壁垒的四项原则。

- *从单一开支获取多重利益*。企业应考虑从优化单一变量可以得到的附加利益。在前面引用的实例中，设计者减少了能源成本，发现通过穿越正常的成本—利益壁垒，他们能够减少整体资金成本。
- *从下游开始将综合损失转化为资金节约*。在第一章中，我注意到一个落基山研究所关于更大的管子能够节约大量资本和运行成本的例子。这是工程师简·席兰（Jan Schillam）的研究成果，他从下游着手观察管子，设计了一套工业管道和水泵系统。通过使用大口径的管子、直排水管并分开布置，席兰能够实际地减少水泵和发动机的大小，节省建造成本、能源消耗和资金成本。他还提高了系统的可靠性并减少了运行和维护成本。

- *得到正确的次序*。洛文斯提供了一个通过按正确顺序进行设计以达到大量能源节约的程序：[20]
  - *先人后硬件*。观察要向人交付的服务，例如，看是不是通过改变地点和结构就能减少对硬件（设备和设施）的需要。
  - *先外壳后内容*。正确设计建筑或设备的设计使其避免需要用“维修”或调整来修改错误的设计。
  - *先应用后装备*。思考你试图提供怎样的服务，看会带来什么减少所需的装备数量的变化。
  - *先质后量*。你能通过提高服务质量达到同样的效果吗？在光线的例子中，先努力减少眩光，而不是用增加灯光来掩盖眩光。
  - *先被动后主动*。首先考虑如何利用自然系统，例如，阳光、高温和低温，然后再考虑使用设备。
  - *先减负后供应*。在设计供应之前先考虑减少服务需求。
- *优化整体系统，而不是部分*。理解整体系统的运行来区分每一部分之间的相互作用以及其他会影响到的成本。

工程公司的共同的目标和贸易联系已使可持续变化向着给工程服务定价的方向发展。这个目标是基于相信工程服务被低估了并应得到给客户带来的服务相称的评价，与专业投入的时间相称。虽然这个目标似乎非常合理，工程公司发现还是很难实现。在这种高度分散的产业中，每个试图提高服务价值的公司很快就被不这样做的公司挤掉了。

这种情况使本来就在向客户提供良好价值方面存在问题的行业更加恶化。在今天的采购项目中，几乎每个公司都要不仅采取技术来减少报价，还使技术质量与其他公司没有差别。结果就是价格下降，特别是在经济紧缩的时期。

如何改变竞争的基础？在写这本书之前，我注意到可持续发展是每十年发生一次或两次的问题之一，是能改变企业运行方式的潜力之一。今天工业和政府组织正致力于改变。它们正在减轻环境影响并在利益方之间建立新的关系。它们视可持续发展为新的市场力量，并且对新的产品和服务作出了反应。

今天的工程公司占据着一个令人羡慕的位置。走向可持续发展将通过一系列旨在使运行和设施更可持续的工程项目来实现。这些项目要求制定和实施新的、更可持续的技术。从原则上讲，这不仅是工程师的工作，还要求新知识和新技术，不专属于哪一个公司。能够获得这种独特技术的公司会发现它们不仅在技术上与众不同，还能因为提供的价值来重新给自己的服务定价。

与这个机会共存的是一个严重的危机。除工程外的其他公司不仅看到了这个机会，还正在积极推行与可持续性相关的服务，以获得市场份额。正如先前所说，会计事务所已开始为客户提供可持续发展报告。它们的做法是通过将财政审计扩大到环境和社会审计，用新项目填补意识到的项目空白。建筑师不仅开始设计所谓的绿色建筑，还为宣称是绿色建筑的设计设定了标准。我将这些混乱的例子进行了分类——对混乱市场的缓慢反应。不过，可怕的是阿莫里·洛文斯、保罗·霍肯、李永乐（Eng Lock Lee）、威廉·麦克唐纳、迈克尔·布劳恩加特等人提出的目光短浅的工程实例。忽略了能源成本、完全成本计算及其他整体系统的考虑，我们的专业价值就会减弱。除非我们改变，否则就会被排除在商品服务价格之外。

应该怎样改变？首要的是工程专业人员要重视革新——不仅限于谈论，还要付诸实践。我们要在企业内建立研究机构和开发职能，而且要花时间开发新的服务并适应新技术来满足客户的需要。现在，我们等着客户告诉我们要做什么。而研发企业可以接触到大多数厂商，它们可以与大学建立合作关系，把学术研究转化为工程应用。眼光盯着市场，我们可以引导大学的研究，以更好地配合未来的需要。通过这些努力，我们也许可以更好地利用前瞻性的开发来应付出现的新问题。

---

1 Stu Reeve, energy manager, Poudre School District. Personal conversation. July 2004.

2 From a slide presentation, Pathways to Creating Sustainable Schools, given by George Brelig, AIA, RB + B Architects, Inc. and Michael Spearnak, AIA, Poudre School District. Oct. 2003.

3 The term charrette comes from the French word meaning "cart." Originally, it was used to describe the intense, last – minute efforts by architecture students studying at the École des Beaux Arts in Paris in the 1800s. Students' project drawings were collected on a cart or charrette circulated by the proctors. Architects now use the term to describe intense, short – term design efforts.

4 Bill Franzen, in discussion with the author, July 2004.

5 Project Delivery: A System and Process for Benchmark Performance (Denver, CO: CH2M HILL, 1996).

6 FIDIC's Project Sustainability Management system was developed by the FIDIC Sustainable Development Task Force. This task force is chaired by the author, who developed the system and drafted the guidelines. The full set of guidelines together with project examples will be published by FIDIC in fall 2004. See www. fidic. org for details.

7 Indicators of Sustainable Development: Framework and Methodologies. Background Paper No. 3. United Nations Commission on Sustainable Development, Ninth Session, New York, 16 – 27 April 2001. p. 2.

8 Source: International Federation of Consulting Engineers, Sustainable Development Task Force, Project Sustainability Management guidelines. The numbers in parentheses denote the chapter in Agenda 21 to which the theme or subtheme refers.

9 Adapted from Tomonari Yashiro, project leader, Building Construction/Sustainability in Building Construction, ISO document no. SO/TC 59/SC 17 N35 (Geneva Switzerland, International Organization for Standardization, September 18, 2003), 6.

10 The World Bank Development Indicators database can be accessed at the following location on the Internet: http: //www. worldbank. org/data/countryclass/classgroups. htm.

11 Guidance on policy safeguards can be found at the following Internet location: http: //www. equator – principles. com/exhibit2. shtml.

12 A survey of Local Agenda 21 processes can be found at the following Internet Web site: http: //www. iclei. org/rioplus – ten/final_ document. pdf.

13 Pastille Consortium, Indicators in Action: A Practitioners Guide for Improving Their Use at the Local Level (London, UK, Pastille Consortium, European Union, May 2002), 22 – 30.

14 U. S. Green Building Council, An Introduction to the U. S. Green Building Council and the LEED Green Building Rating System ([Washington, DC:, U. S. Green Building Council] August 2003).

15 Linda Morse, "A Sustainability Roadmap: Creating the Sustainable Development Project" (paper presented at the American Council of Engineering Companies, Environmental Business Action Coalition's Winter 2001 Conference: Business Profiles in Sustainable Development, Marco Island, FL, February 2001).

16 Ibid., 4.

17 Source: Livio DeSimone and Frank Popoff, Eco – efficiency (Cambridge, MA: The MIT Press, 1997), 85 – 88.

18 Barry Stickings, "BASF and Sustainable Development: Walking the Talk " (presentation to the FT – International Finance Corporate Conference, London, UK, May 28, 2002).

19 "Tunneling Through the Cost Barrier, " Rocky Mountain Institute Newsletter 13, no. 2 (Summer 1997): 1 – 4.

20 Ibid.

第七章

可持续发展的前景

人无远虑必有近忧。[1]

变化中的市场

本书讲述的是可持续发展正在对企业和政府产生主要的影响，并为那些在其特殊的市场条件下能够预测未来且能妥善处理接连不断的工程难题的工程企业创造了新的机遇。在过去的15年里，这场可持续发展的运动已经从一种有点使人沮丧的联合国预言中转变成一种理念，这种理念激发了工业和政府领导人重新审视他们自身组织的基本意图与目标。自从布伦特兰委员会报告在1987年发表以后成百上千的工业和政府机构已经采取了可持续措施。更重要的是它们彻底改变了其操作程序，寻找到了低消耗高产出的途径。这些机构正在用最少的能源和原材料提供了同样的甚至更高质量的产品和劳务，于是获得了利益。同时，它们不仅减少了环境污染与破坏，还承担了更多的社会责任。反过来，这些变化又对科学工程以及设计才能提出了新的要求，其中设计才能已经成为可持续发展的必需品。

对于工程单位的许多人来说，市场环境中的折中改变真的难以表述：1000多家公司，其中许多都是工程公司的委托人，已经加入了可持续发展世界贸易委员会或者是区域委员会，因此在花名册上只能找到一小部分的工程公司。在这些公司里成员组织必须对可持续承担公共义务。许多同样的公司加入了全球环境管理（the Global Environment Management Intiative）。该组织以互帮互助为宗旨，通过分享知识经验、先进手段的方式完成环境保护和社会和谐的使命，其他的则加入了一个名为社会责任事业组织，该组织提供了先进手段、教育以及对公司的建议，帮助它们把在社会上可信赖的商业经营纳入它们的经营。The Global Reporting Intiative，联合国创立的组织，是报道可持续头条的写作机构，在可持续发展报道中报道了有关联的340个组织。另一个组织，新闻热线服务[2]，在其网页上提供了300多家公司的独家专访。每一篇报道不仅包含了公司的成功业绩，还有需要改进的领域。

一些工程公司也开始坚持可持续原则，像CH2M HILL，Hatch Corporation，Kennedy/Jenks Consultants，Montgomery Watson Harza and Nolte Associates公司便采取了主动积极的可持续发展行动。大约在过去的5年里，国际联合会顾问工程师成员被联合国、国际商业议院以及作为主要为可持续发展呼吁的其他的国际组织所认可。在可持续发展世界最高级的会议上FIDIC连同WBCSD和国际商业议院陈述了工程工业对可持续发展的贡献。[3]

2002年末，美国的许多工程贸易组织关于可持续政策争论不休，4000多名建筑师和工程师都上了美国排行榜。Austin Texas绿色建筑理事会建立，它首先看到了组织在其能源和环境规划蓝图上的领导能力[4]。其中有一个参与者回忆起当时的情景：他从没有看到过会议室里的许多人对一篇关于20世纪80年代的有害垃圾清理计划的报道是如此的激动。[5]

然而，在这些措施中，可持续发展任重而道远。可持续发展与它所有的问题和益处仍要被长久地不理解或忽略。通过实践证明，绿色建筑的确可以节省钱，这不单单表现在建筑寿命方面，还有空间设计和建筑成本，许多发展者和合同人很愿意考虑看起来持久的设计或者包括 LEET 证明。[6] 一些主要事件没有确定下来，可持续发展似乎进展很慢，对公众和公共利益组织的反应更多的是压力，而不是提出合理的改善计划。

本章的目的

然而，对于那些考虑到把可持续因素加到它们的经营范围的工程公司来说，一些重要的问题需要被考虑到。什么时候可持续的观念才能成为公司委托人的基础？可持续发展将采取什么样的形式？将需要什么样的工程服务？工程公司（或者工程团队）可能采取什么措施？

为了规范有争论的问题，这场可持续运动还处于相对较早的时期，还有许多机会去规范运动的前景和方向。在这章里，我们将看到这种趋势和在以后的5年里、10年和20年里将规范可持续运动的市场驱动者。由于运动处于较早时期，许多讨论将集中在最近的时期，把重点加在工程的鉴定、所处的位置和竞争不同的机会上去。

对未来的思考

我们不可能对未来的趋势和事情做出准确的预言。然而，制定系统的趋势的分析和模型是可能的。从该模型中，我们可以抽象出世界可能会如何扩展的合理的期望。基于这些知识，不论前途多么渺茫，我们可以计划行动的方向，确认不同的因素和过程，还需要做出一些改变。了解我们知道的和我们不知道的可以使我们能够做出更好的计划并在发生改变时及时作出反应。

如今，世界正以比我们原来想像的可能还要快的速度改变着。“9·11 事件”引起了巨大的变化，我们现在想像得到对我们安全的威胁的那种方法。例如电脑、电信、基因工程、网络、微小的工业技术和混合成的结构的新技术正在创造出我们很难去处理的一系列巨大的经济和社会改变。可持续发展运动正在以我们考虑到的资源、环境以及社会责任的方式在改变中引导所有的这些在我们的商业和我们日常生活中将事情导致，或者正在导致重大意义的动乱。

我们尽可能多地了解未来的形势、事情和问题是一项基本的迫切需要。肯定和寻找这些事情的公司可以决定它们自己的位置去回应被通过改变委托人的需求和股东所关心所创造的机会。而且，它们可以警觉地认出潜在的威胁并做出反应。

学习未来的工具

试图学习未来的每一个人所面临的最重大的问题是尽管有无数的信息资源，但如何有效地选择并且选出那些值得深造和寻找的形势。在环境迅速变化的今天，我们中的寻找未来形势的那些人都处在一种永久的战争中，为了阻止信息的超载，当我们试图筛选、估定和分类那些可以合并到对我们的企业和委托人的企业很重要的问题的形势。

未来主义者，学习未来的那些人用大量的技术去思考并且描绘出未来可能出现的各种情况。

- *形势分析*。通过收集和分析精选的本地的、地方的或者世界形势的指示器，例如，人口增长、大气和水的污染或者每个人的消费，可以通过简单的推断或者通过发展更为复杂的数学模型。
- *先驱者分析*。通过寻找在一定的指示器运动下的模型，创业者或许能够区分然后被应用于预言未来改变的改变阶段。
- *情节分析*。在叙述的描述中，通过创造一系列可能的将来，创业者应考虑必然的形势和未来应如何被扩展（或缩小）为一个可以被实现的情节。在考虑可能带来很大影响其发生的可能性却不确定的趋势方面，情节分析是一个有用的工具。[7]

创业分析为考虑策略上的计划的草案提供了大量的系统的确认、筛选和处理形势、事件和继续学习的争议和顺序的方法。对于本书，将过程划分为5个步骤：

1. *建立一个筛选母体的趋势*。准备一个重要利益共享人的母体，该母体应当被建立，如图7－1的形式表示。对于方便的和轻松的任务我已经按部门整理了这些形势：经济部门、技术部门、政治部门和社会文化部门。然而读者可能希望限制这些或者用其他的部门。

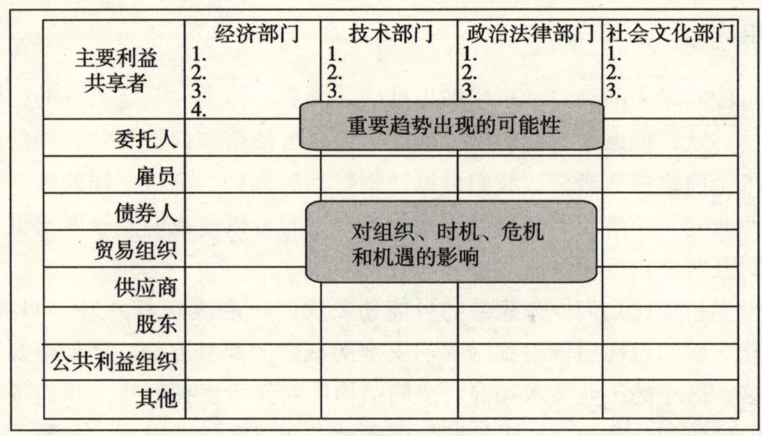

图7－1：筛选母体的趋势。资源：Wallace Futures Group，LLC。

2. *确认重要的股东*。下一步是确认重要的股东，对你的企业有重大影响的那些股东为了完成这一任务，很有必要理解你们公司提供的市场环境。例如，迈克尔·波特的五种力量模型能帮助确认重要的市场和重要的股东。[8] 见图7－2。
3. *关于形势的信息来源处*。来自观察的、杂志的、报纸的、协议的等方面的图画，确定了能够对你的重要股东产生影响的趋势。
4. *描绘趋势的特征*。根据发生的可能性，重要股东的影响和潜在危机进一步确认趋势，见图7－3。
5. *根据影响和现在估计趋势*。判断哪些趋势具有优先考虑权，决定危机如图7－3、图7－4。

把问题转化为策略和行动

如果公司没有采取合适的、适当的措施的话，在早期认清问题和形势也没有什么优

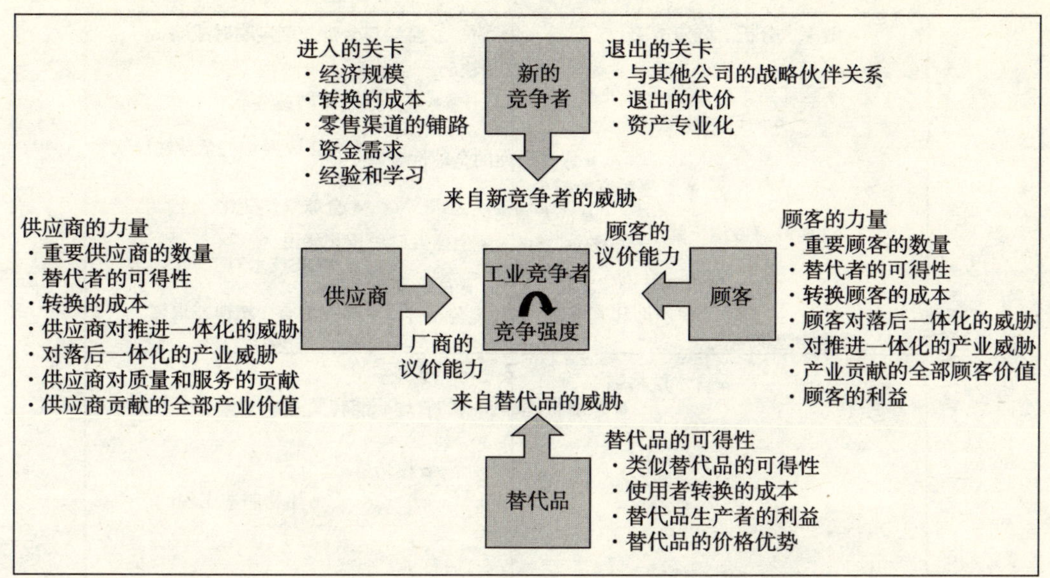

图7－2：用波特的“五种力量”模型确认重要股东。选自迈克尔·波特《竞争战略》，Free出版社，纽约，1980年。

势。一个公司常常很难采取行动，基本有两点原因：

1. 对于创新来说，公司不具有一个环境来使公司用它的大量的资源去鉴定、筛选并发现形势与问题。

2. 公司没有一种有效的处理形势和问题的方法来转化成威胁和机遇，并且把它们转化成创造有竞争性优势的行动。

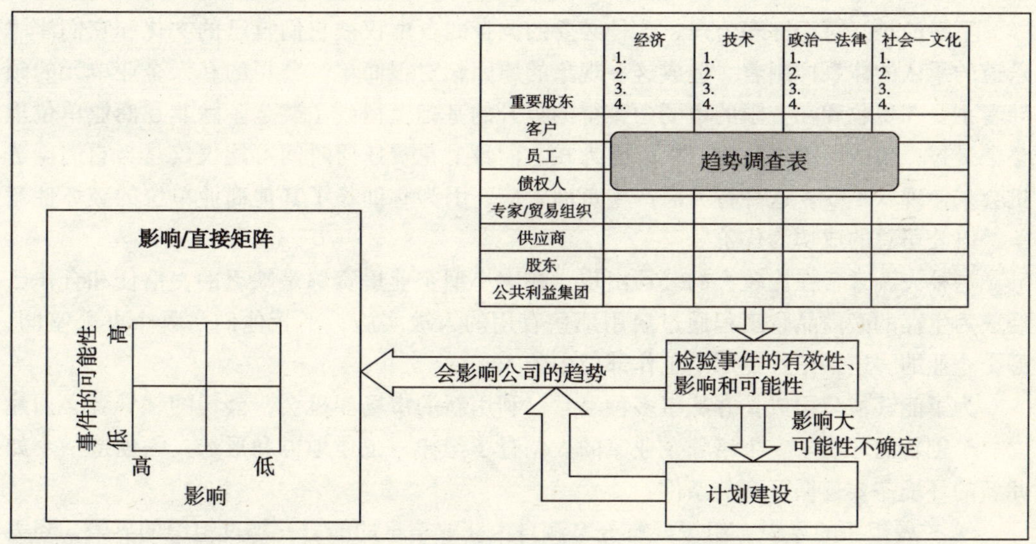

图7－3：调查趋势，生成影响/直接矩阵。来源：华莱士未来集团。

改革及其缺陷

新形势和问题很难认出，特别在早期，是因为它们没有遵循已具体化的市场模式。很可能它们既不出现又不采用公司已确立的商业路线，而是聚集在正常的询问区域的外面。为了能够早日看到这些形势，采取适时和适当的行动，创造一个可以自由进入的市场和规定的组

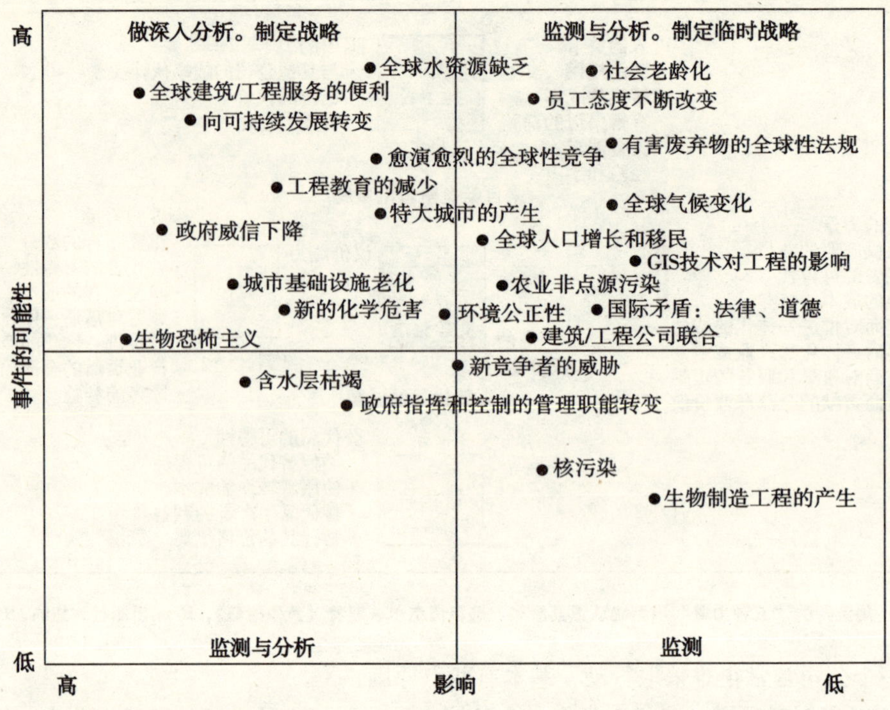

图7-4：影响/直接矩阵：环境行业竞争中的主要趋势和重要事件举例，以及对于机遇和威胁的应对策略。来源：华莱士未来集团。

织是有必要寻找的模式，早期的趋势和其他的信息加在一起能够使其成为公司重要问题。

不幸的是，对于许多公司，这种必要的调查的自由权被它们自己的文化和它们津津乐道的承认的体系抑制着。造成这一现象的原因相对很简单，公司的私人企业单元的领导者主要在税收和在有限的市场中赚得的提升的基础上得到了奖金。除非在商业单位里整个暴露，新的问题往往被忽视，因为在它们身上花费任何时间可能仅仅是为它们创造机会来使现状不安。这种行为会产生负面效应，因为它助长了其他商业单位的破坏性竞争，以公司总的成功为代价。

这种失调常常在比较大的公司出现。在中小型企业里资源是缺乏的，信任和合作已经成为生存的必需品，工程通过启用那些有用的人被实施，不管他们是哪个办公室的、哪个企业的，还是正好在那个工作部门中的人。

为了能够使公司成长并从事多种经营，利用新的市场和机会，公司的领导者必须建立一个创新的环境。一个培养企业家的人调查了纪律、工作地方和形势，为创造一个如此新的环境需要遵循下列的条件：

- *扩展组织的界限*。组织要有分享和自由获取信息的能力，越过组织的界限，当需要时要接近整个公司有技能经验的人。
- 一个*信任的氛围*。一个组织在公司里对同事间良好关系要有信心，要相信在私人的和商业的单位成功之前所有人都会代表公司的利益。
- *多样性*。一个组织鼓励各种不同的背景、观念和一种培养创新的观念。
- *奖赏和认可创新能力*。一个组织要有一种对自己衡量诚实、信任、多样性和创新的奖赏和认可的体系。

找出游戏规则的制定者

大多数公司制定了一些在战略计划过程中的形式，不管是正式的还是非正式的，它是这样一个过程，在这个过程中公司领导层将基于过去的表现、现在的市场和商业情况，设定组织未来的发展动机和方向，并且预期对公司未来发展有关系的趋势和有争议的问题。要关注那些对公司的前途很重要的未来的机遇所依据的形势和日益暴露出的问题。公司逐渐地有处理这些趋势和问题以及按顺序采取措施的方法。

虽然这种方法很有用，但它在鉴定以及按那些可以产生很强的增长和不同的竞争的趋势与问题采取行动方面还远远不够。实际上，简单地确定事务的先后顺序并采取简单的行动，实际上能够对组织产生损害，会使公司丧失把握机遇的意识，并对公司带来灾难性的影响。

当考虑到我在这儿多年来寻找的趋势和问题的经历时，我突然觉得每个趋势和问题都是如此地频繁——或许十年里会发生一两次——问题将会暴露，这种影响非同小可，因为它们改变了游戏规则。它们能够改变一个工业竞争的原则。那些能够发现这些趋势并能快速果断地行动的公司能够创造一个强有力的可持续的竞争优势，并能获得重要的市场股份。

意外的废物清理：一个现代的游戏规则制定者

一个近期发生在环境工程学领域的一个改变游戏规则问题的例子是对被扔弃的和无人负责的危险废气站的处理。在19世纪70年代中期，在美国周围的政务市政代理机构大多正忙于污染的控制。国会通过了一些关于控制大气和水污染的法律并正在考察关于市政和工业污染的规章制度。与大气和水污染不同，这些形式的固体废弃物都被埋在地底下。在那里，制度的制定者害怕没有处理的那些废弃物会释放有害物质并且最终污染地表水层。工业废弃物造成了重大的威胁，因为这类物质一般都包含有毒的或其他对公共健康和环境有危害的物质。

环境部门了解到这些潜在的问题已经有一段时间了，并且已经试图弥补它们这方面的职能缺陷。1976年，美国国会通过了《资源节约与再利用条例》（RCRA），这是一项以联邦政府和各州行政管理机构为主体的法律，目的是控制同一时期的人口数量，并处置所谓的浪费倾向。人们认为RCRA是具有保护性的，它们所处理的问题如果无人问津的话，会引起环境问题。

然而，正当美国环保局开始制定识别和控制有害垃圾需要的条规时，却引发了一项重要且出乎意料的发现。正在力求预防的问题已经出现了，过去的工业废品处理实践已经在国内创造了成千个包含了大量的有害工业废品的地方。即使不是最多，那也是许多废品正在将其内含物渗透到附近的小河和蓄水层，从而导致了大范围的污染。并且使公众健康处于危险之中。这种污染不像来自于某一源头的空气和水的污染。它可能使公众不知不觉地处于有毒的化学危害之中。随着Love Canal，the Valley of Drums，Times Beach这些有害垃圾场所的发现，公众的强烈抗议随之而来。为了处理其他化学处理厂的问题，有关组织出台了一项专款法律。

专款法律为调查和清除污染而提供资金和权利。然而虽然许多工程公司认识到了这个机会，但是很少能够聚集广泛的、必须的专门知识去实施这项工作。许多成功的公司早就认识到私下调查和清理土壤以及地下水需要在科学和工程方面进行大量特殊的训练。它们立即寻求那些必要的资源以及专门的知识去迎合这次机会。那些失败的公司要么没有认识到这次机会，要么试图利用现存的能力去着手这件事。许多公司把有害垃圾污染问题称为“昙花一现”的问题。它们没有认识到大量的关于毒害污染的问题已经在公众的思想中隐约出现。表7－1列出了过去、现在以及将来的游戏制定者议题的其他例子。

游戏制定者的例子：过去、现在及将来　来源：华莱士未来集团　表7－1

问题、趋势、事件	描述	影响	时间
	过去的游戏制定者		
核能源企业的减少	对核能的关注阻止了企业发展	核电厂和工程技术商务运用的损失	中
《国家环境政策法》、《水净化法》、《空气净化法》等环境法规的通过	新的法规将环境法规运用到商业领域	环保产业的新机遇	中
超级基金的建立	有害废弃物清理组织和基金会被赋予了前所未有的权力	有害废弃物治理的新机遇	快
“环保奥运会”	包括选择奥运会主办城市的环境方面的标准	支持竞选城市的工程公司的切入点	中
可持续发展	对发展结果的新形式的关注	环境工程更大范围内的新机遇	中
911事件	开放式系统和基础结构的不可预知的危险和脆弱性开始显现	系统和基础结构设计的巨变	快
全球化	贸易壁垒在各处打破；新型商业出现	新的机遇，来自全世界的竞争者，24/7	快
共同的透明度和责任	安然、世通诈骗案后，股东们要求更大的开放性	要求综合业绩报告	中
知识管理与虚拟合作	信息技术使得新的知识能够被分享和获取	通过电子技术获取知识、与人合作	中

可持续发展怎么样

可持续发展能改变游戏规则吗？在我看来，答案是肯定的。虽然在这场运动不会像巨大的资本投入所起的作用那么快。可持续发展具备一个改变游戏规则所需要的所有条件。正如第二章所说的可持续的这场运动将会强行对现在消费品的基本设施进行一个有实质价值的修订。这样的一个修订将需要提出发展方案并用新技术、方法和组织系统进行部署，会涉及许多消费品和基础设施。再说，为了保证该修订不会危害生活目标的持续和质量，它们的发展和部署将在增加的公共选票下完成。把新的技术、方法和组织系统应用到建立一个可持续的基本设施常常是工程公司的工作。然而，要在发展和部署这些项目中取得成功，将依靠工程公司的能力，目的是在可持续发展中储备必要的知识和技能。并且同那些受到这一变化影响的小股东进行洽谈。那些能够发展技能并能够可靠地与重要股东洽谈的公司将会有明显的超过其他公司的竞争优势。

发展“展望未来”的过程

对许多组织来说，突出趋势和事件在来年将会更重要这种说法似乎更像谈运气而不像做一项有意义的商业活动。然而对于战略计划来讲，发展一系列可能的未来情况是很必要的，正如像分析对手或者评价客户需要一样。因此，对公司来说，有一个思考未来的健全程序是很重要的，那也就是说，一个事件影响一个有组织的计划方法，像决定重要趋势、问题和实践，这些事件将很可能影响组织和它们计划利益内的利益共享者。通过对未来的分析和预测，我们可以从一系列可能事件中提取确定事件，但不幸的是，大多数组织中缺乏这种技术体系。

认识到这个不足，许多公司开始咨询那些有预见的专家，某一领域的专家或者其他分析家，帮助他们明确公司将来应采取怎样的措施。另外，组织应该启用这些个人去帮助他们开发在他们日常生产的事情。通过“走出圈子”，组织希望能够发现在其日常经营活动中一直被忽视的机遇。通过各种开发，组织可能比竞争对手更早发现并利用新的机会。他们可能在问题出现之前就发现并作出处理措施。

然而，确定机遇和威胁只是一个开始。除非该组织有一个处理潜在的机遇并把它们转化成行动的方法，否则只考虑将来是不行的。为此本章提供了一个有组织的方法，该方法能获得并能解决趋势、事件和问题。这个方法可分为三步：

- *确定你的合理决策带*。你处理信息以及潜在机遇及威胁的确立程序是什么？你收集信息的可靠来源是什么？
- *建立一个“展望未来”的过程*。在不增加风险的情况下，如何将现有决策的机制变得更有效？
- *确认并对新的机遇采取行动*。你将如何操作“展望未来”的过程并把它同你的战略计划联合起来？

确定你的合理决策带

工程公司吸引了许多有着观察能力和敏锐洞察力的人，更重要的是，这些员工从不羞于向公司经理提出有关潜在的新的机遇的挑战的建议。然而，这些建议却很少被及时地考虑与采用，许多公司并没有认真考虑这些意见的原因有两方面：一、他们没有一个确定的选择和处理这些建议的程序；二、他们不想明确定义现行的管理机制也不想再威胁到似乎很完善的领导体制。

我参加过的许多“让我们为未来努力”的决策战略会议，当进入讨论的激烈的时候，并不会有特别的创造性的提议的出现，这听起来好像是来自于长期研究“畅想未来”的作家的亵渎。但是，在这些会议上，主持者总是以这样的前提开始，即会议的成功已经预先取决于哪些参加者能够在正常范围外发散思维的能力。在进行的过程中，主持者认为，参与者可以确定新的市场机遇，发现新的商业进程，建立新的商业伙伴关系，创造新的操作范例。虽然这些建议会给企业带来巨大的收益，但是他们这些建议必须符合公司对风险和改变的接受程度。换句话说，不管提出的建议是如何的吸引人或者是给公司带来多大的收益，如果没有处在公司的合理决策带之内，最终也没有什么应用价值。这就是所谓的遵从部门管事对企业领导层所承担的职责范围，而领导层要保证进入新市场和操纵领域的危机不会影响到公司的长远利益和成功。

对这些公司来说幸运的是，由于在商场中打拼了一段时间，它们的领导者能很好地把握他们的合理决策带。然而，不幸的是，许多公司既没有与相关组织的其他人员交流这些参数，也没有建立在此决策带内启发新思想的程序。结果是，白白错过了许多机遇，因为这些机会不符合公司能接受的风险范围，超过了公司对驾驭变化的能力的承受范围。你是如何找到你的合理决策带的？这儿有许多问题可以帮助你确定组织的合理决策带。

- *老实说，你的事业是什么*？想一下你是怎样诚实地向一个信任的朋友讲述你的事业的。你的客户是谁？他们面对什么问题？你的事业环境如何？你最想了解和关心的是什么？最让你分心的又是什么？你期望面对的最重要的机遇和挑战是什么？
- *你是从哪里获得信息的*？你事业信息的来源是什么？市场本身财政状况、资源、趋势、报道还是其他重要的事情？信息又是如何收集、更新加工、发散处理的？这些信息没有进行系统化分析吗？你是如何服务客户、管理信息以及合法地评估的？总的来说，你是如何确定信息来源和法律上有效的评估者的方法的？
- *你更新信息的过程是什么*？你用什么理论、程序、工具来分析收集到的信息？你拥有可信任的团队吗？不管在公司内外，你可以跟他们讨论目前和未来的趋势和问题、检验提出的设想或假定、开拓新的思想领域吗？反过来，这些来源中有你可以从额外的信息与分析中取得的额外的网络系统吗？你的客户是否应该是任何新观点的判断者？因为他们决定的目前以及未来的哪些趋势和问题可以变为实际的开发项目。然而，在对待客户意见决定于你的计划的问题上一定要小心，客户只是从事某一领域的行动，因此他们的眼界相对较窄。由于工程公司从事不同领域的工作，它们的目光视野往往比较开阔，因此应该有规划地在讨论中告诉客户其他行业的状况。
- *面对机遇和挑战，你的事业壁垒是什么*？你会采取什么措施向你所在机构传达投资一项新创意或机会的信息？你将怎样回应？是检测报道、是航空研究、还是新的冒险行动？你有过年预算体系来支撑这些答复吗？

确定程序

建立在以上问题答案的基础上，一个组织可以建立一套程序，来确定以及评价相应的趋势以及事件，因为它们关系到现在和未来的成果。

- *你过去的成功是什么*？想一些你的企业曾经经历的迎接机遇与挑战的例子，企业是如何面对机遇和挑战的？企业有效又及时地采取行动了吗？谁支持此观点？这种争论有几次涉及到公司的管理系统？他/她将再一次这样做吗？
- *你要更正现在的程序吗*？你是应该过多地还是过少地投入到新思想的认定与更新中？你需要其他新的信息来源吗？你现在的来源有知识性和价值吗？你的企业营造了创新的氛围吗？当这一环节已被确认，你需要修改投资决策准则吗？你把进度定位在多少频率上（即哪种程度上）？

开拓未来

你一旦对你的修订程序感到满意，你就应该全身心地投入其中，开拓探究和分析你计划范围内的趋势、问题以及事件。记住那些先前被忽略的信号信息如即将发生的改变、机遇与挑战是很重要的。

- *有规律地输送你的资源*。尽管你可能已经积累了大量的关于你的事业的可靠信息的来源，但是，你不应该只依赖它们来给你输送信息。相反，你应该建立一种规范模式，确立一定的频率，当有问题出现时能迅速联系到它们。
- *引导规则的评定*。对于一个企业的未来开拓进程来说，通过压缩日常安排和重要事件的决策，很容易就被降低到次要位置，因此，对于企业的领导者来说，重视和评定和回顾目前工作所取得的进步是很重要的。

- *协调决策机制*。除了业绩评估外，企业的领导者也应该看到过去的决定对于决策机制的影响，以及由此产生的过程和结果。可以避开的一个陷阱是现存组织以超出预算或破坏已有组织机构为由，反对新的行动和变化；另一个陷阱就是即使有的想法无法实现，组织还是不愿意放弃。企业必须为开拓的不同阶段制定清晰明了的“做/不做”政策和准则。

可持续发展运动的前景将如何

对于工程公司的领导来说，他们正在考虑建立一个与可持续发展有关的公司。大量明显的且合法的问题需要考虑：

- 可持续发展的未来会怎样？
- 你的客户现在考虑过可持续发展吗？从现在到以后的3年、5年或者10年，他们将怎样考虑这个问题。
- 你的客户需要与可持续发展有关的什么样的服务？
- 什么事能推迟、加速或者改变可持续运动？

然而，我肯定不会有能够预示未来的水晶球，但是就工程方面而言，我将展示一个我认为极有可能实现的情景。在这个情节里，包含了对未来5年、10年甚至20年的商业前景的预测。对每一时期，我提供了重要的趋势和将创造机遇的市场驱动力。我也注意到能为未来敲响警钟的重要事情。最后，我就公司如何突出它们的地位去利用在这期间将会出现的机会或相反地避免威胁提出一些建议。

鉴于当今世界的不确定性，有许多看似合理或许合理的未来与我提出的如出一辙。实际上，公司如果只从自己的角度出发计划它们的未来，则往往以失败告终。然而，我的方法不是争论基于所有计划的一个未来。我的方法是提供一个基于公司能够使用作为一个转折点的现在趋势和将来。从这里，它们能够做一个向导操纵运用情节的过程，然而，紧密注意重要趋势和事件，它们将规范市场甚至影响重要的股东。

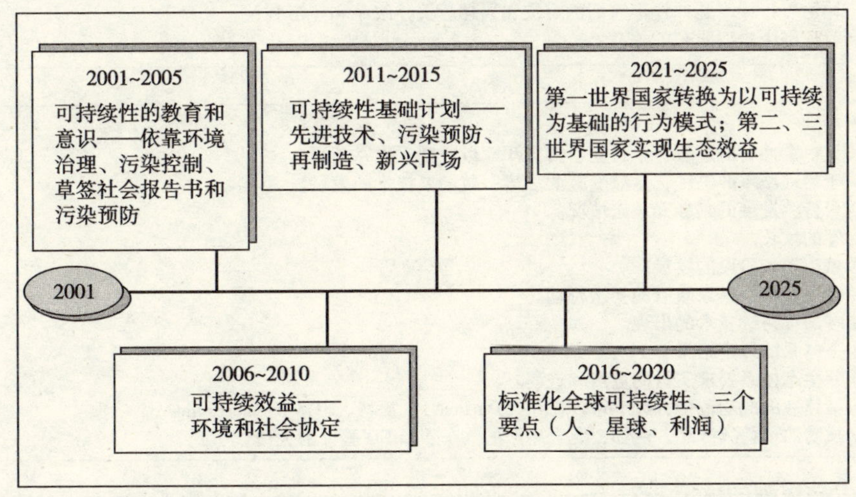

图7-5：可持续发展：未来时间表。来源：科茨和贾勒特未发表的报告《21世纪可持续性、2001~2025商业影响、可持续性商业实例简介》，2002年春。

2004～2009 年，培训产业和政府部门

在美国，可持续发展教育和提高危机意识在以后 5 年里将会成为重要的主题。今天公司开展可持续运动往往是为了提高其声望，是由非政府组织（NGOS）和其他股东的压力导致的。在最主要的合作，特别是跨国合作中，企业意识到它们作为一个全球的合作操作能力基于股东对它们的环境和社会以及经济表现的了解。

在这个时候，不管是私有企业还是国有企业，形象和名誉的影响力显得更为突出，从而使公共评价更具有支撑力。鉴于公众对其透明度和承担责任的能力要求更多的知情权，它们已经就这一主题建立了可持续的商业经营机制。然而在组织内外，许多企业都在学习汲取“稳定发展可以促进改革”的经验，并且提供了新的缩减开支和增加收入以及利润的途径。

2004～2009 年：建立于可持续发展实践利益之上的教育和了解

在这一时期，可持续发展的重点主要受股东的推动，可以推动公司更好地经营，并有效地转化能量，其重点包括污染的区域的治理、城市的再开发、限制污染、有效利用资源等方面，这就要求公司变得更加透明和有责任。

趋势和市场的驱动者

- 面对来自 NGOs 和影响公司形象和声誉的公民团体日益增加的压力，它们将推行可持续发展报告。
- 公司、政府行政部门将致力于改进它们的环境和社会表现。它们将通过环保建筑、经济标签和阻止污染等示范组织的实践达到这一目的。
- 对绿色产品和市场服务的兴趣，（如“文化的原创”[9]），将增加。
- 中东地方的骚乱将使政策的制定者无暇顾及可持续发展。然而，当原油供应越来越稀缺时将会在更新的能源上增加投资。
- 出于国家安全的考虑，国家会将一些公用事业设施的控制权分散到地方。例如，能源、水、卫生设施，目的是使基本设施更加健全。
- 经济状况——重点考虑为基本设施的恢复发展提供可利用的资金。

准备

- 针对可持续发展问题，制定一项综合的决议。
- 在可持续发展关于 LEED 检定、资源效率、阻止污染和生命循环分析的报告中发展并获取能力。
- 在分析核心市场，特别是有一些对环境影响较大又对可持续发展很感兴趣的客户团体。
- 同客户讨论可持续问题并评定它们的定位和兴趣。关注改革和经济利益。
- 发展同客户群中重要股东的关系。

展望形势

- 经济形势。
- 关于决议中东冲突的过程：伊拉克、阿富汗、以色列、巴基斯坦。
- 制定关于治理城市的脏乱，全球变暖的法律；鼓励氢技术的发展。
- 客户对可持续发展的兴趣和承诺情况。
- 经济标签的增长。
- 可持续城市初步阶段的发展。
- 在可持续发展中，国家政府的初步行动。
- 新的更多的可持续技术的出现。
- 千年生态体系的评定结果。
- 履行千年生态体系要求实行的重点和进程。
- 推行可持续性的成功范例，如 Dow、杜邦（Du Pont）、福特、STM icroelectronics。
- 市场上成功的可持续产品。例如，混合生产的汽车、LEED 验证的大厦。

其他

- 又一个安然或世通环境诈骗案。
- 生态学和资源退化的重大事件。
- 恐怖分子对美国的另一个重大袭击。

2010～2015 年：朝可持续性方向转变

在这里，有很强的公共意见，表明生活质量是难以忍受的。而且，如果没有一些改变的话，事情将变得更糟。消费者认为，市场和来自公司的可购买产品和服务能够证明他们对可持续的实行情况。立法者听到其中的一些观点，并制定相应的法律法规。

2010～2015 年朝可持续发展实践的转移
可持续发展的倡导者从对股东的影响力转到了对市场的控制力上。现在，市场承认对可持续发展的经济利益。使用生命循环分析是很平常的。公司参与研究和发展（单独或者与工业和政府合作）目的是为了发展新的能源技术，代替重要的不可再生的资源。经济效益已经深入到工业设计实行中。耐用的可再修理的产品代替了过时的产品。环境法、产品和材料说明书、设计标准已经被修改，目的是使再循环和再利用合并。在 2012 年，the“Johanne sburg plus 10”最高级报告将提出朝向千年生态系统评价目标的重大计划。
趋势和市场的驱动者
• 来自股东、消费者和其他股东。这些股东为了取得更好的财政表现把可持续发展原则应用到设计和操作中。 • 基于生命循环表现的改善，项目程序新形式涌现。 • 通过在信息技术和电信方面取得的进步增加合作透明度、改进信息评定体系以及在 NGOs，消费者和股东间的信息互换状况。 • 千年生态体系评定的结果为环境和社会的进步设置了额外的优先权。 • 新的和越来越多的可持续技术和过程出现了。在卫星影像、感应器等方面取得的技术进展提高了生态学和资源评估的能力。 • 要求绿色产品继续上升，当消费者意识到购买由耐用、无毒、可回收、可再生材料制成的产品的益处时，对绿色产品的需求继续上升。 • 新的可持续产品市场和服务在第三世界出现了。 • 经济情况继续影响着建设基础设施发展的可用现金数量。
准备
• 发展一种敏锐的意识，知道可持续发展问题如何影响核心市场中的客户。 • 提高在应用可持续发展技术和客户项目系统的能力。 • 在职责范围内为包含可持续因素的工程提供全方位服务。 • 积极地寻找其他项目在可持续发展的特点的履行情况。知道其他的工程取得什么进展。 • 在第三世界寻求机遇，决定你公司的地位并能够使你的服务远销海外（第三世界）。 • 评定首要开展的可持续项目，并同竞争对手进行比较。
展望未来
• 经济状况。 • 在可持续发展条件下，客户采取的政策行动。 • 国家当局、州立的和当地政府采取的政策、法律和行动。 • 为 2012 年举行的“Johannesbuig 10”首脑会议做准备。 • 分析取得的进步、遭受的失败并结合千年生态系统发展目标判断自身进程。 • 在千年生态体系评定期间的各种活动。 • 公司可持续发展报告的范围和界限对货币市场的报道要重视三条底线。 • 可持续发展技术、环境感应器、风险评定工具的发展。 • 在发展中国家，政府、国际基金会的投资范围。 • 可持续技术、过程取得的持续性进展。
其他
• 恐怖分子袭击。 • 生态或资源退化的重大事件。 • 在能源生产中的技术突破。

2016～2025 年：把焦点转向第三世界

在这种体制下美国同其他第一世界的国家与第三世界的问题已经越来越合拍了。它们意识到第二、第三世界渴望提高生活的质量。另外，它们也意识到必须做出一些调整，使它们的发展具有可持续性才能获得成功。国家基金会帮助促进改进和使用可持续技术。公司继续挖掘以前未利用的市场，通过发展新产品和服务满足第三世界特殊需要。

2016～2025 年把可持续发展的焦点从第一世界转移到第二、第三世界
可持续在第一世界的市场影响力已经被证实了。现在重点已转向掌握大多数资源和产品的第二、第三世界。大部分第三世界同意推行和使用可持续技术，但是它们的经济水平不具备进行可持续发展的条件，那也就是说它们要等待可持续技术变得可行。跨过公司通过世界继续把第一世界的标准应用于它们的实践。在第二、第三世界里，国际基金会正在给过去的工业实行清理进行投资并帮助这些国家保护它们的环境和资源。在纳米技术的发展中，微小的电子设备系统（Micro－Electro－Mechanical Systems）、感应器和影像技术正在使发掘并寻找材料和产品运动在世界范围内成为可能。
趋势和市场的驱动者
• 过去因没有可持续发展而遭受到警告的国家已经建立了很好的可持续体系并已经修复其原有的破坏，被很好地建立并努力减轻其赔偿。 • 在某些领域如商业捕鱼、海洋死角、大都市的控制、贫困国家方面，超过了预期的生态目标。 • 清理技术的充足发展。 • 纳米技术、微小的电子设备技术、感应器和成影像技术中取得的发展。 • 在第二、第三世界的管理体系中减少腐败。 • 维持经济效率的必要技术的继续发展。
准备
• 选定某些发展中国家，发展交付项目和经营商业的能力。 • 发展同国际基金会、联合国、跨国公司的关系。 • 寻找新技术：纳米技术、微小的电子设备技术、感应器和成影像技术。
发展趋势
• 经济状况。 • 鉴定和处理第二、第三世界污染的程序。 • 有必要在发展中国家里提高制度状况达到对企业更好的经营效果。 • 为 2022 年的“Johannesburg plus 20”做准备。 • 公司成功将自己的商品和服务提供给第二、第三世界的 50 亿人口。 • 在可持续技术中进展，在应用中的成功和失败。
其他
• 生物技术产品带来的灾害。 • 另一个博帕尔或者切尔诺贝事件。

结论

在这三个时间框架内展示的评估表明，促进可持续运动的持久发展是未来的重要课题。它们支持这本书的主题：可持续发展是一个新的重要的问题，它是一个合理的符合道德的要求，并且对工程部门来说也是一个市场机会。工程公司在这种趋势下可能会忽略它们的风险。

当务之急是如何作出回应。工程公司通过管理项目和各种广泛的从公共到私人的客户关系来谋生。这些客户居住在许多地方，它们面对许多法律法规，有着不同文化背景，并且与许多不同的股东打交道。然而，工程部门对可持续发展的反映需要通过客户的要求得到锻炼。没有“以小见大”的回答，也不能说一系列的答案就适用于每个客户的实际情况。

因此，似乎企业的第一步是教育：帮助客户和它们的股东在人生的蓝图中理解他们的地位。而且，工程师有得天独厚的资格提供这些教育。什么时候他们能聚到一起提供这些教育信息就看他们的表现了。

---

1 Anonymous Chinese proverb, from Columbia World of Quotations (New York, NY: Columbia University Press, 1996).

2 Corporate Social Responsibility Newswire Newswire Service (CSRwire), http://www.csrwire.com/

3 Industry as a Partner in Sustainable Development: Consulting Engineering (Geneva, Switzerland: International Federation of Consulting Engineers, 2002).

4 Rober Cassidy, "What Next for the Sustainability Movement?" Building Desing and Construction, http://www.bdcmag.com/contactbdc/sustainableedit.asp.

5 Michael Harris of CH2M HILL, in discussion with the author, 1999.

6 Cassidy, "What Next for the Sustainability Movement?"

7 World Future Society, The Future: An Owner's Manual (Bethesda, MD: World Future Society, 2002), 2-3.

8 Michael Porter, Competitive Strategy (New York: The Free Press, 1980).

9 "Cultural creatives" is a term coined in a book of the same name by Paul Ray and Sherry Booth Anderson, to describe the emergence of a new culture of people who care deeply about ecology and saving the planet, about relationships, peace, social justice, and about self actualization, spirituality and self-expression. Surprisingly, they are both inner-directed and socially concerned, they're activists, volunteers and contributors to god causes.

附录 A

有用的可持续发展出版物

一般原则与战略

《我们共同的未来》世界环境与发展组织，牛津大学出版社，牛津，英国，1987 年。

以格罗·哈莱姆·布伦特兰（Gro Harlem Brundtland）为主席的委员会做出的关于世界现状与经济和环境的联系的报告。这一报告为目标持续运动划分了阶段。

评价：世界走向可持续性的基础。

《商业生态学：可持续发展的宣言》保罗·霍肯，哈珀商务出版社，纽约，1993 年。

可持续发展运动的发起人和真正有远见的人之一保罗·霍肯的有远见的工作。

评价：任何可持续发展图书馆必须拥有的一本书。

《技术、人类与社会：走向世界的可持续发展》里查德·C·德福，美国学术出版社，圣地亚哥，加利福尼亚，2001 年。

可持续发展几乎每一方面的众多贡献者的笼统讨论，大部分是科学、工程、商业的观点。

评价：一种必须拥有的可持续发展资源。

《生态经济：有利于地球的经济构想》莱斯特·R·布朗，诺顿出版公司，纽约，2001 年。

经济和自然之间的和谐呼声。作者莱斯特·布朗运用过去失落文明的例子来展示给我们目前采取造垃圾的经济模式正在摧毁以支撑系统为基础的模式。为了说明他的观点，布朗推断，如果中国要按照美国汽车使用模式（例如，一家至少一辆车），中国一天就需要 80 万桶石油，超过了世界目前的石油产量。他以如何过渡到可持续性的讨论作为结束。

评价：莱斯特·布朗的著作用大量支持数据来很好地完成。他的未来的路是理想的，不过他提出的假设及方法要花时间来阅读和思考。

《地球处于十字路口：通向未来可持续发展之路》哈特姆特·博赛尔（Hartmut Bossel），剑桥大学出版社，纽约，1998 年。

该书的设计完全是从一个局部社会向全球社会及其所有随之产生的问题的转变。作者把世界看成一个复杂的动态系统，如果有恶化的倾向，可能会导致未来后代和可持续发展的基本前提的难以置信的灾难。他揭穿了经济学家轻视未来的逻辑，指出这种逻辑不重视未来后代的利益。可持续发展不容许轻视未来生态系统的价值。本书的第 2 部分审查了两种交替发展之路：A 路（竞争）和 B 路（合作伙伴）。在第三部分，作者确定了 A 路是不可持续的。

评价：哲学的多于实际的，但它是一个为持续性讨论智谋基础的很好的资源。

《制定可持续发展：1994 财政年度世界银行集团和环境的影响》国际银行的重建和发展/世界银行，华盛顿，1994 年。

一本很老的描述世界银行政策和它的发展政策和投资的设计的书。1987 年，世界银行开始努力将关注环境纳入它们工作的各方面。

评价：对 20 世纪 90 年代初期世界银行项目的审查并发现怎样考虑到环境因素的影响有好处。

《展望可持续发展社会：学习一条发展之路》莱斯特·W·弥尔布雷斯，纽约州立大学出版社，奥尔巴尼，1989 年。

一个对世界现状的分析：我们如何做到这一点，为什么科学技术没能解决这些问题，社会应怎样改变来避免生态灾难。虽然已经出版十年了，该书仍被其他作者引用。

评价：哲学性很强，不过它关于非持续性证据的讨论很有用。本书还提到了罗马俱乐部的研究和平民百姓的悲剧。

《哈佛商业评论商业与环境》哈佛商学院出版社，波士顿，2000 年。

一本关于商业与环境和可持续性之间关系的哈佛商业评论文集。其中有些文章较早，比如，1991 年。

评价：说明可持续的案例已被一流商业学院所接受。

《你不能吃掉国民生产总值：关注经济更要关注生态》埃里克·A·戴维森，佩舒斯（Perseus）出版社，宾夕法尼亚州费城，2000 年。

融入了作者的个人故事，本书“自下而上”地传达了支持自然资本主义概念的讯息。作者同时也质疑了技术乐观主义者的预言：“不必担心，高兴起来，技术将会挽救我们。”

评价：通俗易懂，但有力地论证了自然资本的重要性和用国民生产总值作为主要指标判断成功的增长和发展的谬误。

《地球崛起：21 世纪美国的环保政策》菲利浦·沙别科夫，Island 出版社，华盛顿，2000 年。

纽约时报的一位科学作家写得非常棒的一篇关于现行环保政策的讨论。

评价：一本很精彩的书。任何陷入可持续发展问题的人都应该品读一番。

《融资变革》史蒂芬·斯密德亨尼、费德里柯·J·L·索拉金与世界企业永续发展协会，麻省理工学院出版社，剑桥，1996 年。

本书寻求解决这些问题：“世界的金融市场……是人类可持续进步的力量还是障碍?”作者试图通过调查各种参与的公司董事、投资者、分析师银行家、保险公司、会计师和评估师怎样应对环境及社会需求的可持续性来解决这些问题。

评价：一篇探讨了与金融市场怎样对可持续性产生影响相关的关键问题的完整论文。

《在地球的公司里：商业环境和可持续发展挑战》卡尔·福兰克尔，新社会出版社，加比奥拉岛，加拿大不列颠哥伦比亚省，1998 年。

在这本举世闻名的书中，作者描述了合作环境主义的前三个时期——顺从，暴露事实，以及反抗。在作者的观点中，虽然只是在一个很小的范围内，所有这些都具有重要意义。他还描述了第四个时期——整体思维。

评价：对于那些有意在可持续发展领域工作的人来说，本书提供了一个很好的建议。

《可持续商业挑战——未来商业领导者的宣言》，简奥来夫·威廉斯与世界可持续发展委员会共著，绿叶子出版社，谢菲尔德，英国，1998 年。

该书通过一系列备忘录、信函、新术语和旅程性文章——一个假想世界中可想像的里程碑，表述了可持续发展领域内显著的原则以及争议来使读者信服。

评价：讨论可持续发展的商业案例。

《中间过程纠正》，雷·C·安德生，The Peregrinzilla 印刷，亚特兰大，1998 年。

雷安德生是 Interface 公司——世界最大的地毯覆盖物生产厂家的创建者、主席和执行总裁。书中叙述了安德生的职业生涯以及他为公司提出的可持续发展构想。书中他提出合作可持续性的典范——Interface 模式，并把它描绘成 21 世纪的雏形企业。他同样也提供了许多企业统计数量表明如果提高技巧的话，还是可以将它做好的。

评价：如果你还没有读过或听过安德生述说他的职业生涯以及他是如何了解可持续发展的，这本书将会是你很好的选择，他的“21 世纪雏形企业”模式也是很值得一看的。

《自然资本主义》，保罗·哈肯，埃默里·罗文斯和 L 汉特·罗文斯，利特尔，布朗和企业，波士顿，1999 年。

作者将约翰诶拉金顿的“三倍基数”理念具体操作化。当经济学家讨论资本时，他们通常是指金融资本：投资到商品与服务生产过程中的那部分资金。但是有一个经济学分支——生态经济学——认识到还有其他三种资本：人力资本、制造资本和自然资本。人力资本包含知识、技巧和一个组织或机构内成员的能力。制造资本指的是资本的物理特性，也就是说，工厂、建筑物、大坝、道路、港口和其他人造改进物。自然资本代指不可再生资源（矿物质、金属和燃料）以及可再生资源（生态系统）。不可再生资源提供了必需物质的大部分。工厂就是应用前三种类型资源使得第四种资源转化为我们日常的产品和服务。

评价：一本值得一读的书，由可持续发展领域知识最渊博的三位作家所著。内含许多工程师和设计师在他们设备和系统设计方面是如何陷入目光狭窄的困境的例子。

开展商业实例

《起而行：可持续发展的商业案例》，查德·霍勒得，斯蒂芬·斯克米德亨里和菲利普·瓦特斯，Berrett—Koehler 出版，旧金山，2002 年。

作者，大型复合式企业的三个领导者，讲述了如何以及为何他们相信可持续发展趋势对他们企业来说是很重要的。在世界可持续发展委员会以及它的成员的帮助下，作者表述了可持续性的十个构造性阻碍，每一个基础障碍都包含了企业成员提供的论据。

评价：一本囊括对发展可持续商业模式有价值的资源材料的好书。

《改变之道：环境与发展的全球期望》，斯蒂芬·斯克米德亨里，MIT 印刷，剑桥，马萨诸塞州，1992 年。

商业对布伦特兰委员会报告的反击，在合作环境主义的历史中，具有其特定的意义。频繁的讨论关于在那个委员会报告之后的那一个时期的商业问题与争议。包含了许多关于学习企业如何采取措施来完善他们组织中的可持续发展原则的案例。

评价：一个在向可持续性发展过程中很重要的商业里程碑。

《商业的自然步骤：财富，生态系统和合作革命》，布莱恩·纳粹斯和玛丽·艾尔特梅尔，新社会出版社，哥比瑞亚群岛，不列颠哥伦比亚省，加拿大，1999 年。

作者布莱恩·纳粹斯和玛丽·艾尔特梅尔描绘了一个建立在 TNS 原则基础上的新商业模式。本书以关于建立一个新的商业框架的章节为开始，接下来对四个企业的案例开展了一系列的学习，第三部分提供了该模式中的教训，研究工具和方法。

评价：一个关于商业 TNS 原则应用清晰、简洁的描绘。

《与虎共舞：通过自然步骤学习可持续性》布莱恩·纳粹斯和玛丽·艾尔特梅尔，新社会出版社，哥比瑞亚群岛，不列颠哥伦比亚省，加拿大，2002 年。

这本书是紧接着作者的先前的《商业的自然步骤》出版的。在这本最新书中，作者纳粹斯和艾尔特梅尔将目光集中在四个企业——Nike，Starbucks，Whistler Resort，以及 CH2M HILL 身上，继而讲述了每个企业在完成可持续性探索过程中的故事。

评价：一本有趣而且很精彩的好书，充满着来自不同地区的企业如何决定将可持续发展纳入它们的文化与合作策略中的故事。

公司的社会责任

《显露的公司：在高透明度的时代将如何使商业改革》，唐·塔普斯科特和戴维·蒂科尔，纽约自由新闻界，2003 年 10 月。

这部著作证实了现实状况及自由商业议会对可持续发展做出“在未来总有人知道人所作的一切”的语言的影响。作者注意到拥有信息技术的公共利益群体及非政府组织的新生力量。他们要求强制透明度，这在他们心中意味着利益共持者的空前增加的所有种类的关于公司活动与工作情况的信息。商业周刊注意到对信息的新需求实际上为公司的差异化提供了新方法。

评价：推动可持续发展的很好的评论，由两位非环保领域的业界领袖合著，强调公司的社会责任。

《当好公司做了坏事》，彼得·施瓦茨与布莱尔·吉布，包括 John Wiley and Sons 公司，纽约，1999 年。

这本书举出非政府组织的新势力，当它们意识到不好的公司行为时就会对其破坏公司声誉。它列出案例来举例说明像壳牌公司，耐克公司，Texaco 公司及雀巢公司已经接受了这种警示。并且它还提出对公司责任最好的实践应与这些实践的长期战略方法结合起来。Peter Schwatz 在局部分析领域中享有盛名并且是“长期视野艺术”的作者。

评价：这个觉醒的呼声的故事写得很好，列举了正在增长的关于公司社会责任的趋势，这本书涵盖了额外的对这个新责任转化为一种竞争优势的洞察。

《利益共持者的战略：从合作关系中获利》，安·斯文森，Berrett - Koehler 出版商，旧金山，加利福尼亚州，1998 年。

认识到公共利益团体及非政府组织的新势力，作者提供了一个新的使利益共持者更好地协作的方法。这本书包括六个步骤来指导建立利益共持者关系的过程。按着“计划—实施—检验—行动”的顺序建立：（1）基础创造，（2）组织合作，（3）战略发展，（4）建立信任，（5）评价，（6）重复过程。

评价：发展利益共持者关系的广泛的战略方法。

《公司的社会投资：用于付出与收获的公司贡献的关键策略》，库尔特·威登，Berrett - Koehler 出版商，旧金山，加利福尼亚州，1998 年。

在本书中，作者试图用一个用于公司社会投资的10步骤策略模型来取代公司对慈善事业偶然的努力。当公司被认为是好的公司，并且与它们的利益共持者有着好的关系，那么它们将要通过放弃社会投资来找一个更加有效的策略。每一项社会投资必须建立在正确的商业理念上。

评价： 在任何水平上，试图谋向发展的公司的必读手册。

《与兽共舞：用一个实用的指南来保护你的公司声誉》，格伦·彼得斯，John Wiley and Sons公司，纽约，1999年。

这本书是以公司与其利益共持者的关系已经改变的现实为基础的。作者注意到利益共持者与行动主义组织的发展与力量指数的上涨，旨在纠正他们所观察的公司的错误行为。这本书提供了一个声誉保障体制来协助公司维持并（希望）增加它们的声誉。

评价： 一个动人的关于声誉管理和与拥有速度与破坏性力量的利益共持者工作的讨论。作者将其等同于迅捷的猛兽。

可持续发展指标

《我们的生态足迹：减少人类对地球的影响》，马蒂斯·瓦克纳格尔和威廉·雷斯，新社会出版社，哥比瑞亚群岛，不列颠哥伦比亚省，加拿大，1996年。

本书提出生态足迹的概念，由人类对其周围生态资源所增加的负担。

评价： 许多案例支持着这个概念，容易理解。有一个网页使读者可以从上面决定他或她的个人生态足迹：www. lead. org/leadnet/footprint/intro. htm.

《可持续性的测量标准：评价与报道环境和社会的工作情况》，马丁·贝内特，彼得·詹姆斯和利昂·克林克尔编辑，绿叶出版商，谢菲尔德，英国，1999年。

一个关于可持续工作情况测量标准的文章集锦，涵盖了环境和社会的评价与报道。

评价： 一个广泛综合的关于环境与社会工作情况评价的实践状况的调查。

《世界2003年的状况：一个全球观察协会关于可持续社会进展的报道》，加里·加德纳（计划领导者），W. W. Norton&Company，纽约，2003年。

世界状况的第20个版本的出版物。这个版本涵盖了8个章节，包含了对各种物质包括生物物种、性别差距、能量、都市化、矿业及宗教信仰的目前状况和未来挑战。

评价： 虽然评论家认为其太过迷信，但是这部著作一直是对可持续发展思路有着重要影响的思考。

《2003年的生命迹象：设计我们的未来的趋势》，迈克尔·伦纳（计划领导者），W. W. Norton&Company，纽约，2003年。

与美国环境计划合作出版的这本书涵盖了世界状态的信息与分析，并以图表和叙述的方式展现。本书第2部分的章节包含了一些重叠的关于世界出版物的状态的特殊问题。

评价： 在世界出版物的状态方面，评论家过于偏激的观点是对发展不利的。这里呈现出经过仔细研究得出的权威资料。作者持中立观点。

《世界资源2002～2004：为地球的决定：平衡，声言及权利》，美国发展计划，美国环境计划，世界银行和世界资源协会，世界资源学会，华盛顿DC，2003年。完整出版物详见http：//pubs. wri. org/pubs－pdf. cfm？PubID＝3764.

第十套关于世界生态系统状态的综合报道。这个报道定义并探讨了环境的管理方法以及它对改变生态衰退之现状的重要性

评价：为我们提供了很好的资源。首次的国与国间关于政府在市民增加与移民的工作情况进行评价。世界资源协会正在制定它的世界资源数据库，详见公司网页（http：//earthtrends. wri. org/）

《消失的边缘——在全球化的世纪保护行星》，希拉里·弗伦奇和全球观察协会，W. W. 诺顿公司，纽约及伦敦，2000 年。

一个关于增长的全球化进程对我们星球的整体状况和为解决处理这个挑战的必要行动和具有深远意义。它解决数字化错综复杂的关于全球化与环境的问题简单易懂。本书注意到公共的非政府组织在电信方面的力量和不断增长的优点。

评价：提供证据证明全球化对地球的资源与可承受能力产生影响。本书也提供了工业为解决问题而做出的确实的回应的证据。

《热度正在持续》：罗斯·格尔布斯潘，艾迪生·韦斯利，Reading，马萨诸塞州，1997 年。

揭露性文章，作者详细说明石油与气体产业如何误导公众看待全球气候变化。

评价：这个 1997 年的著作在一系列事件中已经丧失了影响。化石燃料产业的主要成员们现在已经冷静下来并投身于减少温室气体散发物和寻找能源其他形式的工作中去。

《工业环境的实施规则——挑战与机遇》，工程国际学会，国际学会新闻界，华盛顿 DC. 1999 年。

注意：（1）那些评价过的已经完成了，（2）越来越多的公司认识到环境的表现已经成为竞争优势的一部分，国际工程学院调查研究出使用环境的实践规则潜在含有更好的环境工作情况。这本书包含 10 个改善建议。

评价：环境行为指标的好信息包括不同部门的分析。

技术应用与方法论

《绿色发展，综合生态学与真实的资产》，亚历克斯·维尔松，珍尼弗·L. 昂卡弗，莉萨·麦克马尼加尔，L. 亨特·洛文斯，莫琳·丘尔顿和威廉·D. 布朗宁，岩石山学会，John Wiley and Sons 公司，纽约，1998 年。

如何为发展者、计划者、工程师及城市职员对绿色发展作必要的记录。作者发现在成功的绿色发展项目中，发展过程的进展比在普通的发展过程中要难许多。

评价：这本书与读者一起经历绿色化发展的过程。有许多的学习案例与方法。

《工业的绿色游戏：环境的设计与管理的意义》，国际工程学会，德亚娜·J. 里查德编辑，国际学术新闻界，华盛顿 DC，1997 年。

本书探讨了将工业生态的概念应用与工业实践。第一部分很有趣但是极具哲学性。第二部分有很多关于工业生态原则落实的案例研究。第三部分主要包含案例。

评价：一个对工业生态的优秀高水平的讨论。可惜的是，“绿色游戏”的标题对工业生态的落实趋于浅薄。

《环境推销》，沃尔特·科丁顿，McGraw Hill 公司，纽约，1993 年。

一本关注将销售环保主义作为新的消费者需要的市场营销书籍。

评价：市场部门面临环境保护主义与全体高品质管理。这个观点很有趣，当消费者注意到环保问题的时候它便出版了。

《更环保地消费；机遇与改革》，特雷弗·拉塞尔编辑，绿叶出版，谢菲尔德，英国，1998年。

这本书搜集了大量故事、案例学习、改革新方法和技术改革以实现环保消费。它不仅检验议题，并提供如何知道将发展的供给与购买政策结合起来。

评价：一个综合的探讨关于使公共与私人的部分组织是如何开始迫使它们的供给者提供绿色产品和服务。

《可持续市场销售——管理的生态问题》，唐纳德·A. 富勒，Sage出版公司，千橡市，加利福尼亚州，1999年。

作者不仅探讨了如何销售绿色产品与服务，还讨论了关于可持续性条件下生产什么产品与服务。这本书提供一种新范例，该范例认为资源与生态系统的限制如同可持续性营销管理的体制。章节涵盖了可持续产品的设计，可持续营销渠道与通信，定价与市场发展。

评价：一个关于如何将可持续发展原则应用于符合新产品与服务的精彩探讨，可被认为是Coddington的环境营销一书的延续。

《有效的生命循环估定》，托马斯·E格雷德尔，Prentice - Hall公司，Englewood Cliffs，NJ，1998年。

这本书检验了生命循环评估的基础与方法。它以设计可持续发展的原理为开端并发展了生命循环估定的基本观念和机制。这本书包含了许多技术细节如工具、例证和案例学习。第九与第十章探讨了关于设备与服务的生命循环评估。

评价：给所有涉及管理生命循环评估的人员的基础参考与教科书。

《可持续建筑》：怀特·帕佩尔，地球承诺基金会，纽约，2000年。

短篇，关于各式各样的可持续性设计与建筑的集锦。

评价：关于各个团队可持续设计的好思路与信息。

《可持续商业的策略：环境机遇与策略选择》，利兹·克罗斯比和肯·金霍恩特，Mc Craw Hill出版公司，伦敦，1995年。

一个早期的著作叙述了如何将可持续性原则应用于商业。这本书含四个部分：(1) 商业中可持续性的情况，(2) 公司可持续性策略的原理，(3) 可持续性管理的功能策略，(4) 策略执行。

评价：尽管已经有近十年历史，这本结构完善的书仍对希望推行可持续发展的公司有指导意义。

《深化设计：通向可居住未来的路径》，戴维·沃恩，Island出版社，华盛顿，特区，1996年。

一个早期的著作注意到我们的世界，如现在的设计是有缺陷的。作者探讨说如果设计遵循自然而不是违背自然的话会更好。作者描述了日本合气道工程的方法，这个方法看起来是由于受到一些William McDonough的设计评论的启示。

评价：来源于历史观点的有趣材料。无论如何，本书所包含的信息已经在其他著作中得到了更详细的说明。

《可持续性方法，在未来发展产品与服务》，马丁·查特和厄休拉·蒂施纳，绿叶出版商，谢菲尔德，英国，2001 年 2 月。

多次综合地描述了公司如何工作来发展产品与服务来坚持可持续性的箴言。这本书涵盖了关于可持续性的普遍问题，如发展可持续性产品与服务的方法论。最后一部分涵盖对于应用可持续性发展原则的案例学习。

评价：一本有大量贡献者的巨著。丰富的信息、模型和工具方法。有些章节被著名的期刊再版。

《行动指南——策略案例学习与可持续发展行动》，洛林达·R. 罗利奇，罗素·S. 巴顿，和凯文·S. 布雷迪，绿叶出版商，谢菲尔德，英国，1999 年。

公司的案例学习与它们的关于可持续性发展的路程。这本著作包含了公司策略与方法的最重要的部分。

评价：许多详尽的案例学习证明公司如何看待可持续性发展的商业案例。

《生态效率：可持续发展的商业链》，利维奥·德西蒙，弗兰克·波波夫，和世界可持续发展商业会议。MIT 报刊，剑桥大学，MA，1997 年。

这个重要的著作展示了生态效率的概念，业界对可持续发展的反映以及 1992 年的世界高层会议。生态效率包含五个核心题目：（1）重视服务，（2）关注生活需要与品质，（3）考虑整个生产循环过程，（4）认识生态容纳力的局限，（5）过程观察——生态效率与目的地一样是一段路程。生态效率还有七个原则或是目标：（1）降低物品与服务的材料强度，（2）降低物品与服务的能量强度，（3）减少有毒物质的散布，（4）提高材料的可循环使用性，（5）最大限度持续使用可更新的资源，（6）延长产品的耐久性，（7）增加物品与服务的服务强度。

评价：对生态效率概念的很好的介绍，一本由商业人士写给商业人士的书。

《用餐叉的食人族：21 世纪商业的三条底线》，约翰·埃尔金顿，新社会出版商，哥比瑞亚群岛，不列颠哥伦比亚省，加拿大，1998 年。

这本书提出我们的资本家经济是否真地在他们现行的模式中采取了可持续性。他紧接着举出一个新的 7 个方面的范例来创造可持续的经济与未来。Elkinngton 信任发明三倍底线的概念，将可持续发展改编为可以被商业人士掌握的方法。他用地质学术语说明这一模式，注意到三倍底线的要求——经济，环境与社会——像建筑板块一样不断地相互改变、转换和摩擦。每个断开的地带代表一系列问题，因社会、政治、经济和技术发展而转化。

评价：一本由著名作家所著的有趣的书。尽管三倍底线的概念已经被接受，但构造板块还没有，并且它的 7 个部分范例也仍未被接受。

《绿色底线：管理的现状与未来趋势中环境判断》，马丁·贝内特与彼得·詹姆斯编辑，绿叶出版商，谢菲尔德，英国，1998 年。

环境判断的来源书籍。本书将概念、最好的实践、工具与案例学习综合在一起，这些来自于包括政府与工业的许多专家的案例研究。

评价：虽然有些落伍，但仍是很好的参考。

《工业生态：政策机制与实施》，布雷登·R·艾伦比，Prentice Hall 出版社，上马鞍河，新泽西州，1999 年。

这本书阐述了工业生态的概念与理智的机制，正如 Allenby 所说："本书是对工业体系与它们经济活动的多种科学的学习，并将它们与基本的自然系统连接起来。”Allenby被认为是工业生态专家，本书以对可持续发展的定义与理论基础开始。通过这个平台，他设计了工业生态的原则并探讨了各种模型与应用。本书第二部分包含了一个对于合法策略的问题的讨论。第三部分包含了案例学习。

评价：是真正意义上的工业生态的权威典籍。

《生态模拟：有感于自然的新方法》，雅尼纳·拜纽什，William Morrow and Company，纽约，1998年。

作者展示了来源于自然的新方法，而且这些方法可以应用到工业领域。第7章将这些方法应用于商业。这可以被认为是一本流传的自然资本主义手册。

评价：一本重要且易懂的书。

《生态设计》，西姆·凡·德·赖恩和斯图尔特·科恩，Island出版社，华盛顿，特区，1996年。

这本书扩展了Paul Hawken和William Mc Donough的想法，认为我们现在不可持续的问题出自错误的设计。作者将愚蠢的设计定义为欠考虑的应用。如那些城市规划者、工程师及其他标准的设计专家欠考虑设计的大楼、设备和建筑结构的模型，而这些没有考虑到人类社区与生态系统的需要。本书尝试提供三个生态设计战略来解决这一情况：保护、再生和管理。他还提供了五个生态设计的普遍原则：（1）由当地发展解决办法，（2）生态判断决定设计，（3）参考自然来设计，（4）人人参与设计，（5）呈现自然特征。

评价：工程师与设计师们的觉醒号召。为想致力于可持续设计的人提供良好的开端。

《从摇篮到摇篮：修改我们造物的方式》，威廉·麦克多诺和迈克尔·布劳恩加特，North Point出版社，纽约，2002年。

作者对生态效率的宣言，认为在产品与服务形成的可持续发展的概念符合同样的自然法则的实践的体系中：营养与新陈代谢。作者提出一个由2个循环组成的系统：生物学的与工业的。生物的养分被消耗然后又回到生物循环中，又重新成为自然中的生物养分。工业的养分被保存在工业循环中被一遍一遍地使用。

评价：这个宣言是有本质不同的哲学及生产与环境结合的实践。有许多关于工程与设计的好主意。无论如何，这本书提供了关于生态效率概念的问题，一个麦克多诺喜爱的目标，他说这只是减少不好的工业哲学。实际上，生态合理性是生态效率合理的但不切实际的终点。

《设计可持续性社区——来自于乡村家园》，朱迪·科比特和迈克尔·科比特，Island Press，华盛顿，特区，2000年。

一本关于设计与建造符合可持续性定义的内容丰富的书。探讨可持续社区发展的历史。

评价：投身于可持续性事业的人士的必读物。

针对可持续发展实例

《气候恐惧——为什么我们不应担心全球变暖》，托马斯·盖尔·穆尔，美国卡托研

究所，华盛顿，1998 年。

托马斯·盖尔·穆尔就全球变暖持无所谓的态度：也不能把全球变暖归结为人类活动的影响，但是尽管气候变暖会对未来有益，至少对美国有益。

评价：内涵深刻且有研究价值的但是却明显以美国为中心的观点的报告。关于环境报告的反文学的重要部分。

《地球报告 2000 年》罗纳德·贝利编辑，McGraw-Hill 公司，纽约，2000 年。

寻找反驳关于环境质量下降问题而称“黑色预言”的某些内容的文章的搜集。

评价：世界公共组织的 lester Brown 的《世界现状》的相反意见。

《生态骗局——假先知生态启示》，罗纳德·贝利，st. maritin’s 出版社，纽约，1993 年。

贝雷罗兰早期的研究声称揭示了即将发生的被专家说中的环境危机。根据贝雷说，遵循预防的原则是一个不明智的主意。

评价：写得很好的批判，但更多的是“不必慌张，保持乐观，科技会拯救未来”的观点。

《具有怀疑精神的环境学家：测量世界处于的状态》，比约恩·隆博格，剑桥大学出版社，英国剑桥 2001 年。

作者系统的测试了环境问题的幅度，并得出结论，说事情不像许多环境学危言耸听者说的那样糟糕。

评价：对我来说，琅勃格代表了一群说“不要着急并快乐着，科技将会节省一天的逻辑”的人。他们已经决定开始从事于环境启示，像保罗埃利希赫赖斯特布朗为了好的措施被丢进一个可怜的、长期不治的马斯马尔萨斯。使他信服的是他声称以后科学家和以前的天示预兆的启示者，在一些认真的调查之后，他发现了，他的那些方法的错误之处在于认为，我们的世界在没有矛盾的全球经济中，是由生产者和消费者以及所有有理性的操作组成的某个巨大的、相似的生态网络。在这个世界里，所有的商品和服务都自由地移动，技术随时可以共享，过去只是一个开始，并且我们知道了关于地球应该知道的一切，生态系统、化学制品和生物危机。

《硬绿 ——环境学家学习拯救环境》，彼得·胡伯，基本书籍，纽约，1999 年。

被认为是保守的宣言，并回答前副总统戈尔的地球平衡，主张个人思想的彼得胡伯说，他所谓的“软绿”，其实是弊多于利的环境。他主张“硬绿”：（1）技术和市场将会弥补匮乏；（2）市场也可以处置污染和我们知道的可计算出的所有污染；（3）硬技术是好的，技术不适用；（4）财富而不节俭将会更能保护环境.

评价：又一本，但是更容易表达“不要着急并快乐着，科技将会节省一天的逻辑”的见解的版本。然而，这本书是有价值的，从某种意义上说，它揭示了最终的关于如何针对世界环境问题的观点。

附录 B

可持续发展的资源和工具

截至 2005 年 1 月 22 日。读者应检查网络链接并进行必要升级，如果无法链接，通常是由于网站重新编制。

项目	来自网站专家的描述	链接
第一章：介绍		
版本	**图书版本**	
链接文件		
21 世纪议程	来自里约热内卢 1992 年世界峰会的报告。	http://habitat.igc.org/agenda21/
我们共同的未来	布伦特兰委员会的报告（摘要）。	http://www.provincia.fe.it/agenda21/documenti/bruntland_report.htm
全球挑战与机遇的 2002 年约翰内斯堡峰会	可持续发展的趋势。在可持续发展过程中关于这些趋势和出现的全球问题的策略。	http://www.un.org/esa/sustdev/publications/crirical_trends_report_2002.pdf
里约热内卢的可持续发展	来自联合国会议的关于环境可持续发展的原则	http://habitat.igc.org/agenda21/rio-dec.htm
可持续发展的底线	在可持续发展中出现的重要事情，相当于有标语规模的文件在加拿大环境法中可运行。	http://www.sdgateway.net/introsd/timeline.htm
worldatch 环保年表	从 1960 年到现在，在当前环境运动探索中重要的历史时刻。	http://www.worldwatch.org/features/timeline/
链接到与可持续发展相关的组织		
商业组织		
勃兰特论坛	可持续发展组织开始由以前西德国家总理建立，据布伦特兰委员会报道，他相信这是第一个在 7 年前建立的组织。	http://brandt21forum.info/index.htm
企业社会责任（BSR）	始于 1992 年，企业社会责任为公司提供了工具、教育和建议，帮助它们把社会上有责任的商业实践与其商务操作结合起来。	www.bsr.org
全球环境管理倡议（GEMI）	全球环境管理倡议是非营利组织，它帮助公司推动环境、健康与安全以及有合作意识的世界范围内的公民。成员就环境健康与安全这个问题分享信息和处理问题的方法。	www.gemi.org
世界可持续发展商务理事会（WBCSD）	来自 30 个国家和 20 个主要工业部门的 160 个跨国公司的结合，对可持续发展来说，世界可持续发展商务理事会被认为是全球商业的呼声。它也有一个全球的网络体系，40 个国家和地方商务会议和涉及大约 1000 个组织的合作关系。	www.wbcsd.org

项目	来自网站专家的描述	链接
公共部门组织		
空军中心卓越的环保可持续发展	随着空军中心卓越的环保的设计，在它们的可持续道路上，AFCEE/EQ 团队和建议董事会提供技术资源以支持空军基地的发展。	www. afcee. brooks. af. il/eq/programs/progpage. asp？PID＝27
能源部能源效率和可再生能源	能源效率和可持续能源的网络，在可持续发展观念中有用的信息，包括概括性的文章、滑动表现、同其他信息资源的联系、建议性的书籍和录像，还有建议意义的材料和程序。	http：//www. eere. energy. gov/
办公室能源部能源效率和可再生能源	帮助国内管理人员减少天然气和碘的使用（利用传统方法，包括收取环境赔偿金和提高能源成本来减少消耗）。	http：//www. eere. energy. gov/
国际地方环境倡议理事会	ICLEI 是当地政府执行可持续发展的国际机构。它是为当地政府服务的一个国际环境代理机构。	http：//www. iclei. org
国家可再生能源实验室（NREL）	国家可再生资源实验室，开展关于可循环利用的能源和能源效率的研究。	http：//www. nrel. gov/
美国国家可持续发展司	可持续发展司担任实务秘书处，为可持续发展委员会服务；并贯彻实施条例以及执行 2002 年世界可持续发展首脑会议中的《实施计划》。	www. un. org/esa/sustdev
美国可持续发展商务理事会	局部的合作组织和美国对 WBCSD 实施可持续发展的商业反映。交付工程证明了可持续发展对商业的价值。	http：//www. usbcsd. org/
非政府组织		
清洁生产（CERES）	澳大利亚一个由环保主义者投资人和创新团体组成的支持可持续的联合组织。70 个公司已经签署了 CERES 原则——10 点环保行动指南。	http：//www. ceres. org/
未来论坛	英国组织所做的项目和方案，以促进可持续性发展。	http：//www. forumforthefuture. org. uk/default. asp
全球报告倡议（GRI）	全球报告倡议是一项多方过程和机构，其任务是制定和传播其可持续性报告指南。	www. globalreporting. org
绿色印章	核定产品，为希望通过客观公正的评价而向公众推荐环保产品。	http：//www. greenseal. org/index. html
国际可持续发展研究所（IISD）	国际可持续发展研究所的任务是坚持创新，使全社会以可持续发展的方式生活。该组织得到来自加拿大政府、蒙尼托巴省、联合国代理机构、基金会和其他私人部门的支持。	www. iisd. org
千年生态系统评估（MA）	千年生态系统评估是一个国家间的工作程序。该程序是被用来支持策略制定者和公共部门，通过提供科学的信息。考虑到生态系统的改变对人类的影响并对这些改变的反应作出自由选择。	http：//www. millenniumasessment. org/en/index. aspx

项目	来自网站专家的描述	链接
全国就环境与经济的会议（NRTEE）	全国就环境与经济的会议是一个独立结构体，为策略制定者、观点领导者和加拿大政府就可持续发展提供建议和意见。	www. nrtee – trnee. ca
自然步骤	成立于1989年，是一个非营利机构组织和智囊团。鼓励使用天然步骤原则。	www. naturalstep. org
人口资料局	人口资料局就重要社会、经济和社会问题的人口范围提供了相应的信息。它的任务是在及时提供关于美国和国际人口趋势及其影响中起领导作用。	http：//www. prb. org/
聪明成长网	由环保团体、古迹保存组织、专业组织、开发商、房地产的权益，以及地方和国家政府的实体的网络可以促进可持续发展。	http：//www. smartgrowth. org/
城市扩张	有助于人们理解影响的城区蔓延，让市民能够更好地利用现有的联邦数据。	http：//www. spawlcity. org/
可持续建筑工业理事会（SBIC）	非营利组织，目的是推动设计、负担能力、能源利用以及居住地、公共机构和商业建筑物的健康发展。	http：//www. psic. org/
未来资源（RFF）	一个受人尊敬的智囊团，分析环境、能源及天然资源的课题。	http：//www. rff. org/
落基山学院（RMI）	非营利研究所，由资源分析家L. Hunter Lovins和Amory B. Lovins成立于1982年。它主张效率和对大自然、人类和其他资本的可修复性使用。	http：//www. rmi. org/
信托公共土地	国家公益性工作，为人类幸福和福利保护土地，并提高美国社区健康水平和生活质量。	http：//www. tpl. org/index
美国绿色建筑理事会（USGBC）	美国绿色建筑理事会管理国家生产高性能建筑物的共识工艺，理事会成员为发展LEED产品和资源、政策指导和教育市场工具一起工作，支持采用可持续的建设原则。	www. usgbc. com
世界资源研究所	一个独立的非营利性组织在四个目标上集中力量取得进展：（1）保护地球的生存体系，（2）增加信息的获取，（3）创造可持续企业和机遇，（4）扭转全球变暖。	www. wri. org/index. html
世界观察研究所	1974年由莱斯特·布朗建立的世界观察研究所，是一个关于环境、社会和经济趋势的信息资源	www. worldwatch. org
专业学会和行业协会		
美国土木工程师学会（ASCE）	一个代表了130000个以上的国内工程师组成的专业组织。已经颁布了国内工程师的可持续发展政策。	www. asce. org
美国理事会工程公司（ACEC）	全国总数超过5800人的工程贸易组织，从事着广泛的工程工作。	www. asce. org

项目	来自网站专家的描述	链接
美国化学工程师协会（AIChE），研究所的持续性	美国化学工程师协会的目的是为了提高公众对科学和工程学挑战的持续性，发展能够引导创造更多持续性生产过程的方法和工具，支持并鼓励化学工程师为满足明天世界作贡献。	www. aiche. org/sustainability
美国机械工程学会（ASME）	和1880年建立的美国机械工程学会一样，今天的美国机械工程学会是由120000个成员组成的专业组织，它集中于科技、教育和工程与技术界的研究问题。	http：//www. asme. org/
电气电子工程师学院（IEEE）	IEEE是一个由175个国家360000名以上的会员组成的科技专业协会。通过它的成员，IEEE已成为计算机工程、生物技术以及电信、电力、航天技术和电子消费等技术领域的权威机构。	http：//ieee. org/portal/index. jsp
国际顾问工程师联合会（FIDIC）	FIDIC（是法文版的缩写名字）体现了属于国家成员共生顾问公司的国际商业利益。每一个符合FIDIC道德准则、政策声明和章程理念的国家都可成为协会的成员	www. fidic. org
学术团体		
美国无国界工程师（EWB-USA）	在2000年确立的美国无国界工程师不是一个营利性的组织，它是用来帮助世界范围内工程需要的发展中国家的地区，同时吸收和培养一种新的有国际责任的工程专业学生。EWB－USA涉及废水、卫生、能源以及住房制度的项目设计和施工。	www. ewb-usa. org
WFEO ComTech	WFEO于1968年在联合国科教文组织的支持下建立。WFEO ComTech是常设委员会，其使命是带领工程专业在世界范围内对可持续技术的推广和应用，相应的也传播相关的可持续技术。	www. wfeo-comtech. org
相关软件		
可持续性仪表	可持续性仪表是一个自由的、非商业性软件，它以经济、社会和环境问题的高度交际格式存在着，满对可持续发展感兴趣的决策和公民的需要。	http：//esl. jrc. it/envind/dashbrds. htm

项目	来自网站专家的描述	链接
第二章：可持续发展：起源、概念和原则		
版本	**图书版本**	
链接文件		
可持续发展的商业工具箱	ICC 开发了这个工具箱，其中包含一些在关键问题上的最新思考，对于一个组织寻求改善其环境绩效和持续性是有用的。	http：//www. iccwbo. org/home/environment_and_energy/sdcharter/services/toolkit/toolkit. asp
链接到可持续发展原则		
可持续发展原则（IISD）	这个网站的原则，包含解决三个主要方面的可持续发展（环境、经济和社区），全文提供了权威的原则论述。	http：//www. iisd. org/sd/principle. asp
智能社区网络	智能社区网提供了可持续发展原则的名单。	http：//www. sustainable. doe. gov/overview/principles. shtml
附加的可持续发展概念		
为保护环境而设计（DfE）	是环境保护所的合作项目，通过和独立商业部门合作、比较、并提高环保表现、人类健康状况工艺和环保实践，降低环境风险，替代商品成本的合作方案为促进每天的商业活动更清洁，更经济，更明智。	http：//www. epa. gov/opptintr/dfe/index. htm
五国首都模型	来自未来论坛的网址。该模型描述了衍生产品和服务的五种类型的可持续资本，这些产品和服务是提高我们的生活质量的必需品。	http：//www. forumforthefuture. org. uk/aboutus/fivecapitalsmodel_page814. aspx
工业生态学	工业生态学把目标的周期性规律融入到生态设计的工业生产过程中，它将同自然系统结合发展。	http：//www. sustainable. doe. gov/business/parkintro. shtml
三重底线（TBL）	TBL 的重点企业不仅包括了经济价值，还包括其带来以及破坏的社会环境价值，从最狭隘的一面来看，三重底线作为一个框架提供了衡量经济社会和环境表现的标准。	http：//www. sustainability. com/philosophy/triple-bottom/tbl-intro. asp
组织		
商业和可持续发展	该网站阐述了使公司把注意力放在可持续性的切实有效的解决方法上的战略工具。本书包含了世界各地的案例。	http：//www. bsdglobal. com/
企业社会责任（BSR）	自从 1992 年以来，BRS 已帮助了许多公司，这些公司不论规模和行业大小，都在尊重伦理、价值观、人民、社区和环境方面取得了成功。	http：//www. bsr. org/
伦理公司	一个围绕企业的社会、金融和环境责任并与议题有关的独立的商业信息服务提供者和生产者。	http：//www. ethicalcorp. com/
相关软件		
宝藏在线	持续性的网站，它提出了可持续商业价值的矩阵	http：//www. sustainability. com/business-case/contens. asp

项目	来自网站专家的描述	链接
环保黄金法则	提供存取光盘：行动中的可持续发展原则：从 2000 年悉尼的经验中学习所得。	http：//www. greengold. on. ca/publications/sydneycd. html
第三章：可持续发展：客户需求与市场驱动		
版本	图书版本	
链接文件		
未来市场	该刊物包含了世界可持续发展商业理事会、世界资源研究所和联合国环境计划来确定的塑造全球营商环境的趋势。这些趋势正在塑造一个新的市场景象。	http：//business. wri. org/pubs _ content. cfm？PublD = 3155
2002 ~ 2004 年的世界资源	第十届两年一次的关于全球环境的世界资源系列报告明确界定了日常生活中的治理，它参考了大量的案例研究。评估国家的环境治理，在世界各国的摘要总结中得出了准入举措（Access Initiative），这是有史以来第一次试图系统地衡量政府的绩效，给它们的公民提供可获得的环境信息、决策和正义。	http：//governance. wri. org/pubs _ des-cription. cfm？PublD = 3764
链接到相关组织		
生物多样性公约	联合国环境计划的一部分。生物多样性资料	http：//www. biodiv. org/default. aspx

项目	来自网站专家的描述	链接
第四章：起而行		
版本	图书版本	
链接文件		
SIGMA 工程	SIGMA 工程旨在给组织提供清晰、实际的意见来为可持续发展作出有意义的贡献。	http：//www. projectsigma. com/Default. asp
相关软件		
全球环境管理倡议（GEMI）	包括布达佩斯在内的各种环境管理和持续性软件工具。	http：//www. greenbiz. com/frame/1. cfm？targetsite = http：//www. gemi. org
第五章：绿化工程公司		
版本	图书版本	
环境管理系统		
全球环境管理倡议 HSE 网站	全球环境管理倡议 HSE 网站、GEMI HSE（健康、安全和环境）网站是一个 HSE 管理信息系统基于网络的信息资源。HSE 网站为 HSE - MIS 计划，发展和系统的开发提出了一个基本框架。将本区域内公司的经历制成为一个易于使用的格式。	http：//www. hsewebdepot. org
ISO 14000/ISO 14001，环境管理向导	ISO 14000，ISO 14001，ISO 14004 …无数 ISO 14000 标准和环境管理的相关信息有时会妨碍工程进展并导致混乱。这个网址是用来整理和简化这些标准来使环境管理标准的运用更为容易。	http：//www. iso14000-iso14001-environmental - management. com/
ISO 14001 "比萨"	一种看待 ISO 14001 标准的不同方式。	http：//www. mgmt14k. com/014kpizza. htm
美国环境保护署环境管理系统	这个网站提供了与商业团体、公众和州立联邦机构环境管理系统相关的信息和资源。EMS 是一套使组织减少环境影响和增加工程效率的方法和实践。	http：//www. epa. gov/ems/
业绩评级系统		
工业污染控制、评价与分级计划	工业污染控制、评价与分级计划。发展中国家推广符合环保要求与加强透明度和社会参与的例子。来源：Shakeb Afsah 国际资源集团有限公司，华盛顿。	http：//www. worldbank. org/nipr/work _ paper/PROPER2. pdf
生态足迹	在线计算器。你的个人生态足迹有多大？	http：//www. myfootprint. org/
信息资源		
清洗店替代技术评价	清洗店替代技术评价美国 EPA 的清洗店替代技术评价——一种方法和资源指南。	http：//www. epa. gov/dfe/pubs/tools/ctsa/
能源之星	能源之星是一个由政府支持，通过优化能源使用效率帮助企业和个人保护环境的计划。	http：//www. energystar. gov/

项目	来自网站专家的描述	链接
估算污染负荷：工业污染投影系统	工业污染投影系统是一个模拟系统，它将工业活动（如生产和就业）资料数据与污染强度的因素结合起来，即：每单位的产业活动的空气污染排放量。	http：//www. worldbank. org/nipr/ipps/ipp-sweb. htm
ReThink Paper	减少用纸张消耗和鼓励纸张循环利用的战略。	http：//rethinkpaper. org/
明智减废资源管理：创新的固体废物的承包方式	协助组织获得一个在资源管理和谈判解决废物运输合同的观念上的企业理解力来聚焦于资源保护。明智减废计划开发了这个全面的入门指南（可以下载）。	http：//www. epa. gov/wastewise/wrr/rm. htm #manual
可持续发展报告		
AA1000 体系	这个体系旨在通过了解利益共享者约定来提高问责制和业绩。他在全球范围内领导商业非利益组织和公共主体。该体系帮助使用者建立起了一个产生指示、目标和确定整个企业绩效的报告体系的利益共享者约定程序。	http：//www. accountability. org. uk/aa1000/de-fault. asp
美国环保局气候领袖	对气候领袖温室气体清单指南的综述。气候领袖温室气体清单指南现在定义合作伙伴和报告其温室气体排放量	http：//www. epa. gov/climateleaders/proto-col. html
德勤可持续性报告成绩单	用于评估公司可持续发展报告的成绩单	http：//www. deloitte. com/dtt/cda/doc/content/FullScorecardpdf（3）. pdf
环境、食品和农村事务部	2000 年 10 月，英国首相挑战了英国前 350 位的企业截至 2001 年底做出的环境报告。环境、食品和农村事务部开发了一系列在如何制定高质量环境报告时期开始的全面指导方针。	http：//www. defra. gov. uk/environment/envrp/general/pdf/envrptgen. pdf
GreenBiz. com	企业报告：大世面提供。提供准备持续性报告的方法。	http：//www. greenbiz. com/toolbox/essentials_third. cfm？LinkAdvlD = 20526
可持续性报告的指导方针（全球报告倡议）	全球报告倡议方针阐述了其他报告文件的建立基础和不论大小，不论行业，或位置的所有组织大致相关的核心内容。	http：//www. globalreporting. org/guidelines/2002. asp
世界可持续发展工商理事会报告门户网站	这个部门的门户站点提供了一个企业近来解决的可持续发展报告问题和他们目前的信息的图景	http：//www. sdportal. org/templates/Template3/layout. asp？Menuld = 38
相关软件		
GHG 预测工具	GHG 预测工具世纪可持续发展委员会（WBCSD）提供的工具，它们已经通过专家和工厂领导者的测试，并且已经是发行物预测工具中最好的实践。	http：//www. ghgprotocol. org/standard/tools. htm
链接相关文章		
《绿化工业》	《绿化工业》世界银行出版，讨论的是创造一个新的对环境更加有利的工业团体的模型。	http：//www. worldbank. org/nipr/greening/full_text/index. htm

项目	来自网站专家的描述	链接
链接相关组织		
加拿大国际事务与贸易部门(DFAIT)	关于“绿化项目”的信息应用于加拿大政府操作。	http：//www，dfait - maeci. gc. ca/sustain/EnvironMan/system/greenop/GreenHQ/GreenHQ - en. asp
绿色标记（Green Seal）	绿色标记是一个独立的、非盈利性可言的组织。它通过推广那些产生较少有毒废弃物和污染物、减少全球变暖趋势和臭氧层空洞的产品与劳务，正在努力营造一个更健康和整洁的环境。	http：//www. greenseal. org/index. html
GreenBiz. com 商务工具箱	使商业操作更绿色的想法。	http：//www. greenbiz. com/toolbox/
联邦绿化设施	第二版本，是一个“螺钉与螺帽”资源指导，涉及增加能源和资源利用率、减少废弃物和改进联合建筑物与设备的运行。	http：//www. eere. energy. gov/femp/pdfs/29267 - 0. pdf
绿化国家公园服务	绿化国家公园服务——绿化的工具箱。	http：//www. nps. gov/renew/toolbox. htm
FinePrint 软件	是一个 Windows 发行的驱动器，通过控制和平衡印刷输出量，更加节约油墨、纸张和时间。	http：//www. fineprint. com/products/fineprint/index. html
第六章：运行一个可持续项目		
版本	图书版本	
相关文章		
可持续建筑物的指导方针（斯坦福大学）	发展建筑物的纲要和说明。它解释了“可续性”一词是如何应用于文章的目录以及究竟为什么它在斯坦福是很重要的（第二部分的“进程阶段”用一个涉及到可持续争议的讨论，描述了在建筑物项目中履行可持续原则的过程。这个涉及到可持续性问题的技术指导方针包括在第三部分）。	http：//cpm. stanford. edu/process_ new/Sustainable_ Guidelines. pdf
高性能建筑指引	纽约市建筑工程部提出的一个指导方针。它的高行为标准结构大大节约了可操作能源，提高舒适度、健康程度，以及所有者和过客的安全，并限制对环境的有害影响。	http：//www. nyc. gov/html/ddc/html/ddcgreen/highperf. html
LEED 的绿色建筑评级体系	由 USGBC 入会资格发展而来，LEED 的绿色建筑评级体系是一个全民性的意见一致基础，市场驱动结构评估系统，用来加速绿色结构实践的发展和实施。	http：//www. usgbc. org/AboutUs/programs. asp
明尼苏达可持续设计指南	教育并促进设计者、结构拥有者、居住者、教育者、学生以及一般公众关注可持续性建筑设计的问题。这个方针是一种设计工具（能够用于延缓在全新建筑物的设计和以及修复后的设备运作方面的环境性争端）。	http：//www. sustainabledesignguide. umn. edu/
相关组织		

项目	来自网站专家的描述	链接
BetterBricks	通过和设计者，所有者，操作者共享资源与信息，BetterBricks 正致力于提高人们对建筑物资源有效利用的意识与需要。	http：//www.betterbricks.com/default.aspx
BRE 的环境评估办法	BREEAM 已经广泛应用于评估新的或者在建的建筑物的环境性能。	http：//products.bre.co.uk/breeam/index.html
主动为“可持续建筑环境”创造国际环境（iiSBE）	iiSBE 是一个国际性的无偿组织，它所有的目标就是为了加快该可持续建筑设计运动向全球环境发展的速度，大力促进相关政策、思想和工具的选择。	http：//greenbuilding.ca/index.html
可持续建筑和建设论坛	可持续建筑和建设论坛建立是为了促进关键性活动参与者以及它们的顾客之间信息的交流与交换，这关系到建筑物与结构的可持续性的争议。	http：//www.unep.or.jp/ietc/sbc/index.asp
相关软件		
环保资讯（演示软件）	环保资讯（演示软件）允许使用者在几分钟内建立一个复杂产品的模型以及它的生命周期。它迅速地预测环境性道路和表明产品的哪些部分贡献最大。	http：//www.pre.nl/eco－it/default.htm
SimaPro（演示软件）	一个职业性的软件用来收集、分析和监察产品与服务的环境性能。允许用户以一种系统性和透明的方式建模以及分析复杂的生命周期，遵从 ISO14040 系列标准。	http：//www.pre.nl/simapro/default.htm

项目	来自网站专家的描述	链接
第七章：可持续发展的未来		
版本	图书版本	
链接文件		
经济合作与发展组织国家能将理论付诸于实践吗？朝可持续发展前进的蓝图	尽管自1992年世界峰会起20年中经济增长强势，但在全球范围内朝着消除贫困和缓解环境压力方向的发展仍然有限，经合组织国家能通过一系列具体措施将纸上谈兵的可持续发展转变为实际行动。	http：//www. isuma. net/v03n02/johnston/john_e. shtml
展望2025年的全球环境	通用汽车公司与绿化产业网在1998年开始了一个预期工程的多年合作项目，以便能对2025年全球环境变化的力量有共同的理解。12个涉及广泛领域（即移动、商业合作、人居环境）的项目被受访国家评为重中之重。	http：//www. greeningofindustry. org/gm. html
GEO：全球环境展望3过去，现在和未来展望	全球环境展望3提供了一个对过去60年主要环境发展和社会、经济与其他因素对已经发生的改变所产生的影响的概述。	htttp：//www. grida. no/geo /geo3/index. htm
“2050年持续性的远见”	作者安东尼·D.·考特斯，ScD，“第二自然”的总裁。这是一个要建立健康、和平、社会公正、经济安全和经济可持续的世界的远景。	http：//www. secondnature. org/pdf/snwritings/articles/2050SustVision. pdf
链接相关组织		
生态未来	网站链接到其他可持续发展的相关网站。	http：//www. ecofuture. org/

附录 C

可持续发展政策

附录C详细列出了一些可持续发展的相关原则来指导公众和个人组织以及民间社会的活动。下面对这些原则进行讨论。详细的原则列表可以查看国际可持续发展研究所网站，网址是http：//www. iisd. org/sd/principle. asp。

- 地球宪章
- 环境负责组织联盟原则
- 阿瓦尼原则
- 均衡
- 自然步骤
- 汉诺威原则
- 考克斯圆桌商业原则
- 贝拉吉奥原则

C. 1. 地球宪章[1]

地球宪章是一个被全世界越来越多人和组织共享的价值观、原则和愿望的综合。起草地球宪章是地球峰会的一部分未完成事务。地球宪章是经过多年广泛的国际协商后编写的。目前，地球宪章正在被分发给全世界社会各界的个人和组织，它的一部分：

> 我们迫切地需要达到基本价值的共识来为形成世界共同体而提供一种道德基础。因此，怀着共同的希望，我们提出下列生命可持续道路的互相依存的原则作为共同标准，通过它们来指导和评估所有个人、组织、企业、政府和跨国机构的行为。
>
> Ⅰ. 尊重和关心生命共同体
>
> 1. 尊重地球和生命的多样性。
>
> 2. 用理解、同情和爱心来关怀生命共同体。
>
> 3. 建设公平、参与、持续与和平的民主社会。
>
> 4. 为当代人和后代人确保地球的物产和美好。
>
> Ⅱ. 生态完整
>
> 1. 用对生物多样性和维持生命的自然过程的特别关注来保护和恢复生态系统。
>
> 2. 把防止伤害作为保护环境的最好方法，当知识有限时提供一个预防办法。
>
> 3. 采用维护地球再生能力、人权、社会福祉的生产、消费、再生产的方式。
>
> 4. 提高生态可持续发展的研究，促进公开交流并广泛应用学到的知识。
>
> Ⅲ. 社会与经济公正
>
> 1. 将消除贫困作为伦理、社会和环境的当务之急。
>
> 2. 确保经济活动和各级领导机关以公平和可持续的方式促进人类发展。
>
> 3. 肯定性别平等和公平作为可持续发展的先决条件，并确保人人获得教育、保健和经济机会。

4. 不带任何歧视地对自然和社会环境坚持正确的一切，关注有助于人类尊严、身体健康和精神上的福祉的遗物并特别注意土著人民和少数民族的权利。

Ⅳ. 民主、非暴力与和平

1. 加强各级民主工作机构，并提供透明度和问责制，包括参与决策和伸张正义。

2. 纳入正规教育和终身学习的知识，价值和技能需要一个可持续的生活方式。

3. 尊重别人，替他人着想。

4. 促进宽容、非暴力与和平文化的发展。

C.2. 阿瓦尼原则

阿瓦尼法则是于1991年秋天由约100名地方官员在加州 Yosemite National Park 的阿瓦尼旅店发表的。这些法则是彼得·盖兹（Peter Katz）、全体地方政府委员会成员和《新城市主义：社区建筑》作者共同努力的结果。盖兹为地方官员聚集了许多顶尖建筑师，起草了社区建筑——另类城市扩张的展望图。

绪言

都市向郊区扩张的发展模式的存在严重损害了我们的生活质量。症状如下：由于我们对于汽车依赖的增强而引起的更多的堵车和空气污染、珍贵的室外空间的减少以及社区意识的失落。根据从古到今最好的模式，我们科研策划出一个满足在其中生活和工作的人的需求的社区。这种策划应该坚持某些基本原则。

社区法则

1. 所有的计划都应该在包括住房、商店、工作场所、学校、公园和其他居民日常生活必须的城市设施。

2. 社区的尺寸应该被设计得使每个人居住、工作、日常需要和其他活动的距离都是方便行走的距离。

3. 设施应尽可能多地设置在从交通站方便行走到的距离内。

4. 一个社区应该包括各种不同的住宅来满足广大消费水平和年龄阶段的人在其中居住。

5. 社区商业应该为居民提供某一范围的工作类型。

6. 社区的方位和特征应该与大的交通网络相一致。

7. 社区应该由一种关于商业的、都市的、文化的和娱乐使用的中心。

8. 社区应该包括大量的以广场、绿地和公园为形式的特殊用途的室外空间，而且它们的安排和设计应保证其能被广泛使用。

9. 公共空间应该被设计得能鼓励和吸引人们在无论昼夜任何时间使用。

10. 每个社区或者社区群应该有一个明确界定的边缘，例如永远从发展中保护起来的建筑绿地带或者野生走廊。

11. 街道、人行道和自行车道应该对一个四通八达的交通体系的形成产生促进作用。建筑物、树木和照明方面应在设计时为步行和自行车留出小的空间，限制驾车，鼓励步行和骑车，并限制高速交通。

12. 社区的自然地形、排水和草皮都应该尽一切可能加以保存，例如将它们包含在公园或绿地中。

13. 社区的设计应帮助促进资源保护、减少浪费。

14. 社区应通过自然排水、种植耐旱绿化物和再循环达到水资源高效使用。

15. 街道定位、安置建设和遮阳的使用应该促进全社会的能源有效利用。

区域原则

1. 区域土地的使用计划结构应该支持更大的运输网络而不仅仅使高速公路相结合。

2. 地区应根据自然条件提供一个连续体系绿带/野生动物走廊。

3. 区域机构和服务机构（如：政府、露天体育场、博物馆等）应该被设置在城市中心。

4. 建设的材料和理念应该具体到该地区表现出的历史连续性、文化相容性气氛以及鼓励发展地方特色和社区特征。

实施原则

1. 总体规划中应将以上原则予以更正。

2. 地方政府应该负责开发事宜，而不是让开发商零零碎碎地开发。如果有新的改建、扩建、重建工程，政府应当进行整体规划。

3. 在任何发展之前应当准备一个特别的计划。

4. 计划的制定应通过一个开放的进程，并且应该为进程的参与者提供所有计划建议的视觉模型。

C.3. 通常的步骤

1. 为了使一个社会达到可持续发展，在不断提炼地球表层物质的过程中不应被破坏自然的功能及其多样性。

资源，如矿物、金属和矿物燃料等的被采集的速度不应该超过其更新的速度。而一旦被提炼出来，其使用过程也不应该伤害自然。使用矿物、金属或其他一些不可再生资源的产品或服务一定要经过仔细的考虑和设计，使得它们在使用后可以被轻松地分离出来，以达到回归自然或再使用的目的。而人们则早已下定决心，研究这类不可再生资源的替代品并加以利用。

2. 为了使一个社会达到可持续发展，自然的功用和多样化在不断增加社会产出的同时不应遭到破坏。

由人类社会所生产的化合物被遗弃在地球表层的速率不应该大于它们被降解或安全吸收的速率。

3. 为了使一个社会达到可持续发展，在过度采集或其他对生态系统的操作中不应该破坏自然的功能及其多样性。

不应该减少对自然的多样化和生态系统的检索和维护。

4. 资源应该被有效率和公平地使用来满足全球人类的基本需求。

地球上所有的可再生和不可再生资源都应该被以一种可以满足所有人需求的方式来利用。

C. 4. Caux 圆桌商业原则[2]

Caux 圆桌是一个由商业领袖组成的、旨在提倡有道德的资本主义的组织。这个组织是于 1986 年由飞利浦电器的前任总裁 Frederick Phillips 和 INSEAD 的前任副主席 Olivier Giscard d'Estaing 发起的。这个组织承认大型公司在减少对世界和平方面的作用并且通过欧洲、日本和美国的商业领袖的一系列对话发展了它的企业原则。这些原则初次面世是在 1994 年印刷出版，而在 1995 年联合国有关社会发展的世界峰会上发表。

介绍

Caux 圆桌协会相信世界商业团体应该致力于改善当今的经济和社会现状。作为一份对愿望的说明，这份文件计划为如何衡量商业行为设立了一个世界性的标准。我们致力于开展一份确认相同的价值观，调解不同价值观，从而在一种能被所有人接受并尊重的商业行为中发展出一种分享的观点。

这份原则基于两个基本道德观点：KYOSEI 和人类尊严。日本观念 KYOSEI 的意思是为了共同的美好的可能性以及相互的繁荣而在一起生活和工作，以达到与健康和公正的竞争共存。人类尊严是指每一个人作为一个个体的神圣性和价值，而不仅仅是为了完成他人的期望或其中主要的部分。

第二部分中的一般原则是对 KYOSEI 和“人类尊严”的系统解释，而第三部分中的投资人原则则是有关它们的日常操作方面的内容。

这份文件在语言和形式上充分参考了明尼苏达原则，这份原则是明尼苏达团体责任中心针对商业行为的一份说明书。该中心组织了一个包含日本、欧洲和美国代表的委员会来草拟这份原则。

商业行为在维持国家以及所有人生活的富足和安定方面都存在其影响力。商业一般是国家间最重要的往来行为，而且凭借其改变社会和经济的方式，它有力地影响着人们对经济的反应——恐慌或自信。Caux 圆桌协会的成员把他们的首要目标放在如何使这些商业组织打理好内部事务，并致力于确认什么是正确的而不是谁是正确的。

第一部分　序言

职位、资金、产品以及技术的流动性使得商业在全球事务中的份额及其影响力与日俱增。

法律和各种市场动力是必要的但并不是充分的规范原则。

对政策和商业行为的责任以及对尊严及投资人意愿的尊重是基本。

价值观的共享，包括对繁荣的共享的义务，对全球团体和小规模的团体一样重要。

基于这些原因，而且由于商业对于社会变化有着充分的影响力，我们提供以下的原则作为商业领袖们有关商业责任心方面的对话和行为的基础。与此同时，我们承认道德价值观在做出商业决定时的不可或缺性。缺少了它们，稳定的商业关系和全球可持续发展团体是不可能建立的。

第二部分　一般原则

原则 1. 企业的责任：超越股东对股东

企业对于社会的价值在于它创造的财富和就业机会以及它提供给顾客的其价格与质量相称的产品和服务。要创造出这些价值，企业必须保持它的经济实力和生存能力，但是，仅有生存的目标是不够的。企业有一个角色，是通过分享它所创造的财富来改善它的顾客、员工以及股东们的生活。供应商和竞争者们也希望企业怀着诚实和公正的精神以它们的责任为荣。作为本地、本国、本地区或全世界团体中的一员，企业对这些 团体的未来起到一份作用。

原则 2. 企业的经济和社会影响：朝向革新、公正和世界一体化

确立企业在国外的发展、生产或销售，也应有利于社会的进步，这些国家通过创造生产性就业来协助提高本国公民购买力。业界应促进它们所在国家的人权教育、福利和经济振兴。

企业应是有利于经济和社会的发展的，不仅在所经营的这些国家，而且在整个世界上，通过有效和谨慎地使用资源、自由和公平的竞争，以及强调和促进科技创新、生产方式、营销和通信。

原则 3. 商业行为：超越成文法律的信任精神

虽然接受合法性的商业秘密，企业也应该认识到，坦言、真实、信守诺言和透明度，不仅有利于自身的信誉和稳定，而且还可以在业务交易中，尤其是在国际层面的交易中提高顺利度和效率。

原则 4. 尊重原则

为避免贸易摩擦，促进贸易自由化，实现平等的竞争条件，公正和公平地对待所有的参与者，企业应尊重国际和国内规则。此外，它们应该承认，有些行为，虽然法律上认可，仍可能产生不良后果。

原则 5. 为多边贸易设立的供给原则

企业应支持多边贸易体制、关贸总协定/世界贸易组织和类似的国际协定。在以国家的政策为目标的前提下，它们应该合作，共同推动国家的进步和精明的贸易自由化并放宽有关国内措施，不应不合理地妨碍国际贸易，并给予应有的尊重。

原则 6. 尊重原则的环境

企业应该保护，并在可能的情况下，改善生态环境，促进可持续发展，防止自然资源的浪费。

原则 7. 避税的非法行动

企业不应该参与或宽恕贿赂、洗钱或其他舞弊；实际上，它应寻求与其他国家合作来消除它们。它不应参与军火或其他用于恐怖活动、毒品贩卖或其他有组织的犯罪活动的材料的贸易。

第三部分　投资人原则

客户

我们相信，应该尊重所有客户。不论他们有否购买我们的产品和服务，或者直接从我们或其他方式获得帮助来提高它们的市场竞争力。因此，我们有责任：

- 为客户提供优质的符合它们的要求的产品和服务；
- 在我们企业业务的所有方面公正地对待顾客，包括高水平的服务和对不满意产品的维修；

- 尽全部努力保证我们顾客的健康和安全，并且因我们的产品和服务保持和提高他们的环境质量；
- 保证在尊重人类尊严的前提下提供产品、市场营销和广告；并尊重我们的客户的特有习俗。

雇员

我们相信，应当尊重每一位员工，并以员工利益为重。因此，我们有责任：

- 提供就业机会和报酬，改善工人的生活条件；
- 提供尊重每位员工的健康与尊严的工作条件；
- 在受到法律和竞争能力的制约的前提下诚实地与员工沟通并开放共享信息；
- 聆听，并尽可能地对员工的建议、主张、要求和申诉采取行动；
- 当产生冲突时进行善意的谈判；
- 避免歧视性做法，在对待性别、年龄、种族和宗教时保证平等的待遇和机会；
- 确保残障人士可以在促进了企业本身利益的前提下进行真正有益的工作；
- 保障雇员不进行会产生不必要的伤害和疾病的工作；
- 鼓励并协助员工学习相关的技能和知识等；
- 对严重失业问题的敏感表现，往往与经营决策，并与政府、职工群体、其他机构在处理这些问题时的混乱有关。

业主/投资者

我们相信，我们心中真正地尊重投资者。因此，我们有责任：

- 使用专业和勤奋的管理，为我们的业主投资确保一个公平竞争的回报；
- 向业主/投资者提供需求和竞争力的有关信息；
- 保存、保护，并增加业主/投资者的资产；
- 尊重业主/投资者的要求、建议、投诉，并进行正式决议。

供应

我们与供应商的分包必须基于相互尊重。因此，我们有责任：

- 在我们的各项活动，包括定价，许可证和销售权中寻求公平性和真实性；
- 确保我们的商业活动不受胁迫和遭到不必要的诉讼；
- 培育长期稳定的供应关系，以换取价值、质量、提高竞争力和可靠性；
- 与供应商信息共享并将其融入我们的规划工作；
- 按照共同商定的贸易条件支付供货商；
- 寻求、鼓励和选择尊重人的尊严的雇用惯例的供应商和分包商。

竞争对手

我们相信公平的经济竞争增加国家的财富，并最终促成公平分配的货物和服务是一项基本要求。因此，我们有责任：

- 树立开放的贸易与投资市场；
- 促进对社会和环境有益的、体现人与人之间互相尊重的竞争行为；
- 寻求或参与商榷付款或主张，以确保竞争优势；
- 尊重包括有形资产和知识产权；
- 鄙弃不诚实或不道德的获取商业信息的手段，如工业间谍活动。

社区

我们相信，随着企业全球化，我们能在我们经营业务的社区进行这样的改革和人权工作。因此，我们有责任在这些社区：

- 尊重人权和民主机构，并促进它们的可行性；
- 企业和其他社会阶层应承认政府合法的义务，在社会上和广大市民中支持促进人类发展的和谐关系的政策和实践，以促进人类发展的和谐关系；
- 与这些势力在社会上致力于提高标准的健康教育、工作场所的安全和经济福祉；
- 在推动和促进可持续发展中发挥主导作用，维护并提高对自然环境及地球的资源的保护；
- 支持非洲的和平与安全、多样性和社会整合；
- 尊重本土文化的完整；
- 通过慈善捐助、教育和文化方面的贡献以及员工参与社会事务成为一个良好的企业公民。[3]

C.5. CERES 原则

CERES 联盟是由一群致力于可持续性和不断改善美国环境的基金会和倡导组织组成的。CERES 的原则，由 10 点改善环境的行为组成。它们被称为瓦尔德斯原则。在 1989 年的 Exxon Valdez 漏油事件后创立。目前，它们对超过 70 个公司具有影响力。

原则

保护生物圈

我们将不断进步，以消除释放任何可能对环境，包括空气中的水、土或其居民造成伤害的物质。我们将捍卫所有栖息地，并将保护空地和荒野，同时保护生物多样性。

自然资源的可持续利用

我们将尽可能地可持续利用可再生的自然资源，例如水、土壤和森林。我们将提高非再生自然资源的使用效率并进行周密规划。

减少废物

我们将减少并尽可能在源头上杜绝浪费，并及时回收。通过安全和负责任的方法，对所有的废物进行处理和处置。

节约能源

我们将在我们提供的商品和服务中实行节约能源和提高能源效率的内部运作。我们将尽一切努力利用对环境无害的和可持续能源。

降低风险

我们将在我们的员工及我们经营业务的社区，通过安全技术设施及作业程序，努力减少对环境健康与安全的威胁，以及准备应付紧急情况。

安全的产品和服务

我们将减少并尽可能消除使用、制造或销售造成损害的环境或健康或安全危险的产品和服务。我们将告诉我们的顾客我们的产品或服务对环境的影响，并设法纠正不安全使用。

环境修复

我们将及时和正确地为我们危害的健康安全和环境负责。我们将力所能及地纠正我们造成的人身伤害或我们已对环境造成的伤害并努力修复。

公共环境

对于我们的公司可能造成的危害健康安全或环境的行为，我们将及时通知。我们会经常请教居住在我们社区附近的居民的意见和指导。当雇员向环境管理部门或有关机关汇报危险事故时，我们不会干涉。

管理承诺

我们将执行这些原则和维持一个进程，确保该董事兼行政总裁充分了解相关的环保问题，并制定完全负责的环境政策。在选择我们的董事会时，我们将考虑将保护环境的承诺作为一个因素。

审计报告

我们将每年对我们实施这些原则的进展进行自我评估。我们将及时创立公认的环境审计程序。我们将每年完成 CERES 报告，这份报告将提供给公众。[4]

C. 6. Enlibra

Enlibra 主张制定一套原则，保护大气、土地和水，行之有效地解决环境与自然资源纠纷。Enlibra 口号是由西部州长协会提出以支持平衡和管理。

- 依据国家标准，规定解决居民区问题的责任标准
- 协作，不是走极端而是合作进程，打破障碍，找出解决办法
- 奖励结果，而不是仅以绩效为基础的业绩评定
- 科学事实，进程优先——根据客观的依据独立地主观选择
- 市场面前的任务——在适当的时候追求经济诱因
- 改变思维，改变对一个国家的环境的理解是关键
- 确定效益与成本——确认影响所有决策的基础，顾全发展和环境
- 跨越政治界限寻求解决办法——使用适当的地理界线处理环境问题[5]

C. 7. 汉诺威原则

1991 年，德国汉诺威市请威廉写出了 2000 年世界博览会可持续发展一般原则。结果，创建了九项原则，现在称为“汉诺威原则”这已成为基金会与可持续设计的原则。

坚持在一个健康的基础，多样化的和可持续的条件下，人权与自然的和谐共存。

承认相互依存。设计时依赖自然具有多样性和双重反应性。扩大设计考虑范围，包括远期因素。

对于人类福利、自然系统的生存能力及其共存权利进行设计所带来的后果，要承担责任。尊重精神与物质的关系。

考虑人类各方面包括社区，以及现存的工业和贸易，以及尊重其精神和物质的意识的关系方面的居住环境。

设计的结果要对人类福祉，生存的自然系统负责，尊重其共存的权利。

创造能长期安全使用的价值。不要因为设计和制造时忽视标准和要求而给后代造成危险以及修复的负担。

消除概念的浪费。评估和优化接触自然系统的全生命周期产品和工艺，确保其中没有任何浪费。

依靠天然能量流动。人类设计，应当同生物世界一样，凭借太阳能进行运作。这能将能源的安全及有效运用结合起来。

认识设计的局限性。人类创造的东西不能永远存在，设计不能解决所有的问题。在自然面前设计师应当采取谦卑的姿态。以自然为模型和导师，而不是一个不易驾驭的障碍。

不遗余力推进知识共享。鼓励同事、顾客、制造商和用户直接和公开地沟通，将长期可持续的发展与道德责任联系起来，并重新确立自然过程和人类活动不可分割的关系。

汉诺威原则应被看作致力于改造和了解我们与自然依存关系的活文件，使我们了解我们生存的世界。

C.8. 贝拉原则[6]

1996 年 11 月，一个国际研究小组和研究者相聚在洛克菲勒基金会位于意大利贝拉的会议中心进行研究报告和检讨可持续发展方面的进展。贝拉原则以四个方面评估实现可持续发展：(1) 建立了一个理想的可持续 发展的明确的目标，(2) 进行系统评定，建立全局意识，并将优先发展的事项放在突出地位，(3) 对关键问题的评估过程，(4) 有必要建立一个持续的能力进行评估。

1. 指导理想和目标

评估可持续发展的进程应遵循一个明确的可持续发展的长期远景和目标确定这一设想。

2. 全面视野

评估可持续发展的进程应：

- 包括整体系统和局部的评论
- 考虑社会、生态和经济子系统的利益及其状态，这种状态变化的方向和速度以及组成它们的各部分之间的变化的方向和速度
- 考虑人类活动造成的积极和消极后果，在货币与非货币性条款下，反映人类和生态系统的成本和效益

3. 基本要素

评估可持续发展的进程应：

- 考虑目前人口及当代和子孙后代的公平和差距、酌情处理资源利用、过度消耗和贫穷、人权、获得服务等问题
- 考虑生命所依赖的生态状况
- 考虑经济发展和其他促进人力/社会福祉的非市场性活动

4. 适当范围

评估可持续发展的进程应：

- 确立一个足够长的人类和生态系统跨度，来满足未来需求以及当前制定短期决策的需要
- 定义足够大的研究空间以包含不仅是当地而且是远距离的对人类和生态系统的影响

- 建立以历史和现状来预测未来的条件——我们要往哪里去，我们可以去哪里

5. 实际要点

评估可持续发展的进程应：

- 有一套明确的类别或一个组织框架，将理想和目标与指标和评估标准联系起来
- 分析有限的几个关键问题
- 建立有限数量的指标或指标组合，以提供更清晰的进展信号
- 测量规范化并尽可能可用于比较
- 酌情将指标值与目标、参考值、范围、数据、方向或趋势进行比较

6. 开放性

评估可持续发展的进程应：

- 人人都可以应用方法和数据
- 明确所有判决、假设、数据、解释的不确定性

7. 有效交流

评估可持续发展的进程应：

- 满足支持者和用户需要
- 关注推动和吸引决策者的指标和其他工具

8. 广泛参与

评估可持续发展的进程应：

- 获得广泛代表性的主要大众、专业性、技术性人群和社会团体，包括青年、妇女、和本土人士——确保获得多元和变化着的价值观
- 确保决策者参与，以使采取的政策和应产生的结果行动紧密联控

9. 行动

评估可持续发展的进程应：

- 为重复测量培养能力，以确定趋势
- 不断地适应并顺应变化和不确定因素，因为系统很复杂，变化频繁
- 得到新的见解，调整目标、框架和指标
- 推动集体学习，并反馈到决策机制中

10. 机构能力

评估可持续发展的进程应：

- 明确专人负责，并在决策过程提供持续的支持
- 提供机构收集，维护和归档数据的能力
- 支持当地评估能力的发展

---

1 The Earth Charter International Secretariat, University for Peace Campus-P. O. Box 138 – 6100 – San José, Cosat Rica. http：//www. earthcharter. org/ © William A. Wallace C-1 file：O SDfEngrs Apndx C SD PRINCIPLES Final vla

2 Stephen B. Young, Global Executive Director , 401 N. Robert Street, #150, Saint Paul, MN 55101.

3 Source：Caux Round Table, “Principles of Business,” http：//www. cauxroundtable. org/index. html.

4 Source：CERES Coalition, “Our Work：The CERES Principles,” http：//www. ceres. org/our_work / principles. htm.

5 Sourece：Western Governors’Association, “Policy Resolution 02 – 07,” http：//www. westgov. org/

wga/policy/02/enlibra_07. pdf.

6 Source: International Institute for Sustainable Development, Book on the Bellagio Principles, Assessing Sustainable Development: Principles in Practice, Downloadable at http://www.iisd.org/publications/publication.asp?pno=279